高等院校移动应用开发系列规划教材

HTML5跨平台移动开发实训教程

张胜宇 主编 / 李龙 柴继红 翟昕 副主编

U0299407

清华大学出版社

北 京

内 容 简 介

本书围绕 HTML5 技术讲解移动 Web App 和小程序的应用开发。本书精选 8 个实训项目,首先以实例介绍本书开发环境"牛道教学实践云平台"(简称"牛道云")的基本使用方法,然后进行单页面任务开发,最后综合练习多页面任务的实现。本书采用"任务分析思路引导、相关知识点探究、开发实战攻略、综合能力拓展"的教学方法,对实训项目的每一步操作配备了详细准确的文字描述和操作配图,使读者可以根据指引自学完成项目开发。

本书适合应用型本科、高职高专院校的物联网、电子信息、移动应用等专业的专业课教学,对于培训机构学员和一般开发者也具有较好的参考价值。

图书在版编目(CIP)数据

HTML5 跨平台移动开发实训教程/张胜宇主编. —北京:清华大学出版社,2019(2022.1 重印)
(高等院校移动应用开发系列规划教材)
ISBN 978-7-302-53386-3

Ⅰ.①H… Ⅱ.①张… Ⅲ.①超文本标记语言-程序设计-高等学校-教材 Ⅳ.①TP312.8

中国版本图书馆 CIP 数据核字(2019)第 175969 号

责任编辑:刘翰鹏
封面设计:常雪影
责任校对:李 梅
责任印制:丛怀宇

出版发行:清华大学出版社
  网 址:http://www.tup.com.cn,http://www.wqbook.com
  地 址:北京清华大学学研大厦 A 座   邮 编:100084
  社 总 机:010-62770175   邮 购:010-62786544
  投稿与读者服务:010-62776969,c-service@tup.tsinghua.edu.cn
  质量反馈:010-62772015,zhiliang@tup.tsinghua.edu.cn
  课件下载:http://www.tup.com.cn,010-62770175-4278
印 装 者:三河市君旺印务有限公司
经 销:全国新华书店
开 本:185mm×260mm 印 张:23.75 字 数:542 千字
版 次:2019 年 9 月第 1 版 印 次:2022 年 1 月第 2 次印刷
定 价:58.00 元

产品编号:083542-01

序言

欢迎进入程序员的普惠时代

看到有人开始学编程,始终是一件令人振奋的事情。

今天,我们已经生活在一个运行于软件之上的世界了。社交沟通,我们用微信、微博;消费购物,我们有淘宝、京东;美食外卖,我们有美团、饿了么;出行打车,我们有滴滴、12306……

理解软件世界是如何运转,这件事情的魅力之大,竟足以让一个已经入行金融和投资领域的女孩放弃现有的高薪工作,毅然转行去做程序员。这是一个学编程的真实故事。

这个故事的主角是 Preethi Kasireddy,她在浏览器之父 Marc Andreessen 的投资机构 A16Z 做过两年投资人,见证过许多程序员写写代码、做做应用就能变出一家公司的奇迹。奇迹之下,这个女孩敏锐地意识到,真正起决定性作用的力量不再是金钱和资本,而在于技术和创新——换言之,是编程的能力。而她自己,尽管每一次跟程序员聊天都知道他们在谈些什么概念,却始终也无法把这些"组件"拼凑成一个技术整体并让它运转起来。所以,Preethi Kasireddy 决定学习编程。

作为一个毫无编程经验的人,她开始去学习专业程序员经常推荐的一本入门书——《"笨办法"学 Python》,可惜热情仅仅持续了两周,就被无穷无尽的代码和习题浇灭了。对此,这个女孩甚至一度怀疑自己永远都成不了专业程序员。直到有一周,Preethi Kasireddy 静下心来学习实战教程和视频讲解,并使用简单的 HTML/CSS 搭建出她自己的第一个网站,才终于找到学会编程的那种感觉。

接下来,这个女孩一边学习编程,一边把自己的学习过程写成博客发布在网站上,包括网页工作原理、JavaScript 模块、Debug 技巧、开源库入门、以太坊原理等。先了解最基础的知识,紧接着动手实践,然后写文章总结……经过一段时间的奋斗和磨砺,她真的拥有了一份专业的软件工程师工作。

这套应用型移动应用开发教材正是为这样的学习实践而编写。无论是写出自己的第一个 HTML5 应用还是微信小程序,动手实践的真实成果所给予读者的成就感,可以让他们更好地学习软件编程和项目开发。本书所用的"牛道教学实践云平台",可以让初学者很好地避免一上手就被一般编程教材中常见的代码和习题所困住的窘境。特别是本书采用项目化开发教学模式,实操步骤均通过简单易懂的文字描述和操作配图进行展示,即便是自学也能实现书内所讲的项目。

可能有人会想,AI 时代对普通程序员的需求会大大降低。但事实却是,2018 年秋季校园招聘中,由于 AI 相关的算法工程师岗位供过于求,字节跳动(今日头条)不得不专门发邮件请求申请者转投移动开发相关的岗位,这些岗位的简历相当稀缺。AI 真正改变世界,必定还是要建立在诸如移动、前端、后端这些常规技术能力的基础之上。

无论新技术将来怎么发展,我们都已经进入了一个离不开程序员的时代。只要学会编程、弄懂软件,你就可以在这样的时代立足并建立优势。

CSDN 创始人、董事长,极客帮创投创始合伙人

前 言

随着智能手机和平板电脑等智能终端的普及,App(第三方应用程序)、小程序越来越多地融入人们的日常生活中,也越来越受到开发者的重视。目前,App 开发形式主要依赖于设备系统的原生开发(Android 和 iOS)以及基于 HTML5 的跨平台混合式开发,而小程序主要基于 HTML5 技术开发。

本书围绕 HTML5 技术讲解基于"牛道教学实践云平台"(简称"牛道云")一站式可视化跨平台的移动 Web App 和小程序应用开发。本书精选 8 个实训项目,分别为 6 个单页面实训项目和 2 个多页面实训项目。首先通过简单实例介绍牛道云平台的基本使用方法,然后通过单页面开发任务和多页面开发综合任务,深入浅出地讲解使用牛道云进行一站式可视化跨平台开发的过程。

本书采用项目化开发教学模式,每个项目都进行了任务分析、开发思路引导以及关键知识点讲解,实操步骤通过简单易懂的文字描述和操作配图进行展示,实现对 Web App 和小程序开发过程的引导式教与学。完成实战开发后,结合项目内容设计拓展任务,帮助读者强化训练综合应用的能力。本书采用"任务分析思路引导、相关知识点探究、开发实战攻略、综合能力拓展"的教学方法,突出"做中学"的实践教学过程,使读者能够根据指引自学完成项目开发,零基础实现 Web App 和小程序的应用开发。

本书适合应用型本科、高职高专院校的物联网、电子信息、移动应用等专业的课程教学,对于培训机构学员和一般开发者也具有较好的参考价值。

使用本书请注意以下几点。

(1) 项目采用零基础可视化开发模式,但是建议读者自行掌握 HTML5、JavaScript、CSS 等技术基础。

(2) 使用本书之前,请到牛道云官网(http://www.newdao.org.cn)注册账户。

(3) 本书基于 2019 年 1 月牛道云平台技术规范和版本的基础上进行编写,使用过程中若遇到牛道云平台更新组件导致界面或设置与本书不同,请以牛道云平台为准,详细可咨询牛道云技术支持。

（4）由于篇幅所限，本书仅对项目开发过程中使用的组件或知识点进行简单讲解，牛道云组件和知识点详细讲解请参考牛道云官网的技术支持。

（5）本书用于相关专业教学时，各学校可根据各自情况自行选择项目。

全书共 8 个实训项目，参考学时共 64 学时，具体安排见下表。

实训项目	项目难度	拓展项目难度	建议学时（高职）	建议学时（本科）
1	简单	简单	2	2
2	简单	简单	8	6
3	简单	简单	8	6
4	中等	中等	10	8
5	中等	中等	10	8
6	中等	较难	10	8
7	较难	中等	16	12
8	较难	较难	选做	14
合　计			64	64

本书是基于深圳职业技术学院和中山职业技术学院的教学实践进行编写的，北京起步科技有限公司给予了技术支持。深圳职业技术学院张胜宇担任主编，负责全书编写策划和定稿，并编写了实训项目 2、实训项目 6 和实训项目 7；中山职业技术学院李龙编写了实训项目 4 和实训项目 8；深圳职业技术学院柴继红编写了实训项目 3 和实训项目 5；北京起步科技有限公司翟昕、陈延红编写了实训项目 1。由于时间紧迫，编者水平有限，书中难免有不足之处，请各位读者提出批评和建议。

编　者

2019 年 5 月

CONTENTS

目 录

实训项目 **1**

我的新闻——新闻随身看

【学习目标】

（1）了解牛道云平台的原理、功能和特点。

（2）掌握牛道云平台开发 Web App 和小程序的完整过程。

（3）掌握"上中下布局""标题栏"和"外部页面"组件的功能及用法。

（4）掌握组件的基础属性和样式属性。

（5）掌握牛道云平台进行 Web App 和小程序的预览和发布流程。

学习路径

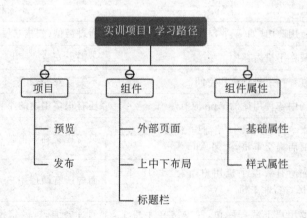

项目描述

腾讯新闻是知名的新闻网站,网址为 https://xw.qq.com/。本项目设计新闻随身看的 App 和小程序:通过嵌入腾讯新闻的网址,制作移动端新闻 App 和小程序,实现新闻的随身浏览。

1.1　App 与小程序的区别

App 是英文 Application 的简称。由于智能手机的流行,App 作为智能手机的第三方应用程序,原来只能使用原生代码开发基于 iOS、Andriod 等系统的原生 App,后期随着 HTML5(以下简称 H5)的飞速发展,基于 H5 的混合模式 App 也得到了普及应用。

小程序可以缩写为 XCX,英文名称为 Mini Program,不需要下载安装即可使用,用户通过扫一扫或搜索即可打开应用。小程序占据内存小,同时可以实现一些功能相对简单、交互相对简洁的需求。轻快,用完即走,无须下载,具有推广形式多样化、速度快、可线上线下联动营销的特点。小程序嫁接微信超 10 亿月活用户,其应用场景给人以无限的遐想空间。

在牛道云平台上,用户无须编程即可轻松制作小程序和 App,制作方式大体相同,部分组件的使用方法略有差异。表 1-1 列举了 App 与小程序的一些区别。

表 1-1　App 与小程序的区别

区　别	App	小　程　序
下载	从应用商店(如 App Store)里下载	通过微信(扫描二维码、搜索)获得
安装	安装在手机内存中	不需要安装
占用空间	一直存在手机中占用空间	不需要安装,几乎不占用内存空间
机会	市场中各种用途的 App 应有尽有	还有很多用途的小程序待开发
发布	安卓 App 有很多应用商店,需要向这些应用商店提交审核,上架 App	只需提交到微信公众平台进行审核
用户群	面向所有智能手机用户,截至 2018 年约 19 亿台智能手机	面向所有微信用户,约 10 亿人
推广难度	需要用户下载程序包,并安装在手机上,较难推广	通过二维码、微信搜索等方式获得,较易推广

在牛道云平台中有"制作小程序/App/公众号"和"制作 App/H5"两个入口。从"制作小程序/App/公众号"入口进入,不仅可以制作小程序,还可以在发布过程中生成 App 的安装文件,以及生成公众号的链接地址,可谓一举三得。

1.2　牛道云平台介绍

　　牛道云平台是北京起步科技股份有限公司推出的一站式开发云平台,集制作、开发、测试、部署及运维于一体,支持开发各种类型的应用,包括小程序、App、公众号、PC 应用、电视应用及企业应用。该平台支持一次开发,多端任意部署,实现敏捷开发。同时支持开发多端应用,共享数据和服务。不仅支持个人开发,还支持团队开发。

　　牛道云平台提供以下功能。

　　(1) 使用大量精美的应用模板,典型应用场景可直接套用,轻松配置就可以投入运行。

　　(2) 用户可以选择自己定制开发,也可以在牛道云平台的众包平台上发布软件需求,委托第三方进行软件设计。

　　(3) 设计过程中可以随时预览软件运行效果,移动应用还可以通过手机扫码直接进行真机调试运行。

　　(4) 有丰富的功能组件和页面模板,结合强大的可视化设计工具,无须编程经验,也可以制作出复杂的软件功能。

　　(5) 启用设计工具的开发模式,开发人员可以直接在线编程,深度扩展软件功能。

　　(6) 应用设计完成后,可以一键式部署到测试环境,对软件进行集成测试。

　　(7) 用户可以选择购买主机或者托管主机,一键式自动部署到正式运行环境;同时支持下载部署资源,完全私有化部署。

　　(8) 应用部署后,牛道云平台还会自动生成应用的后端管理控制台,让最终用户的管理员实现轻松运维。

1.3　页面

　　一个应用可分为后端服务和前端页面两大部分。前端页面负责展现用户界面,实现和用户的交互。良好的用户体验是前端页面制作的目标。

　　前端页面制作涉及如图 1-1 所示的内容,页面由组件搭建形成,可以快速构建页面;组件实现全配置,制作者不写代码也可以实现页面逻辑。

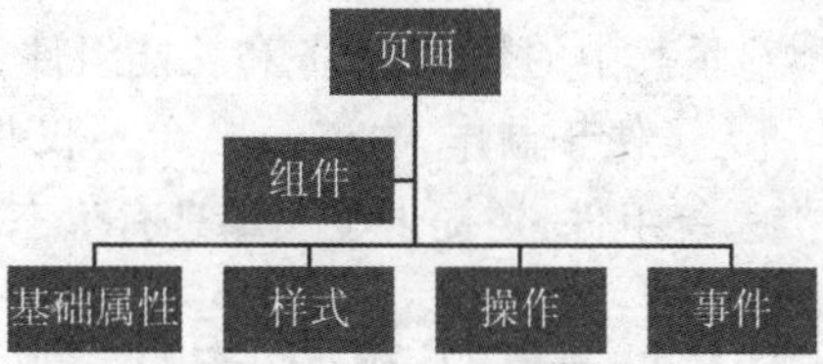

图 1-1　页面制作范畴

　　应用展示给使用者的是一个个的页面。页面是一个相对独立、可复用的界面展现和交互单元,主页是特殊的页面,是应用运行后显示的第一个页面,如图 1-2 所示。在页面中可以打开其他页面,在打开其他页面的同时可以传递参数,供被打开页面使用。页面间也可以共享数据。

页面由 3 部分构成,如图 1-3 所示。

1-2   页面间可以相互调用   图 1-3   页面构成

(1) 页面展现:定义页面的展现,由若干组件构成,存储为 W 文件。

(2) 页面逻辑:定义页面逻辑功能,存储为 W 文件同名的 JS(JavaScript)文件。

(3) 页面样式:定义页面样式,只作用于当前 W 文件中的界面元素,存储为 W 文件同名的 CSS 文件。

1.4   组件

页面是由一个个组件构成的,组件既可以是一个以图形化方式显示在屏幕上并与用户进行交互的对象,如"输入框"组件,也可以是一个没有展现而仅有逻辑功能的组合,为其他组件提供服务,如"数据集"组件。组件是对数据和方法的封装,有自己的基础属性、样式、事件和操作等属性,如图 1-4 所示。组件的属性在页面制作区右侧的属性栏中进行设置。

图 1-4   组件属性

组件根据功能分为 4 类,分别是展现组件、数据组件、服务组件和功能组件。在设计区添加展现组件后,展现组件显示在设计区中,添加数据、服务和功能组件后,这些组件显示在"数据|服务|功能"组件容器中,这个容器为了不遮挡设计区中的展现组件,一般最小化为一个浅黄底色的小方块,显示在设计区内,位置可以随意移动。单击这个小方块,即可展开,显示其中的数据、服务和功能组件。

为了便于制作,牛道云平台不仅提供了布局组件、内容组件、表单组件和高级组件 4 类系统组件,还提供了大量具有生态环境的市场组件。

1.4.1   "上中下布局"组件

"上中下布局"组件默认自动充满父容器,分为上、中、下 3 个区域,每个区域都可以设置背景色,App 和小程序中名称有区别,如图 1-5 所示,本小节以小程序为例。其中,"面板头部"固定显示在页面顶部,"面板底部"固定显示在页面底部,"面板内容"自动充满剩下的区域。当"面板内容"超出"面板内容"区域的高度时,可以通过滑动查看下面的内容,此时"面板头部"和"面板底部"固定不动,仅"面板内容"区域中的内容上下滚动。

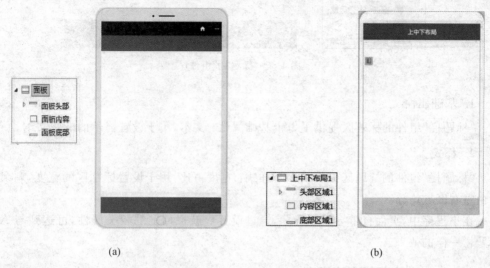

图 1-5　小程序和 App 中的"上中下布局"组件

1. 添加／删除面板头部区域、底部区域

"上中下布局"组件内部有"面板头部""面板内容""面板底部"3个区域,必须有的区域是"面板内容","面板头部"和"面板底部"可有可无。添加"面板头部"的方法是:选择"上中下布局"组件,单击属性栏设置区域的"添加头部区域"按钮,即可添加"面板头部"。删除"面板头部"的方法是:选中"面板头部",右击,在快捷菜单中选择"删除"命令,即可删除"面板头部"。"面板底部"的操作和"面板头部"相同。

2. 基础属性

"上中下布局"组件中的"面板头部"和"面板底部"各提供了 1 个基础属性:高度,用来设置"面板头部"和"面板底部"的高度,默认为 48px。

3. 事件

"上中下布局"组件及其内部 3 个区域都提供了两个事件:点击事件和长按事件。在其内部区域添加其他组件后,在这些组件上点击或长按,都会触发这些事件。

4. 样式

"上中下布局"组件提供了 1 个特有样式:常用布局,用来设置组件的显示方式。可选项为全屏显示和非全屏显示。

1.4.2　App"标题栏"组件

"标题栏"组件通常用在 App 页面的头部,显示页面的标题及页面中的常用功能按钮。组件内部分为 3 个区域:标题、标题栏左边区域、标题栏右边区域,如图 1-6 所示。

图 1-6 "标题栏"组件

1. 基础属性

"标题栏"组件的标题区提供了 1 个基础属性：文本，用于设置显示的标题文本。

2. 样式

"标题栏"组件的标题区提供了 1 个样式：宽度占比，用于设置标题区的宽度，剩余宽度由左右区域均分。

在小程序中，页面自带导航栏标题，通过设置导航栏标题的相关属性，可达到与 App 标题栏一样的效果。

1.4.3 App"外部页面"组件

App"外部页面"组件用于显示非本项目中的页面，通过设置外部网页的网址，即可显示网页的内容。

1. 基础属性

App"外部页面"组件提供了 3 个基础属性。

（1）页面 URL：用于设置静态的外部页面的网址。

（2）动态 URL：用于设置动态的网址，即网址可以通过字符串拼接形成。

（3）显示边框：设置是否显示边框。

2. 样式

App"外部页面"组件提供了 2 个样式。

（1）宽度：用于设置外部页面显示的宽度，如需充满父容器的宽度，应设置为 100%。

（2）高度：用于设置外部页面显示的高度，如需充满父容器的高度，应设置为 100%。

3. 特别说明

因为页面本身没有高度，在页面组件中直接放入 App"外部页面"组件，则 App"外部页面"组件也没有高度。可以通过先在页面中放入"上中下布局"组件，再在面板内容中放入"外部页面"组件，这样由面板内容区域提供高度，App"外部页面"组件的高度 100% 才能有充满的效果。

1.4.4 小程序"外部页面"组件

小程序"外部页面"组件功能和 App 的"外部页面"组件相同，用法更加简单，只需设置页面地址属性，用于指定外部页面的网址即可。无须设置宽度、高度样式，小程序"外部页面"组件会自动充满页面。

实训项目1 App
开发微课视频

1.5 App 项目开发

本项目 App 应用通过嵌入页面的方式,将腾讯新闻的主页嵌入本项目中,App 运行后,直接显示腾讯新闻的页面。

1.5.1 App 设计思路

本项目 App 应用通过使用"外部页面"组件嵌入腾讯新闻网址,达到显示新闻的效果,项目预期效果如图 1-7 所示。

图 1-8 所示的是页面结构,页面中包含"上中下布局"组件(删除底部区域)、"标题栏"组件、"外部页面"组件。

图 1-7 App 项目预期效果

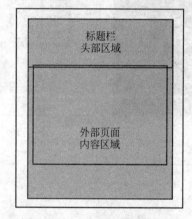

图 1-8 App 页面结构

项目需要设计 UI 界面,主页自带"上中下布局"组件和"标题栏"组件,在主页上再放置"外部页面"组件即可,如图 1-9 所示。

1.5.2 App 开发过程

1. 创建项目

用浏览器(推荐 Chrome、Safari)打开牛道云平台 www.newdao.org.cn,登录账户,进入"可视化开发",依次单击"我的制作"→App/H5→"创建 App",如图 1-10 所示。

根据项目需求选择不同的模板,本项目选择空白模板,如图 1-11 所示。

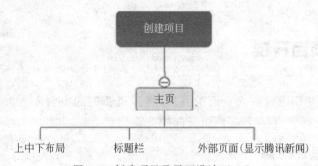

图 1-9　创建项目及界面设计(App)

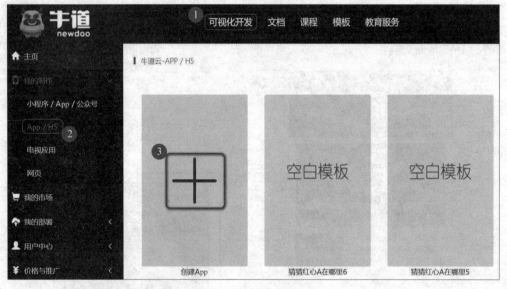

图 1-10　项目创建(App)

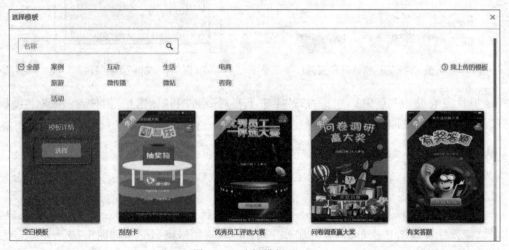

图 1-11　选择模板(App)

　　模板确定之后，创建 App。根据提示输入项目相关信息，其中项目标识只能以英文字母开头，且只能是小写字母及数字组合，如图 1-12 所示。

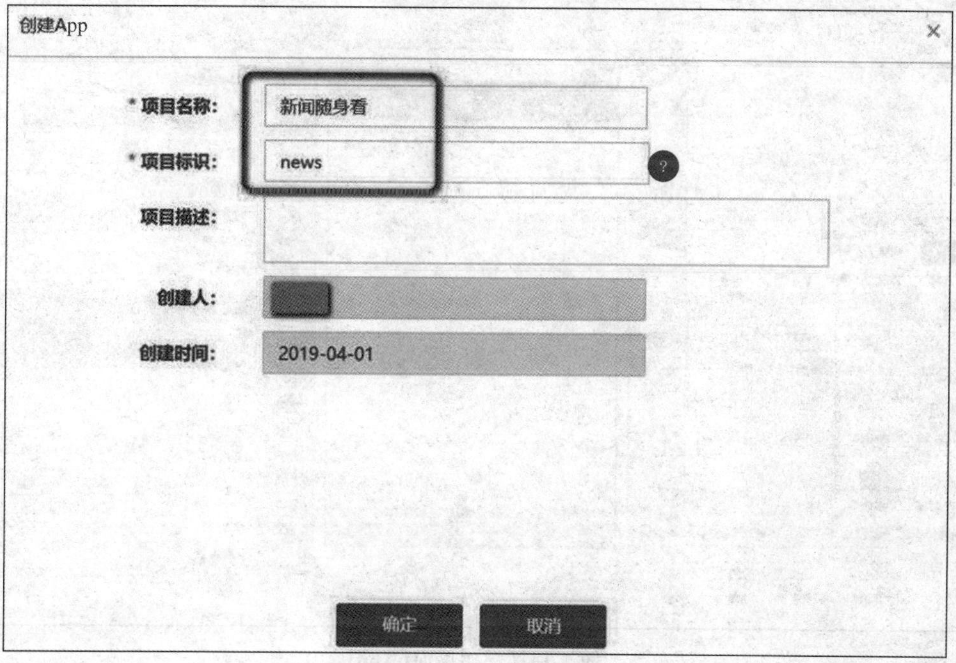

创建App ✕

　　* 项目名称：　新闻随身看

　　* 项目标识：　news　　　　　　　　　　　　　　　　　　 ?

　　项目描述：

　　创建人：

　　创建时间：　2019-04-01

确定　　取消

图 1-12　创建 App

　　创建 App 成功后，可单击"立即打开"或者在项目列表中单击本项目的"制作"按钮，进入制作界面进行项目开发，如图 1-13 和图 1-14 所示。

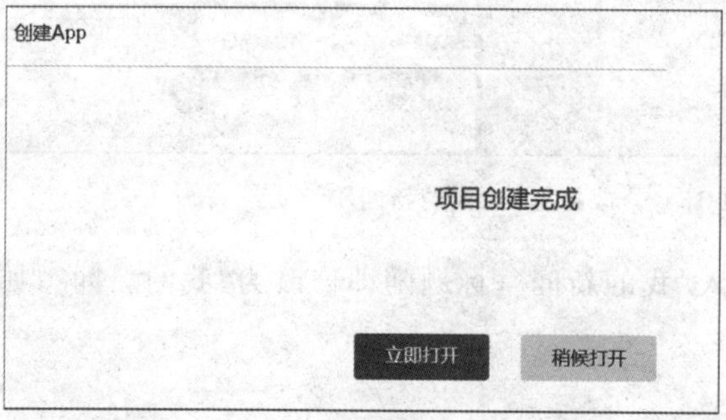

创建App

项目创建完成

立即打开　　稍候打开

图 1-13　进入项目（App）

　　主页中默认添加了"上中下布局"组件和"标题栏"组件。

2. 修改"标题栏"组件

单击设计区中的"标题"，即选中了"标题栏"组件的标题区域，设计区右侧显示出标题

图 1-14　制作界面(App)

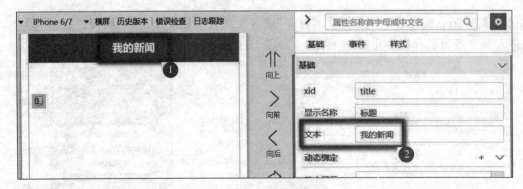

图 1-15　修改标题为"我的新闻"

区域的属性。在"文本"属性中输入"我的新闻",标题随即修改为"我的新闻",如图 1-15 所示。

3. 放入"外部页面"组件

将"外部页面"组件放入设计区的空白部分,如图 1-16 所示。结果是将"外部页面"组件放到了"上中下布局"组件的"内容区域"。此时,屏幕右侧显示出"外部页面"组件的基础属性和样式属性。

在"页面 URL"属性中输入腾讯新闻的网址 https://xw.qq.com,如图 1-17 所示。

设置"外部页面"组件的宽度、高度为 100%,使其充满整个页面,如图 1-18 所示。

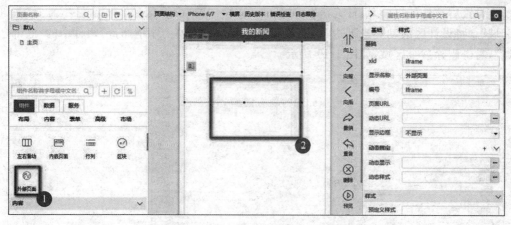

图 1-16 放入"外部页面"组件(App)

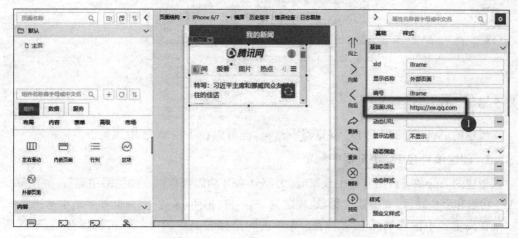

图 1-17 设置页面 URL 属性(App)

图 1-18 设置样式属性(App)

设置后,"外部页面"组件充满"上中下布局"组件的"内容区域",本项目不需要"底部区域"。将设计区滚动到最下边,单击灰底色区域,即选中"上中下布局"组件中的"底部区域",右击删除这个区域,如图1-19所示。

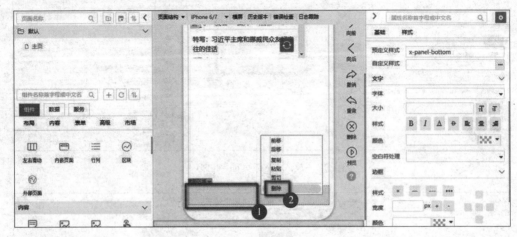

图1-19　删除底部区域(App)

1.5.3　App 项目预览

创建的 App 既可以在 PC 浏览器中预览,也可以在手机 App 中预览。

1. 创建项目在 PC 浏览器中预览

创建的 App 在 PC 浏览器中预览时,大部分 API 功能都可以在浏览器中运行;一小部分 API 功能和手机硬件,如微信支付、地理定位、扫一扫、拍照、录像等,只能在手机中运行。

在浏览器中预览 App 的方法是:先单击制作台右上角的"保存"按钮保存项目,然后单击"预览"按钮,打开浏览器预览界面,如图1-20和图1-21所示。

图1-20　保存后预览(App)

2. 在手机 App 中预览

创建的 App 最终要在手机上运行,所以在手机上的运行效果也是调试的重点,系统提供 apploader 应用功能方便在手机上实现 App 预览。apploader 既可以安装在安卓手机上,也可以安装在苹果手机上。在手机上实现 App 预览分为以下两步。

图 1-21 App 浏览器预览界面

第 1 步：在手机上安装 apploader 应用。在如图 1-22 所示的 App 预览界面中，右侧有两个二维码，扫描下方的二维码，即可完成安装。

图 1-22 手机 App 预览界面

第 2 步：在手机上安装 apploader 后，打开 apploader，界面如图 1-23 所示。单击图中的"扫描二维码实现跳转"按钮，出现扫描窗口，扫描图 1-22 中的右侧上方的二维码，即可在 apploader 中显示出"新闻随身看"的界面，从而实现在手机中的 App 预览。

1.5.4 App 项目发布

App 可以发布到测试环境和正式环境。下面介绍发布到测试环境的步骤。单击制作台右上角的"发布"按钮，打开"发布"页面。界面如图 1-24 所示。

图 1-23　apploader 运行界面

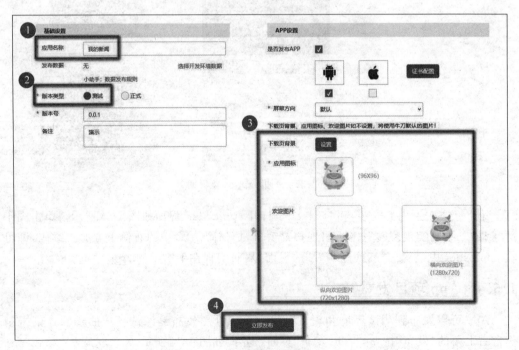

图 1-24　发布到测试环境（App）

　　在"应用名称"中输入 App 的名称"我的新闻",安装到手机上,会显示在应用图标的下面。在"下载页背景"中上传一张图片,在下载安装文件时显示。在"应用图标"中设置应用图标,图片尺寸要求是 96px×96px。在"欢迎图片"中将 720px×1280px 的图片设置为竖屏的欢迎图片,将 1280px×720px 的图片设置为横屏的欢迎图片。

　　在"版本类型"中选择"测试",即为发布测试版本。本项目没有涉及数据,所以无须设置"发布数据"。但是,在发布使用了数据的项目时,需要注意设置"发布数据",选中需要发布到测试环境的数据,如图 1-25 所示。

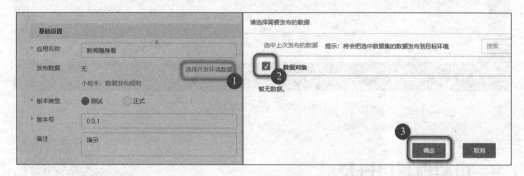

图 1-25　App 测试版本

　　发布配置完成后,单击"立即发布"按钮,执行发布过程,如图 1-26 所示。

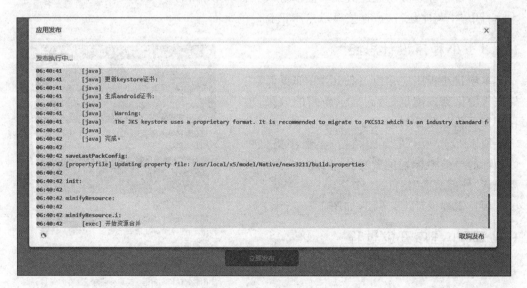

图 1-26　App 发布执行中

　　发布完成后,会显示包含二维码的界面,表明发布成功,如图 1-27 所示。用手机扫描第 2 个二维码,下载、安装 App,App 就可以在手机上运行了。

图 1-27　App 发布成功

1.6　小程序项目开发

本项目小程序应用通过嵌入页面的方式,将腾讯新闻的主页嵌入本项目中,小程序运行后,直接显示出腾讯新闻的页面。

实训项目 1 小程序
开发微课视频

1.6.1　小程序设计思路

本项目小程序应用通过使用"外部页面"组件嵌入腾讯新闻网址,达到显示新闻的效果,项目预期效果如图 1-28 所示。

图 1-29 所示的是页面结构,小程序提供页面顶部的导航栏标题配置功能,因此,页面中只需包含"外部页面"组件。

项目需要设计 UI 界面,如图 1-30 所示。

1.6.2　小程序开发过程

1. 创建项目

用浏览器(推荐 Chrome、Safari)打开牛道云平台 www.newdao.org.cn,登录账户,进入"可视化开发",依次单击"我的制作"→"小程序/App/公众号"→"创建小程序",如图 1-31所示。

图 1-28　项目预期效果(小程序)

图 1-29　页面结构（小程序）

图 1-30　创建项目及界面设计（小程序）

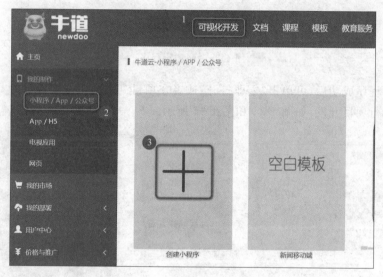

图 1-31　项目创建（小程序）

根据项目需求选择不同的模板，本项目选择空白模板，如图 1-32 所示。

图 1-32　选择模板（小程序）

模板确定之后,创建小程序,根据提示输入项目相关信息,如图 1-33 所示。

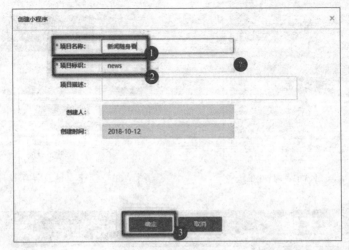

图 1-33　创建小程序

创建小程序成功后,可单击"立即打开"或者在项目列表中单击本项目的"制作",进入制作界面进行项目开发,如图 1-34 和图 1-35 所示。

图 1-34　进入项目(小程序)

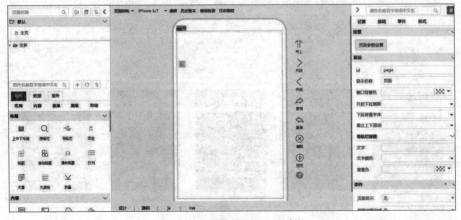

图 1-35　制作界面(小程序)

2. 设置"导航栏标题"

小程序提供全局导航栏设置,设置后运行小程序,每个页面都会显示相同的导航栏,每个页面也可以单独设置本页面的导航栏。在页面制作区,单击屏幕右上角的齿轮图标按钮,弹出下拉菜单,选中其中的"全局配置",打开"全局配置"对话框。"页面配置"中的"导航栏标题背景色"和"导航栏标题文字颜色"使用默认值,"导航栏标题文字"设置为"我的新闻",如图1-36所示。

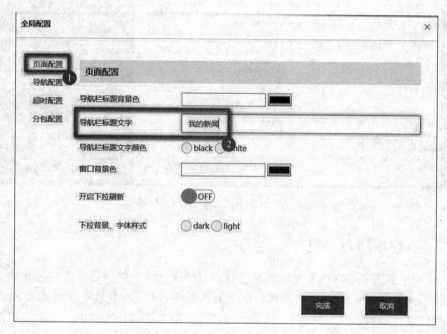

图1-36 设置全局导航栏(小程序)

3. 放入"外部页面"组件

将"外部页面"组件放入设计区的空白部分,如图1-37所示,屏幕右侧显示出"外部页面"组件的基础属性。

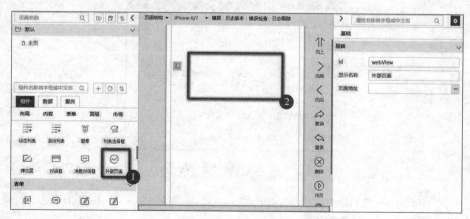

图1-37 放入"外部页面"组件(小程序)

　　单击"页面地址"属性右侧的"…"按钮,打开属性编辑器,在编辑器的下部输入腾讯新闻的网址 https://xw.qq.com/,注意需要使用编辑器工具栏中的引号将网址括起来,如图 1-38 所示。

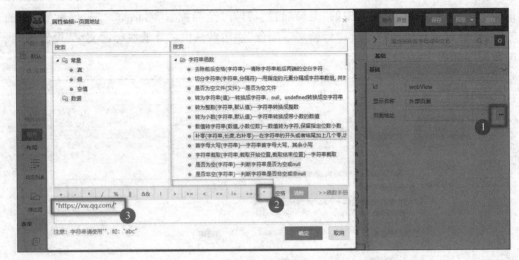

图 1-38　设置页面地址属性(小程序)

1.6.3　小程序项目预览

　　创建的小程序可以在浏览器中预览。在浏览器中预览是将小程序组件转化成 H5 标签后运行,大部分小程序 API 功能都可以在浏览器中运行,一小部分 API 功能和手机硬件,如微信支付、地理定位、扫一扫、拍照、录像等,只能在微信开发者工具或微信小程序中运行。

　　在浏览器中预览小程序的方法是:先单击制作台右上角的"保存"按钮保存项目,然后单击"预览"按钮,打开浏览器预览界面,如图 1-39 和图 1-40 所示。

图 1-39　保存后预览小程序

　　小程序也支持 apploader 预览页面效果,但部分功能需要在微信环境下预览,apploader 预览操作可参考图 1-22 和图 1-23。

图 1-40 小程序预览界面

1.6.4 小程序项目发布

小程序可以发布到测试环境和正式环境。

1. 发布到测试环境

单击制作台右上角的"发布"按钮，打开"发布"页面，如图 1-41 所示。

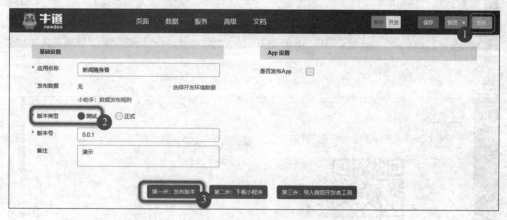

图 1-41 小程序"发布"页面

在"App 设置"中如果选中"是否发布 App"，表示发布的同时生成 App 包，这样是为了实现一次开发，小程序和 App 都可以生成。在"版本类型"中选择"测试"，即为发布测试版本。本项目没有涉及数据，所以无须设置"发布数据"。但是，在发布使用了数据的项目时，需要注意设置"发布数据"，选中需要发布到测试环境的数据，如图 1-42 所示。

单击"第一步：发布版本"按钮，执行发布过程，界面如图 1-43 所示，

发布完成后，会显示出包含二维码的界面，表示发布成功，如图 1-44 所示。

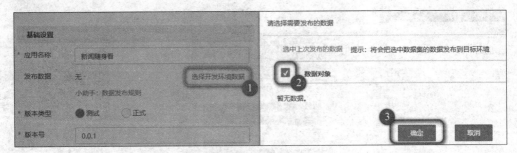

图 1-42　发布小程序到测试环境

图 1-43　发布小程序执行中

图 1-44　发布小程序成功

2. 预览小程序

在手机微信中运行小程序,需要先在微信公众平台上注册小程序账号,一个小程序账号对应发布一个小程序。在小程序账号中可以设置小程序的基本信息(名称、图标、描述等),同时下载开发工具并进行开发设置。第一次在手机微信中运行小程序的过程比较复杂,步骤见表1-2。

表 1-2　预览小程序的步骤

步骤	微信公众平台|小程序	牛道云平台发布界面
第1步	小程序注册 配置服务器域名	获取服务器域名
第2步	下载安装微信开发者工具 新建或者导入小程序项目	下载小程序并解压
第3步	生成预览二维码	

1) 小程序注册并配置服务器域名

(1) 小程序注册。首次发布小程序时,需要先进行小程序注册,获得小程序账号的AppID。登录微信公众平台 https://mp.weixin.qq.com 进行小程序注册,如图 1-45 所示。

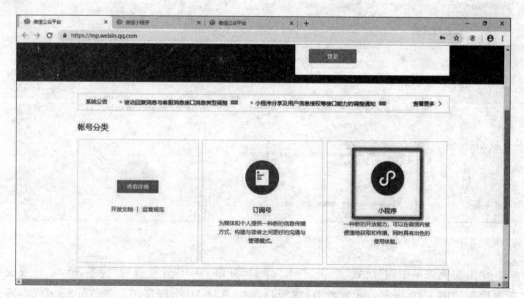

图 1-45　微信公众平台

单击小程序图标打开微信小程序页面,如图 1-46 所示。

单击"前往注册"按钮,打开小程序注册页面,如图 1-47 所示。

根据要求如实填写,完成注册,注册后登录小程序,界面如图 1-48 所示。

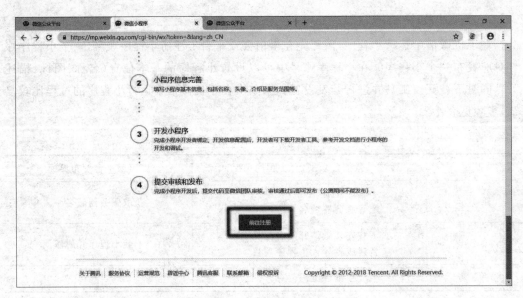

图 1-46　微信小程序

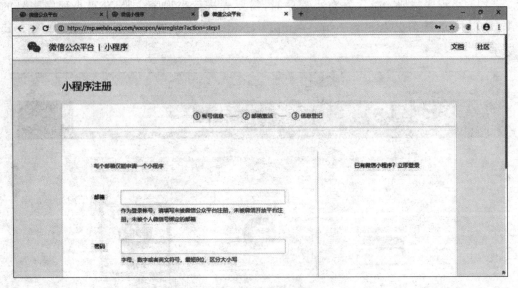

图 1-47　小程序注册

　　单击左侧菜单中的"设置"按钮,打开"设置"页面,单击"开发设置"标签,显示"开发设置页面",如图 1-49 所示。开发者 ID 里面显示的 AppID(小程序 ID)和 AppSecret(小程序密钥),就是小程序的 AppID 和 AppSecret。

　　由于微信不保留明文的 AppSecret,因此需要自己妥善保存,否则重置后,就会产生一个新的 AppSecret,以前设置的 AppSecret 将失效。

　　(2)获取服务器域名。在牛道云制作台的"发布"页面中,单击"第三步:导入微信开发者工具"按钮,显示出发布版本的服务器域名,如图 1-50 所示。

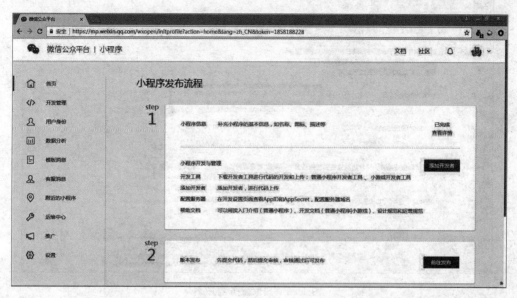

图 1-48 小程序首页

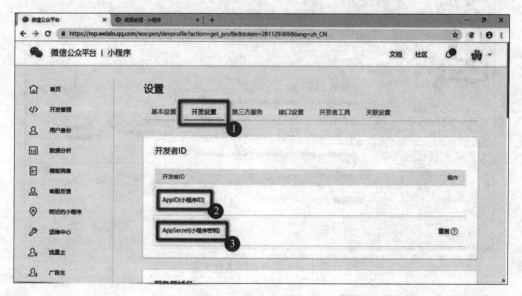

图 1-49 开发设置页面

（3）配置服务器域名。在微信公众平台|小程序中配置服务器域名的目的是设置安全访问域名，即小程序只访问该域名下的链接，不能访问其他域名下的链接，保护小程序使用者的安全。在小程序中配置服务器域名的步骤是：①单击左侧菜单中的"设置"按钮，打开"设置"页面。②单击"开发设置"标签，显示"开发设置页面"，向下滚动，即可看到服务器域名的配置，如图 1-51 所示。注意服务器域名在一个月内只能修改 5 次。

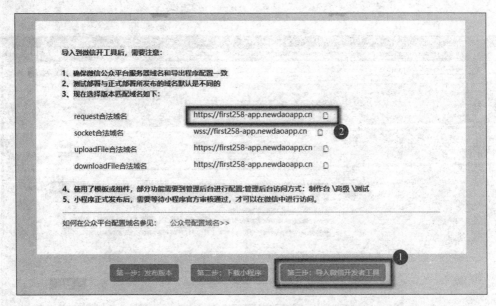

图 1-50　获取服务器域名

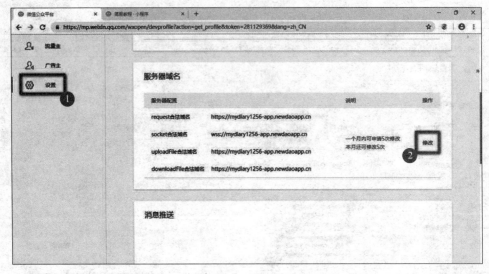

图 1-51　服务器域名的配置

2）在微信开发者工具中添加新项目

　　目前有两种在手机微信中运行小程序的方法：①在微信开发者工具中生成预览二维码，用手机微信扫描这个二维码，即可在手机微信中运行，不过这个二维码是临时的；②在微信开发者工具中上传小程序，在微信公众平台 | 小程序中提交发布，发布成功后，生成小程序二维码，用手机微信扫描这个二维码，即可在手机微信中运行。

　　综上所述，在手机微信中运行小程序需要使用微信开发者工具，首先下载微信开发者工具；然后安装微信开发者工具；最后将下载的小程序版本导入微信开发者工具中，就可以在微信开发者工具中生成预览二维码，即使用第 1 种方法，在手机微信中运行小程序。

（1）下载、安装微信开发者工具。开发者可在微信开发者工具内完成小程序的开发、调试、预览、上传代码等操作。使用牛道云平台开发小程序的步骤：首先在牛道云平台中进行制作；其次用浏览器预览查看效果；最后将制作完成的版本导入微信开发者工具中。只使用微信开发者工具预览和上传代码等功能。

下载微信开发者工具的步骤：在小程序首页中单击右上角的"文档"按钮，如图 1-52 所示。打开"小程序文档"页面。

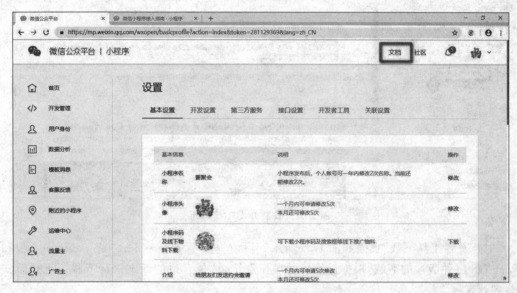

图 1-52　小程序首页中"小程序文档"页面入口

单击右上角的"开发"按钮，弹出下拉菜单，选择"小程序开发"菜单命令，打开"小程序开发文档"页面，如图 1-53 所示。

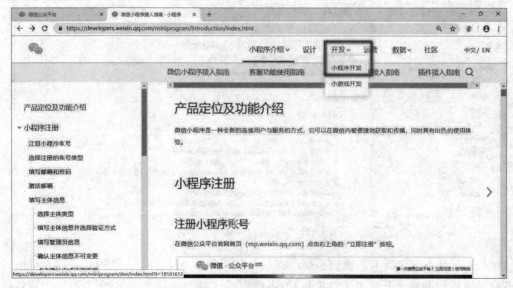

图 1-53　小程序开发文档

选择左侧菜单中的"安装开发工具"菜单命令，打开"开发者工具下载"页面链接，如图 1-54 所示。

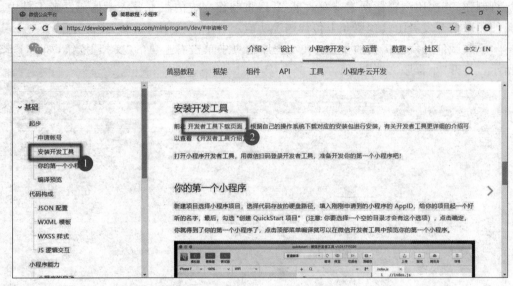

图 1-54　安装开发工具页面

"开发者工具下载"页面如图 1-55 所示。目前提供 Windows 64 位、Windows 32 位和 Mac OS 三种版本的下载，根据计算机的操作系统，选择合适的版本进行下载。下载后安装到计算机上。

图 1-55　下载小程序开发者工具

（2）下载小程序版本。微信小程序有自己的语法体系，不同于 HTML 语法，目前只能在手机微信和微信开发者工具中运行，不能在浏览器中运行。因此，在浏览器中预览的小程序运行效果是牛道云平台提供的模拟效果。

下载小程序版本的方法是：进入"发布"页面，单击页面中的"第二步：下载小程序"按钮，页面中显示"正在生成微信小程序，请稍等…"，使用浏览器的下载功能，下载小程序版本。如图1-56所示。

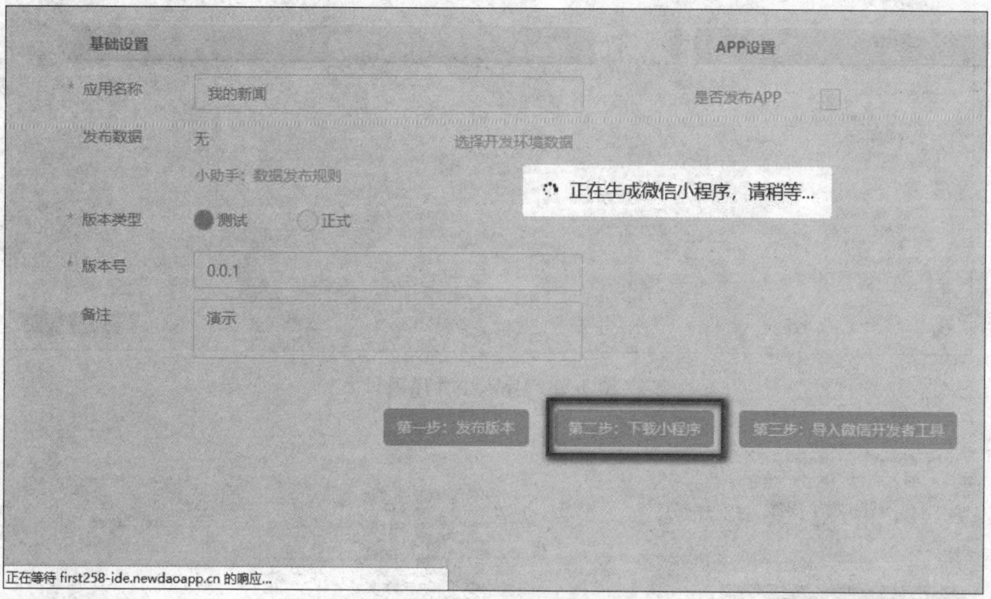

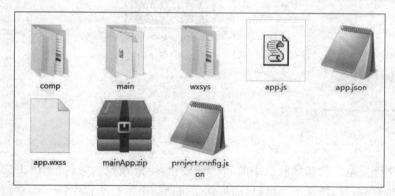

图1-56 下载小程序

下载后的文件名是mainApp.zip，解压到某个目录下。例如，E:\微信小程序\news。解压后的目录结构如图1-57所示。

图1-57 解压版本

（3）将小程序版本导入微信开发者工具，打开微信开发者工具，在微信开发者工具中选择"导入项目"，输入小程序账号的AppID、项目名称、选择项目目录，例如，E:\微信小程序\news。如图1-58所示。单击"导入"按钮，创建新闻随身看小程序项目。

3）生成预览二维码

在微信开发者工具中创建小程序项目后，左侧显示项目的运行效果，右侧显示项目中

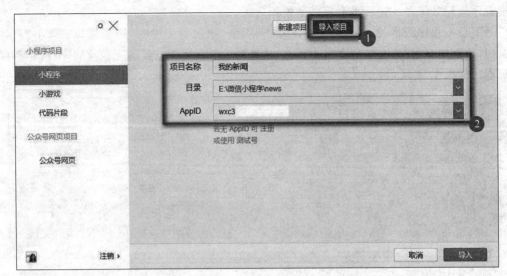

图 1-58　导入小程序项目

图 1-59　生成预览二维码

的目录和文件。单击顶部导航栏中的"预览"按钮,生成预览二维码,如图 1-59 所示。用手机微信"扫一扫"扫描这个二维码,即可在手机微信上运行小程序。

因为一个月只能修改 5 次,所以在开发过程中一般暂不配置服务器域名。但是如果不配置域名,小程序就不能运行,可按照如下操作即可正常运行。

(1) 在微信开发者工具中,选中"详情"中的"不校验合法域名"复选框,如图 1-60 所示,即可正常预览项目。

(2) 在手机中预览时,扫描预览二维码后,小程序报错,这时只要单击手机右上角"…"按钮,选择"打开调试"菜单命令,重新扫描预览二维码,即可正常预览,如图 1-61 所示。

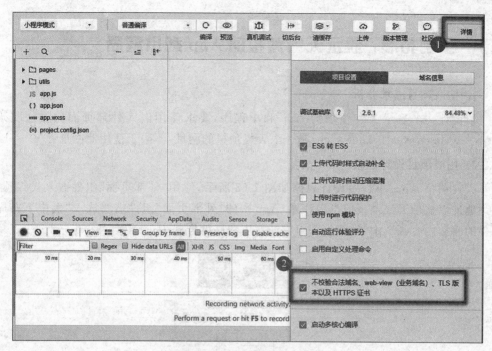

图 1-60　设置不校验合法域名

图 1-61　打开手机调试

1.7 项目拓展：显示天气预报的 App 和小程序

1. 拓展项目需求分析

请设计一个显示天气预报的 App 和小程序，要求使用嵌入外部页面的方法实现。http://web.cn-weathernews.cn/是一个天气预报的网址，不限于使用此网址。

2. 拓展项目设计思路

天气预报 App、小程序设计思路如图 1-62 所示，使用"外部页面"组件嵌入天气预报网站地址以显示天气预报信息。注意，App 中的"外部页面"组件需要放入"上中下布局"组件的面板内容区域中，设置外部组件的宽度和高度样式为 100%。

图 1-62 天气预报设计思路

项目小结

通过开发实训项目 1 的学习，读者能够了解牛道云开发平台的一站式可视化开发原理和模式；掌握快速创建 App 和小程序；掌握 App 和小程序的开发、预览、发布流程；掌握"外部页面"组件的功能；了解组件属性中关于基础属性和样式属性的类别划分；通过项目实践掌握常用属性的功能和配置方法。

实训项目 2

注重身体健康——BMI指数计算器

【学习目标】

(1) 理解 Web App 和小程序的 MVVM 数据驱动模式。

(2) 掌握静态数据集的应用方法。

(3) 掌握"标签＋输入框""按钮""显示框""消息对话框""文本"等常用组件的功能及用法。

(4) 掌握组件的常用属性(包括基础属性、事件和样式属性等)。

(5) 掌握牛道云平台的画代码工具。

(6) 复习在牛道云平台上进行 Web App 和小程序的预览和发布流程。

学习路径

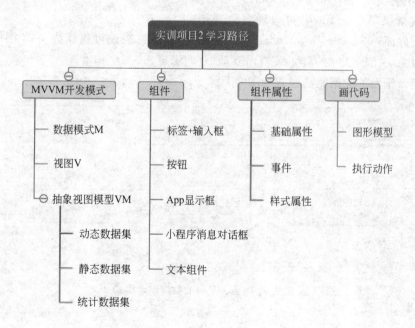

项目描述

　　身体质量指数(Body Mass Index,BMI)是国际常用的衡量人体肥胖程度和是否健康的重要标准,主要用于统计分析。肥胖程度的判断不能采用体重的绝对值,它应该与身高有关,因此,BMI通过人体体重和身高两个数值获得相对客观的参数,并用这个参数所处范围衡量身体健康水平。

　　体重指数 BMI＝体重/身高的平方(国际单位 kg/m^2),国内标准是 BMI 在 18~24 属正常范围,BMI 大于 24 为超重,BMI 大于 27 为肥胖。

　　本项目设计 BMI 人体体重计算器的 App 和小程序,便于人们监控体重,防止肥胖。

2.1　静态数据集概述

2.1.1　数据集的概念

　　数据集是前端页面的数据核心,存储页面上的数据。数据集为双向数据感知,即用户在展现组件中输入内容,组件绑定的数据集数据会自动更新;同样,数据集中的数据发生变化,展现组件的展现内容也会自动更新。

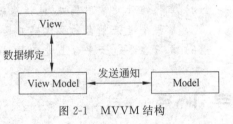

图 2-1　MVVM 结构

　　牛道云平台使用 MVVM 结构数据驱动模式实现页面,MVVM 结构如图 2-1 所示。MVVM 对应三个层:M——Model,可以简单理解为数据层;V——View,可以理解为视图,或者网页界面;VM——ViewModel,表示为抽象层,简单来说可以认为是 V 层中抽象出的数据对象,并且可以与 V 和 M 双向互动(双向绑定)。

　　牛道云平台的数据驱动模式如图 2-2 所示。

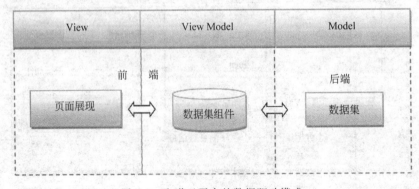

图 2-2　牛道云平台的数据驱动模式

　　数据不仅可以用于显示,还能控制状态。数据通过展现组件的"绑定数据列"和"动态文本"等属性显示在页面上,数据还可以控制展现组件的状态,通过展现组件的"动态隐藏"属性控制该组件是否显示,通过展现组件的"动态禁用"属性控制该组件是否可用。

　　牛道云平台的数据集分为3种,分别是动态数据集、静态数据集和统计数据集。表2-1列出了这3种数据集的比较。

表 2-1　3种数据集比较

分　类	用　途	存　储
动态数据集	可编辑、可保存、可查询 用于存储动态数据,例如存储商品信息、订单信息	PostgreSQL 数据库
静态数据集	可编辑、不可保存、不可查询 用于存储静态数据,例如存储查询条件,状态信息	页面
统计数据集	用于分组统计,例如订单数据集中有下单日期和金额两列,可以按日期汇总统计每日销售额	不存储

2.1.2　静态数据集

　　静态数据集的数据存储在页面中,在页面上可以新增、修改和删除数据,但是不能保存到数据库。主要用作暂存页面上的临时数据,例如暂存查询条件、暂存状态信息等。

　　在静态数据集添加列(数据的种类)之后,才能添加行数据(数据的内容)。列类型不支持图片、文件和富文本,数据只能在数据制作区中手工添加。在左侧数据集列表中,选中要添加数据的数据集,在右侧会显示出数据集详情,单击"数据"选项卡中的"+"按钮,添加行数据。

2.2　组件

2.2.1　"标签+输入框"组件

　　输入框组件分为标签部分(label)、输入框部分(input)和选项部分(view),如图 2-3所示。

　　"标签+输入框"组件提供了两个基础属性。

　　(1)输入框部分:为该组件的主体部分,不可删除。

　　(2)选项部分:可选设计部分,可加入任何需要的元素,可主动添加或者删除。

2.2.2　"按钮"组件

　　"按钮"组件可以设置显示的图标、文字、大小以及颜色等样式。图 2-4展示了按钮的多种风格。

1. 基础属性

　　"按钮"组件提供了3个基础属性。

图 2-3　"标签＋输入框"组件外观

图 2-4　"按钮"组件

（1）显示名称：用于设置按钮上显示的文本。

（2）动态文本：用于显示动态文本。动态文本包括数据集中的文本数据，根据情景显示不同的文本。

（3）动态禁用：用于设置条件控制按钮是否可用。

2.事件

"按钮"组件提供了1个事件。

点击事件：在点击"按钮"组件时触发。

3.样式

"按钮"组件提供了8个特有样式。

（1）预定义样式：设置按钮背景色，可选项为灰色、绿色和红色。

（2）尺寸样式：设置按钮文字的大小，可选项为默认大小、大按钮、小按钮和超小按钮。

（3）是否镂空：设置是镂空还是填充，即按钮背景色设置为红色后，镂空显示白底红字，填充显示红底白字。

（4）图标：选择一个图标后，按钮上显示图标。

（5）图标位置：设置图标相对于文字的位置，可选项为左、上、右、下。

（6）按钮展现形式：设置按钮只显示图标、只显示文字，或者图标文字都显示。

（7）形状：设置按钮形状，可选项为默认（方形）、圆形。

（8）边框：是否镂空样式设置为填充时，按钮有灰色边框，可以设置不显示这个边框。

2.2.3 App"显示框"组件

"显示框"组件属于 App 设计中独有的 output 基础组件，主要用于数据的输出和展示。"显示框"组件根据类型和属性的不同，能实现数据的展示、样式等操作，其外观如图 2-5 所示。

图 2-5 "显示框"组件外观

1. 基础属性

"显示框"组件提供了两个基础属性。

（1）绑定数据列：设置"显示框"组件和数据集中某列的绑定关系，绑定后，显示框显示数据集中某列的值。

（2）数据格式：用于对显示格式进行定义，如 date、datetime 等。

2. 事件

"显示框"组件提供了 1 个事件。

显示渲染事件：在渲染 output 时触发。

2.2.4 小程序"消息对话框"组件

"消息对话框"组件是小程序开发中独有的组件，用于提示用户操作，如删除数据时弹出"消息对话框"，询问用户是否确定删除等，其外观如图 2-6 所示。

1. 基础属性

"消息对话框"组件提供了 3 个基础属性。

图 2-6　"消息对话框"组件外观

（1）标题：用于设置对话框标题，无默认值。

（2）提示信息：用于设置对话框提示信息，无默认值。

（3）类型：用于设置消息对话框是否有取消按钮，默认为 OKCancel。

2. 事件

"消息对话框"组件提供了 3 个事件。

（1）调用失败：调用显示操作失败时触发。

（2）点击确认：点击"确认"按钮时触发。

（3）点击取消：点击"取消"按钮时触发。

3. 操作

"消息对话框"组件提供了两个操作，可在事件下拉列表框中选择事件操作，如按钮的点击事件选择页面的相关操作。

（1）显示：显示消息对话框。

（2）隐藏：隐藏消息对话框。

2.2.5　"文本"组件

"文本"组件用于显示文本，可以显示静态文本，也可以显示数据集中的文本数据；可以将几个文本数据拼接，也可以对要显示的文本进行格式化。"文本"组件作为行内元素，不能控制水平对齐方式,可以通过设置视图组件中的文字对齐方式,设置"文本"组件的水平对齐,运行效果如图 2-7 所示。

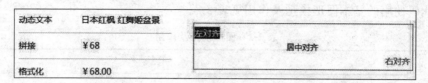

图 2-7 "文本"组件的水平对齐

1. 基础属性

"文本"组件提供了两个基础属性。

(1)文本属性:用于显示静态文本。

(2)动态文本属性:用于显示动态文本。动态文本包括数据集中的文本数据、根据情景显示不同的文本。例如,设置动态文本属性为"¥"+数值转字符串(购物车.单价,2)。其中,"购物车.单价"表示显示购物车数据集中的单价列。

2. 事件

"文本"组件提供了 1 个事件。

点击事件:在点击"文本"组件时触发。

2.3 画代码编程

当用户需要 JS(JavaScript)编程或 Java 编程,却又没有编程基础时,可以使用画代码,用图形化的方式实现用户对特定逻辑功能的编码需求,如图 2-8 所示。

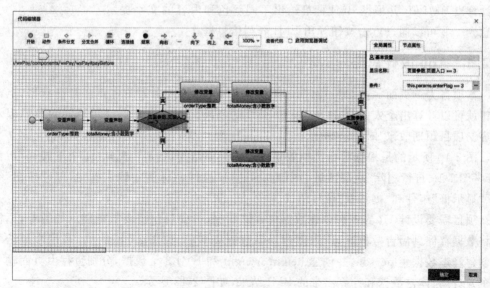

图 2-8 画代码操作

2.3.1　图形模型

画代码使用的基本图形模型及作用见表 2-2。

表 2-2　图形模型及作用

图形模型	作　用
参数	用于设置参数
动作	点击动作,在右侧属性配置页面可设置执行的方法和相关的参数,具体项目见执行动作
条件分支	可设置判断条件,即 if else 语句
分支合并	用于合并条件分支
循环	用于实现循环功能,即循环语句
连接线	连接对象,表示流程
结束	表示流程的结束,即 return

2.3.2　执行动作

画代码提供了丰富的执行动作,用于实现复杂的逻辑,详细内容请查阅相关数据手册。

2.4　App 项目开发

实训项目 2 App
开发微课视频

本项目 App 应用界面可以输入个人体重、身高信息,点击按钮可以计算出 BMI 值,并根据 BMI 标准给出不同颜色和内容的文字提示信息。App 可以通过点击按钮弹出 BMI 介绍信息框。

2.4.1　App 设计思路

本项目为单页面 App,通过页面的组件,用户可以输入个人的体重和身高数据,点击按钮就可以计算出个人的 BMI 值,根据 BMI 的判断标准在页面中显示不同颜色的提示内容。项目预期效果如图 2-9 所示。

图 2-10 所示的是根据项目预期效果设计的页面结构,主要由默认"上中下布局"组件(参考图 1-19 自行删除"底部区域")中的"标题栏"组件、"标签＋输入框"组件、"按钮"组件、"显示框"组件和"提示框"组件组成。

项目需要设计 UI 界面和创建数据集存储数据,本项目仅需要数据展示和暂存,不需要将数据存储到后台数据库,所以创建静态数据集即可,如图 2-11 所示。利用牛道云平台创建静态数据集 person,并创建 height、weight 和 BMI 3 个数据,分别暂存由页面输入的个人身高、体重数据和计算出来的 BMI 结果,如图 2-12 所示。

图 2-9　预期效果（App）

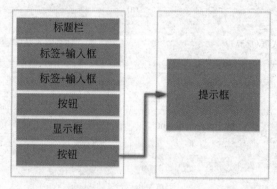

图 2-10　页面结构（App）

图 2-11　创建项目（App）

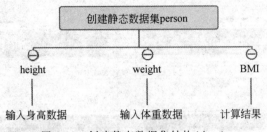

图 2-12　创建静态数据集结构（App）

　　根据项目需求，页面上放置两个"标签＋输入框"组件用于输入个人数据，两个"按钮"组件分别用于点击计算 BMI 和弹出"提示框（关于 BMI…）"组件，1 个"显示框"组件用于显示计算结果，UI 设计如图 2-13 所示。

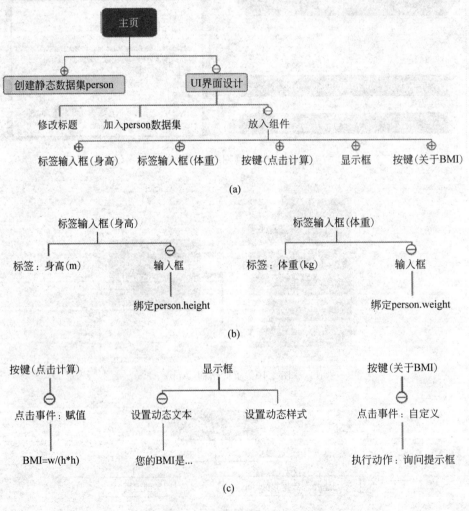

图 2-13　UI 界面设计（App）

2.4.2　App开发过程

1. 创建项目

用浏览器(推荐 Chrome、Safari)打开牛道云平台 www.newdao.org.cn,登录账户,进入"可视化开发",依次单击"我的制作"→App/H5→"创建 App",如图 2-14 所示。

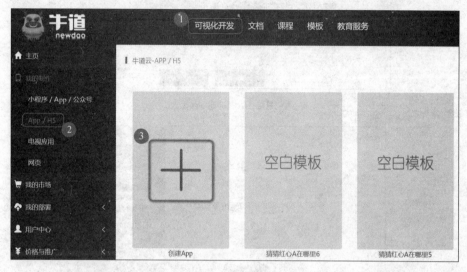

图 2-14　项目创建(App)

根据项目需求选择不同的模板,本项目选择空白模板,如图 2-15 所示。

图 2-15　选择模板(App)

模板确定之后,创建 App,根据提示输入项目相关信息,其中项目标识只能以英文字母开头,且只能是小写字母及数字的组合,如图 2-16 所示。

创建 App 成功之后,单击"立即打开"或者单击"稍候打开",在项目列表中单击本项目的"制作",进入制作界面进行项目开发,如图 2-17 和图 2-18 所示。

图 2-16　创建 App

图 2-17　进入项目(App)

图 2-18　制作界面(App)

2. 创建静态数据集 person 和数据,并引入项目

根据项目需求创建 1 个静态数据集暂存个人数据和最后结果。进入数据制作区,单击"静态数据集"后面的新建标签(或者单击"创建静态数据集"),输入"显示名称"(可为中文),自动生成"名称",也可自定义名称(必须为英文),如图 2-19 和图 2-20 所示。

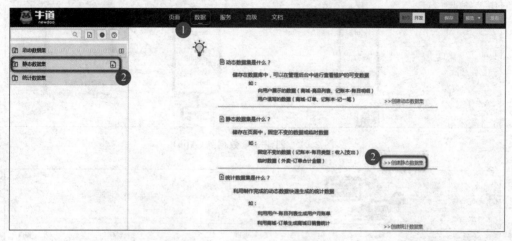

图 2-19 创建静态数据集(App)

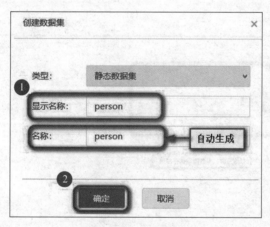

图 2-20 输入静态数据集信息(App)

在 person 数据集中创建数据。进入"结构"页签,单击"+"按钮创建 3 个数据列,列名称(可为中文)分别为 height、weight 和 BMI,而列标识(必须为英文)由系统自动生成,也可以自定义列标识,最后根据实际情况选择数据的类型,如图 2-21 所示。

在 person 数据集中,进入"数据"页签,单击"+"按钮创建 1 行数据,数据内容为空白,作为暂存数据区域,如图 2-22 所示。

数据集创建后需要引入项目中才可以使用。返回到项目"页面",选择"数据"中创建成功的 person 静态数据集,单击,然后拖曳数据集到页面中"数据|服务"黄色区域放置即可,如图 2-23 所示。

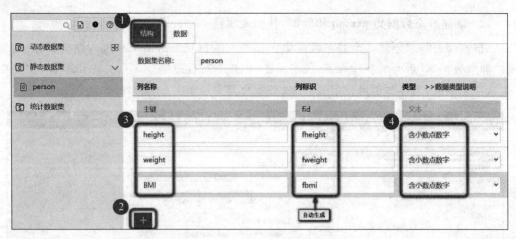

图 2-21　创建 3 个数据列（App）

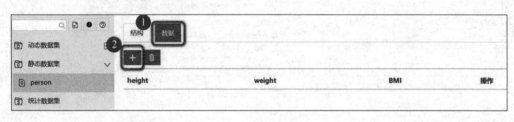

(a)

(b)

(c)

图 2-22　添加 1 行空的数据（App）

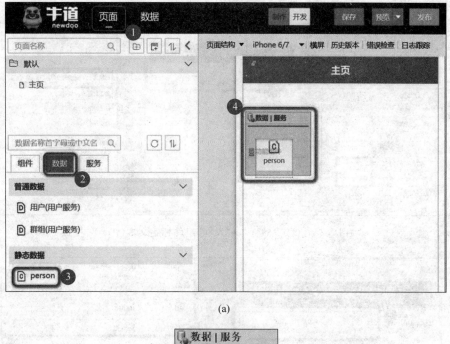

(a)

(b)

图 2-23 数据集引入项目(App)

3. 修改"标题栏"组件

App 开发时主页自带"标题栏"组件,可以直接修改其文本属性。选中"标题栏"组件中间部分的"标题",设置文本为"BMI 计算器",如图 2-24 所示。

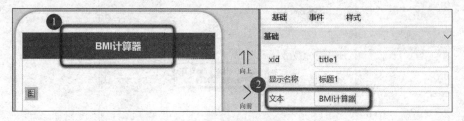

图 2-24 修改"标题栏"组件(App)

4. 引入"标签＋输入框"组件

在"标题栏"组件下方引入两个"标签＋输入框"组件,作为输入个人身高和体重的窗口。修改组件属性,标签文本分别为"身高(m)""体重(kg)",输入框分别绑定数据

person. height、person. weight，如图 2-25 和图 2-26 所示。

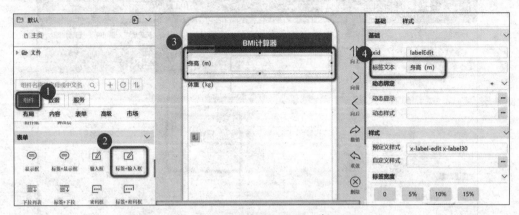

图 2-25　设定"标签＋输入框"组件标签文本（App）

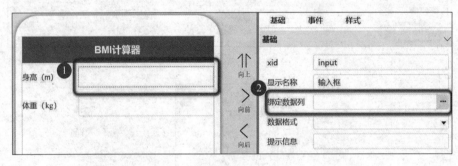

(a)

(b)

图 2-26　"标签＋输入框"组件绑定数据（App）

5. 引入"按钮（计算 BMI）"组件

在"标签＋输入框"组件下方引入"按钮"组件。文本为"计算 BMI"，宽度设置为100％，即占满所在行，如图 2-27 所示。

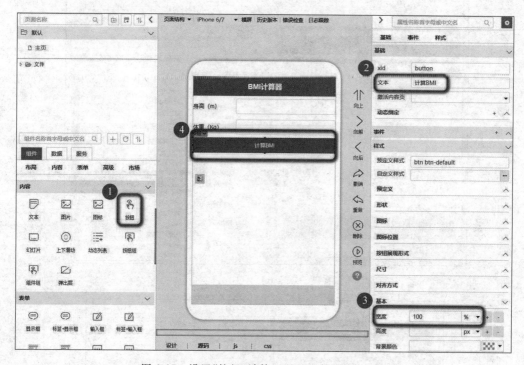

图 2-27 设置"按钮（计算 BMI）"组件属性（App）

"按钮（计算 BMI）"组件的点击事件是按照 BMI 计算方式给数据 person. BMI 赋值，如图 2-28 所示。

图 2-28(f)中，首先根据 BMI 的计算公式 BMI＝体重（kg）/身高^2（m^2），计算出 BMI 的结果，然后将数值转换为字符串，并保留 2 位小数。

在输入算式操作时，要注意以下几点。

（1）选择合适的函数；

（2）优先使用界面提供的符号，如图 2-28(f)中的"＋－＊/％"；

（3）数据 person. weight 是一个整体，用鼠标双击即可，不要用键盘输入，如图 2-29 所示；

（4）包括括号的所有符号，都必须是英文状态，要符合标准字符串输入要求。

6. 引入"显示框"组件

界面引入"显示框"组件，当没有 BMI 值计算出来时，"显示框"组件输出为空；当项目计算出 BMI 值时，数据保存在数据 person. BMI 中。"显示框"组件通过设置动态文本显示结果，并根据 BMI 的判断标准，给出不同的提示文字，如图 2-30 所示。

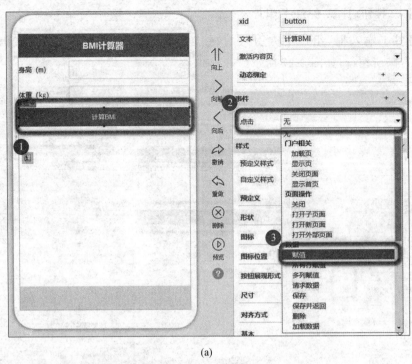

(a)

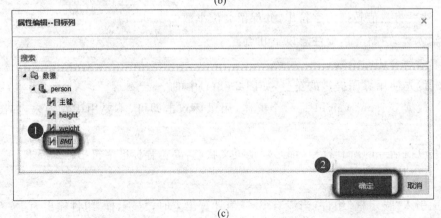

(b)

(c)

图 2-28 设置"按钮(计算 BMI)"组件点击事件(App)

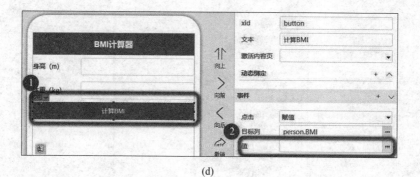

(d)

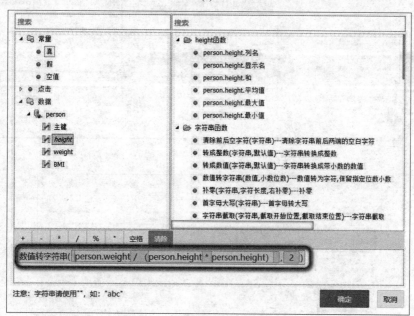

(e)

(f)

图 2-28（续）

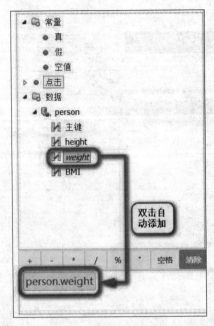

图 2-29 数据输入方式（App）

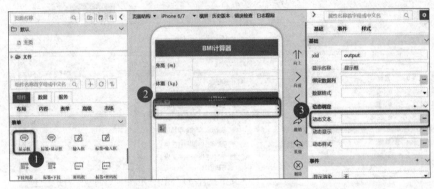

(a)

(b)

图 2-30 "显示框"组件动态文本设置（App）

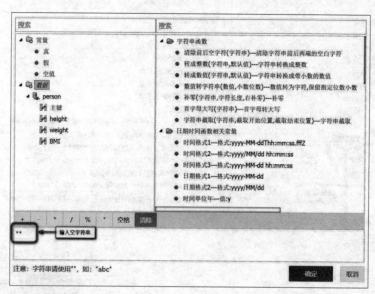

(c)

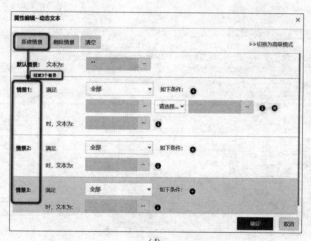

(d)

(e)

图　2-30(续)

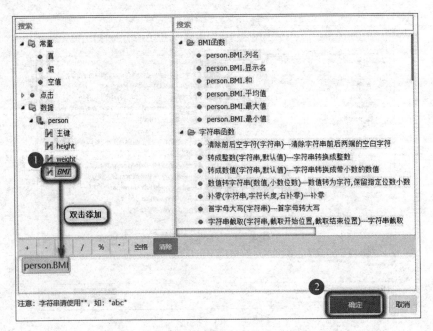

(f)

(g)

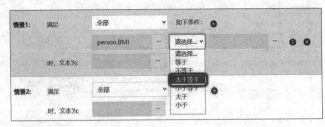

(h)

(i)

图 2-30(续)

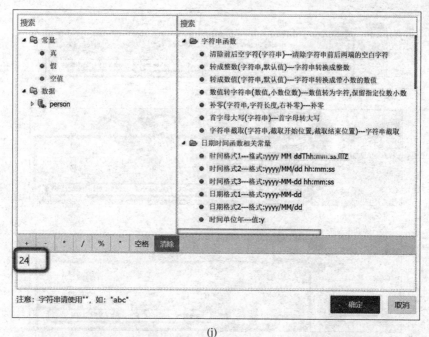

(j)

(k)

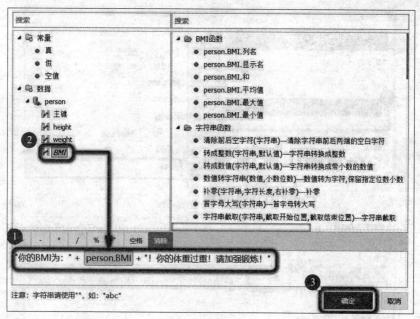

(l)

图 2-30(续)

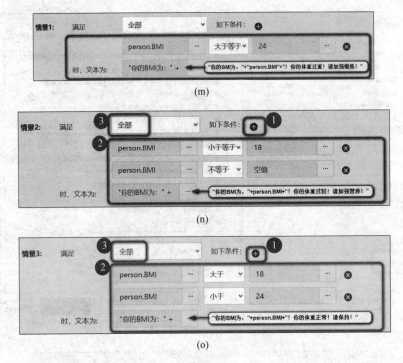

图 2-30(续)

　　根据 BMI 的判断标准,通过设置"显示框"组件动态样式,可以使输出文本通过不同的颜色进行提示,如图 2-31 所示。

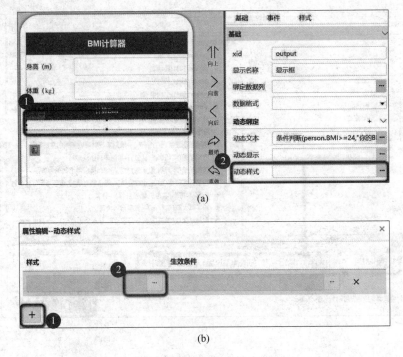

图 2-31 "显示框"组件动态样式设置(App)

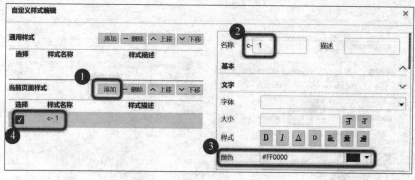

(c)

(d)

(e)

(f)

图 2-31(续)

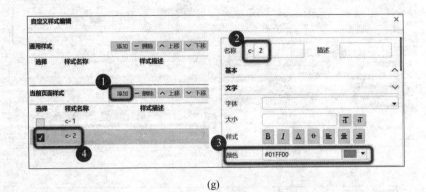

(g)

(h)

(i)

图 2-31(续)

7. 引入"按钮(关于 BMI…)"组件

在"显示框"组件下方引入"按钮"组件,文本为"关于 BMI…",宽度设置为100％,即占满所在行,如图 2-32 所示。

点击"按钮(关于 BMI…)"组件弹出对话框显示 BMI 的含义。点击事件设置为"画代码",自动弹出代码编辑器,选择对应的动作,如图 2-33 所示。

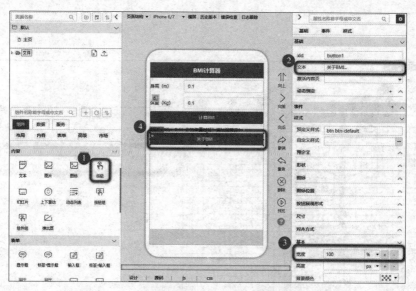

图 2-32 设置"按钮(关于 BMI...)"组件属性(App)

(a)

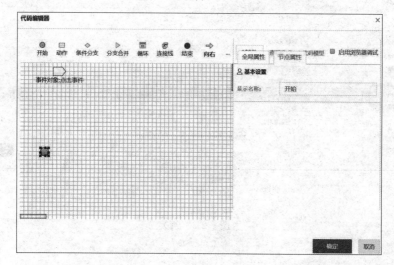

(b)

图 2-33 设置"按钮(关于 BMI...)"组件点击事件(App)

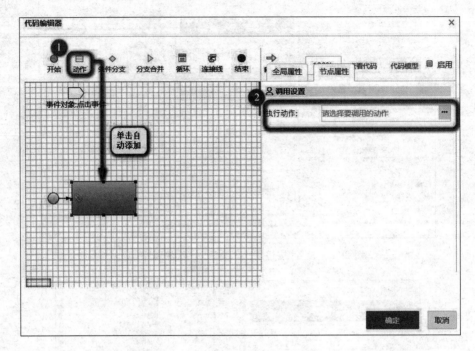

(c)

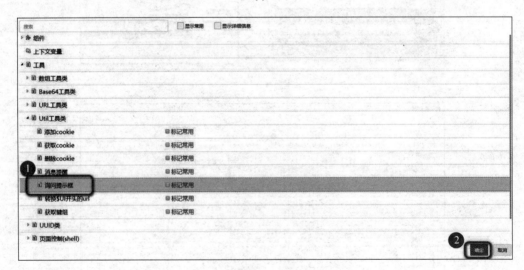

(d)

图　2-33（续）

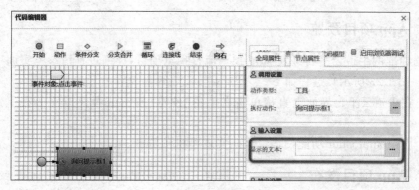

(e)

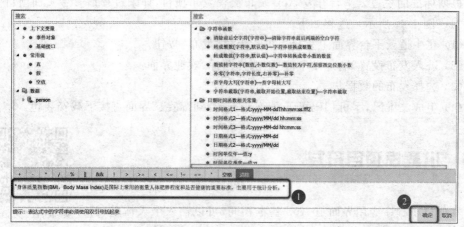

(f)

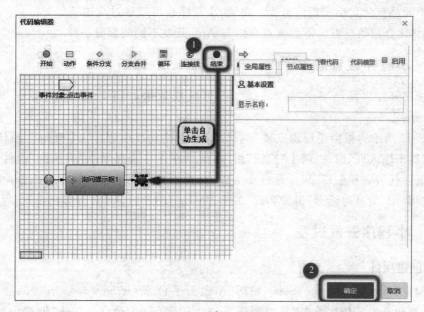

(g)

图 2-33(续)

2.4.3　App 项目预览

根据标准的牛道云平台开发 App 预览流程预览项目,详细过程请参考实训项目1(如图 1-20~图 1-23 所示),过程如下。

(1)在牛道云平台界面上直接单击右上角"预览"按钮或者模拟界面右下角的预览图标。

(2)应用 apploader 功能扫描二维码实现手机预览。

2.4.4　App 项目发布

根据标准的牛道云平台开发 App 发布流程发布项目,详细过程请参考实训项目1(如图 1-24~图 1-27 所示),过程如下。

(1)在牛道云平台界面上直接单击右上角"发布"按钮。

(2)进入发布设置,输入发布信息、选择图标、欢迎界面。

(3)选择发布的数据集。

(4)生成二维码,手机扫码可下载 App;或者到"高级"界面直接下载安装包。

2.5　小程序项目开发

实训项目 2 小程序
开发微课视频

本项目小程序应用界面与 App 基本相同,可以输入个人体重、身高信息,点击按钮可以计算出 BMI 值,根据 BMI 的判断标准在页面中显示不同颜色的文字实现信息提示功能,小程序也可以通过点击按钮弹出 BMI 介绍信息框。下面重点介绍与 App 开发不同的部分。

2.5.1　小程序设计思路

小程序开发思路与 App 基本一致,项目预期效果如图 2-34 所示,数据集创建如图 2-12 所示。

图 2-35 所示为根据项目预期效果设计的页面结构。小程序 UI 页面上同样放置了两个"标签＋输入框"组件、两个"按钮"组件,区别在于小程序没有"显示框"组件,而是用"文本"组件代替,"导航栏"组件是自动生成的,并不在页面上直接显示。此外,小程序中可以直接调用"消息对话框"组件实现"关于 BMI…"的介绍,UI 设计如图 2-36 所示。

2.5.2　小程序开发过程

1. 创建项目

用浏览器(推荐 Chrome、Safari)打开牛道云平台 www. newdao. org. cn,登录账户,进入"可视化开发",依次单击"我的制作"→"小程序/App/公众号"→"创建小程序",如图 2-37 所示。

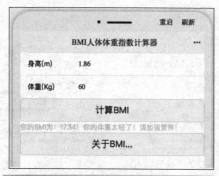

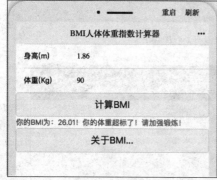
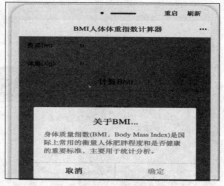

图 2-34　项目预期效果(小程序)

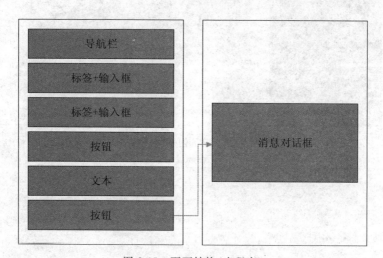

图 2-35　页面结构(小程序)

　　根据项目需求选择不同的模板,本项目选择空白模板,如图 2-38 所示。

　　模板确定之后,创建小程序。根据提示输入项目相关信息,其中的项目标识只能以英文字母开头,且只能是小写字母和数字的组合,如图 2-39 所示。

　　创建小程序成功之后,单击"立即打开"或者单击"稍后打开",在项目列表中单击本项目的"制作",进入制作界面进行项目开发,如图 2-40 和图 2-41 所示。

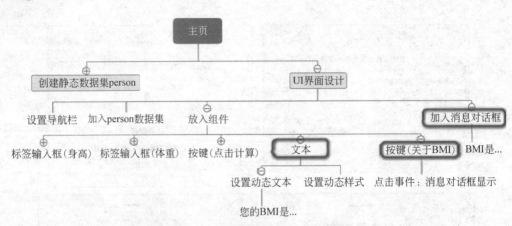

图 2-36　UI 界面设计(小程序)

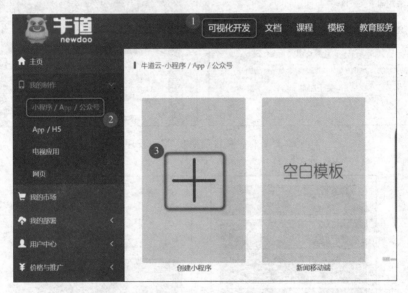

图 2-37　项目创建(小程序)

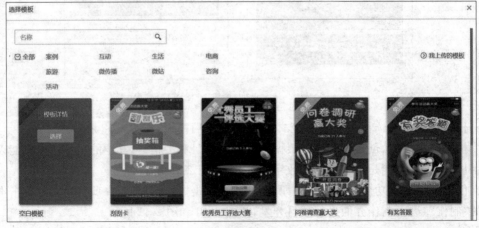

图 2-38　选择模板(小程序)

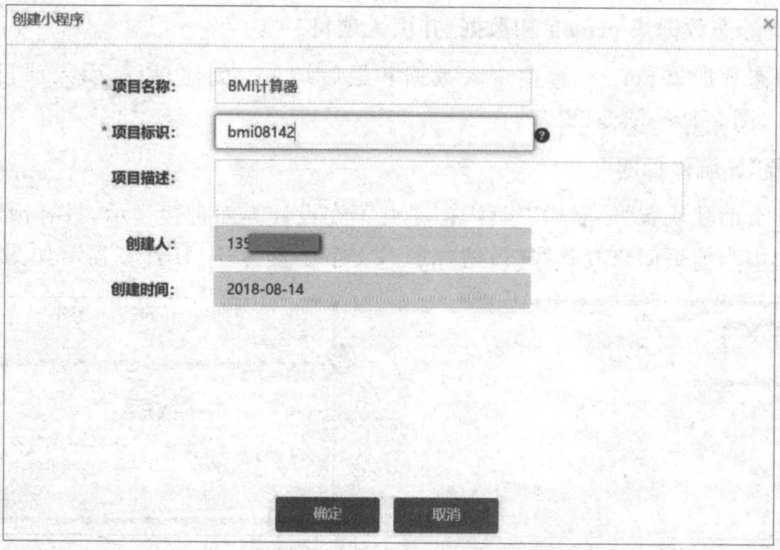

图 2-39　创建小程序

图 2-40　进入项目(小程序)

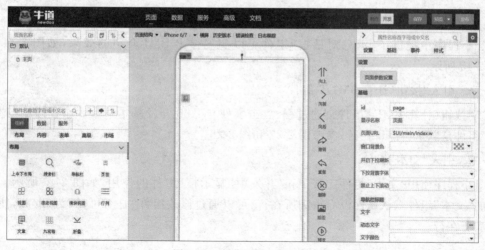

图 2-41　制作界面(小程序)

2. 创建静态数据集 person 和数据，并引入项目

创建静态数据集 person 暂存个人数据和最后结果。创建过程、引入项目与 App 开发一致，参考图 2-19～图 2-23。

3. 设置"导航栏标题"

小程序页面默认有"导航栏"组件，但是并不在设计界面直接显示，只有预览或者运行时显示。选中当前页面修改其"导航栏标题"，文字设置为"BMI 计算器"，如图 2-42 所示。

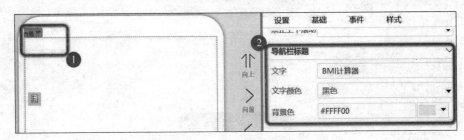

图 2-42　修改"导航栏标题"（小程序）

4. 引入"标签＋输入框"组件

"标签＋输入框"组件的创建过程、数据绑定与 App 开发基本一致，请参考图 2-25 和图 2-26。注意修改标签显示信息时，要修改标签的"内容"属性，而不是"显示名称"属性，如图 2-43 所示。

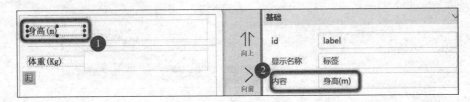

图 2-43　修改标签显示信息（小程序）

5. 引入"消息对话框"组件

小程序中提供了"消息对话框"组件可以实现弹出 BMI 介绍的效果，如图 2-44 和图 2-45 所示。

6. 引入"按钮（计算 BMI）"组件

"按钮（计算 BMI）"组件创建过程、点击事件与 App 开发基本一致。小程序中的"按钮"组件是默认占满所在行，参考图 2-27 和图 2-28。

7. 引入"文本"组件

小程序使用"文本"组件完成 App 开发中"显示框"组件的作用，如图 2-46 所示。引入的"文本"组件默认属性没有占满所在行，可以通过修改组件"是否可见"为 block，使其占满所在行。

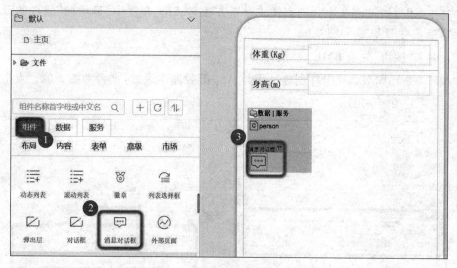

图 2-44　引入"消息对话框"组件(小程序)

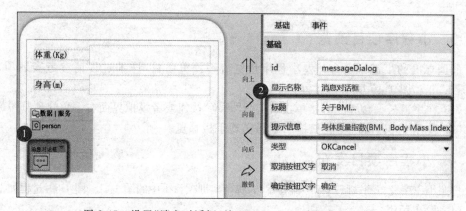

图 2-45　设置"消息对话框(关于 BMI…)"组件属性(小程序)

图 2-46　引入"文本"组件(小程序)

"文本"组件的动态文本和动态样式设置方法与 App 开发中"显示框"组件的设置方法一致,请参考图 2-30 和图 2-31。

8. 引入"按钮(关于 BMI...)"组件

"按钮(关于 BMI...)"组件创建过程与 App 开发基本一致,请参考图 2-32。点击事件设置如图 2-47 所示。

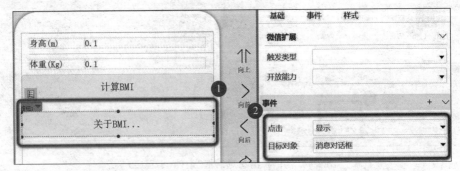

图 2-47   设置"按钮(关于 BMI...)"组件的点击事件(小程序)

2.5.3   小程序项目预览

根据标准的牛道云平台开发小程序预览流程预览项目,详细过程请参考实训项目 1(如图 1-39 和图 1-40 所示),过程如下。

(1)在牛道云平台界面直接单击右上角"预览"按钮或者模拟界面右下角的预览图标。

(2)使用 apploader 功能扫描二维码实现手机预览。

2.5.4   小程序项目发布

按照小程序发布测试版本标准流程发布,参考实训项目 1 中的图 1-41~图 1-59,过程如下。

(1)发布版本;

(2)下载小程序;

(3)注册小程序;

(4)牛道云平台配置参数;

(5)微信公众平台配置服务器域名;

(6)项目代码导入微信开发者工具;

(7)牛道云平台测试环境预览;

(8)微信开发者工具"编译""预览";

(9)微信环境下测试运行开发版时,需打开调试功能。

2.6   项目拓展:简易的四则混合运算计算器 App 和小程序

1. 拓展项目需求分析

请设计一个简易的四则混合运算计算器 App 和小程序,具体要求如下。

（1）界面输入数字0～9；

（2）界面以按钮形式选择运算类型（加、减、乘、除、等于）；

（3）界面显示输入的内容和计算结果。

2. 拓展项目设计思路

简单的四则混合运算器App、小程序设计思路如图2-48所示。注意，App中的"显示框"组件在小程序中替换为"文本"组件。

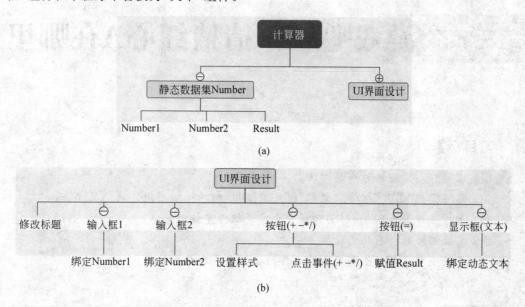

图 2-48 四则混合运算器 App 和小程序设计思路

项目小结

通过开发实训项目 2 BMI 指数计算器的学习，读者能够深入理解 Web App 和小程序实现高效页面展示效果的 MVVM 数据驱动模式，系统掌握 Web App 和小程序的开发流程，加强对于静态数据集的理解和应用。掌握"标签输入框""按钮""显示框""消息对话框""文本"等常用组件的功能，了解组件属性中关于基础属性、事件和样式属性的类别划分，通过项目实践熟练掌握常用属性的功能和配置方法，能够根据用户交互需求设置按钮的事件触发。通过在牛道云平台分别实现 Web App 和小程序的开发，可以对比了解其组件以及预览和发布操作的异同。同时，牛道云平台工具中的画代码功能对于复杂逻辑的案例开发十分有效，本项目通过简单的案例，引导读者快速掌握画代码的核心用法。

实训项目 3

玩个游戏吧——猜猜红心A在哪里

【学习目标】

(1) 理解"行列"组件的布局方法。

(2) 熟练掌握"图片"组件、"文本"组件、"按钮"组件等常用组件的使用方法。

(3) 掌握采用 JavaScript(JS)代码方式实现组件事件的思路。

(4) 掌握组件的动态样式设置方法。

(5) 掌握小程序数据集绑定展现组件的设计模式和应用技巧。

学习路径

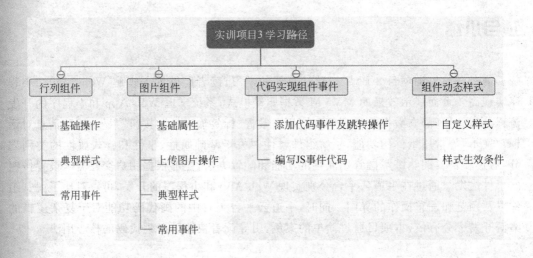

项目描述

随着科技的发展,手机的功能也越来越多,越来越强大,休闲娱乐的小游戏也成了手机的重要功能之一。手机游戏可以根据游戏形式的不同,分为文字类游戏和图形类游戏两种。其中,文字类游戏是以文字交换作为游戏形式,而图形类游戏则采用了更为直观的画面效果来表现。

本项目设计猜猜红心 A 在哪里的 App 和小程序,通过扑克牌小游戏,给用户闲暇之余带来轻松和愉悦。

3.1 组件

3.1.1 "行列"组件

"行列"组件属于页面布局组件。一个区域中如果需要显示很多信息,可以使用"行列"组件,采用多行多列的方式显示信息,形成复杂但清晰的界面效果。图 3-1 展示了"行列"组件的 3 种效果:设置水平对齐及列宽、设置垂直对齐、列中有行。

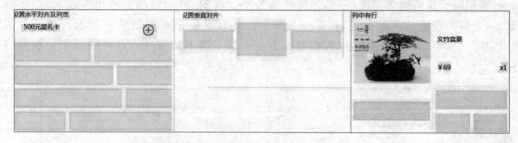

图 3-1 "行列"组件效果图

1. 添加/删除行、列操作

(1)添加列:选择行后,在设置区域有"添加列""在上边添加行""在下边添加行"等按钮,用来添加列和添加行。

(2)添加行:选择列后,在设置区域有"添加行""在左边插入列""在右边插入列"等按钮,用来添加列和添加行,如图 3-2 所示。

(3)删除行列:选中行或列,右击,在快捷菜单中选择"删除"命令,删除行或列。

2. 样式

"行列"组件提供了 1 个特有样式。

垂直对齐样式:设置所有列的垂直对齐方式。可选项为顶部对齐、居中对齐和底部对齐。

列提供 4 个特有样式:垂直对齐、flex 弹性布局、尺寸样式和偏移样式。

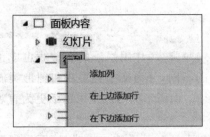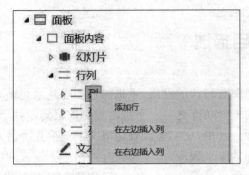

图 3-2　添加行、列操作示意图

（1）垂直对齐：设置某个列的垂直对齐方式，可选项为顶端对齐、垂直居中和底端对齐。

（2）flex 弹性布局：每列设置自己的 flex 值，这个值会作为列宽的比例。例如，共两列，都设置为 1，表示列宽比例为 1∶1；一列设置为 1，另一列设置为 2，表示列宽比例为 1∶2。

（3）尺寸样式：设置列宽占总宽度的百分比。"默认"表示和其他没有设置尺寸样式的列平分宽度，"固定样式"表示列的宽度由列内容决定。例如，一行中有商品名称和购买两项内容。如果一行中有两列，且没有设置尺寸样式，那么这两列将平分宽度，也就是商品名称和购买按钮所占宽度相同，这样显然是不合理的，因为商品名称可能很长，会多行显示，而购买按钮的宽度不变，如图 3-3 所示。此时需要设置按钮所在列的尺寸样式为"固定样式"，可以看到商品名称所在列的宽度占满了剩下的宽度。这样的效果是相对理想的。

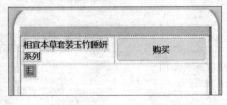

图 3-3　尺寸样式设置示意图

（4）偏移样式：设置列的缩进，即向右偏移的百分比。

3. 事件

"行列"组件及其列都提供了两个事件：点击事件和长按事件。在列中添加其他组件后，在这些组件上点击或长按，都会触发"行列"组件和列的相应事件。

3.1.2　"图片"组件

"图片"组件用于显示图片。可以显示静态图片，可以显示数据集中的图片数据，可以将图片缩放显示，可以将图片进行裁剪，可以设置水平对齐方式，还可以设置图片的形状，运行效果如图 3-4 所示。

图 3-4 "图片"组件效果图

1. 基础属性

"图片"组件提供了 4 个基础属性。

（1）图片地址：从上传图片对话框中选择一个图片显示。

（2）动态图片地址：显示数据集中的图片数据。数据集中可以直接存储图片地址路径，也可以将列类型设置为图片或文件，上传图片到数据列中即可显示。

（3）图片链接保护：可防止图片被盗用。图片链接保护后，图片 URL 有效期为 7天。该功能只用于存储在数据集图片类型列和文件类型列中的图片。

（4）点击预览图片：点击图片是否放大预览。

2. 上传图片

单击"图片"组件的图片地址属性右侧的"…"按钮，打开上传图片对话框，如图 3-5 所示。在对话框中列出已上传的图片，在图片上单击，图片左上角显示绿色的对号，表示图片被选中，单击"确定"按钮，"图片"组件就会显示这张图片。

图 3-5 上传图片对话框

如果需要从本地上传新的图片,单击"上传至当前目录"按钮,选择一张图片后,会在对话框中显示刚刚上传的图片。

3. 事件

"图片"组件提供了3个事件。

(1) 点击事件:在点击图片组件时触发。

(2) 加载完成:事件在图片加载后触发。

(3) 加载失败:事件在图片加载不成功时触发。

4. 样式

"图片"组件提供了3种特有样式。

(1) 形状样式:形状样式用于设置图片的形状,可选项为原始形状、圆角矩形和圆形图片。

(2) 预定义图片模式:图片模式分为缩放和裁剪。"图片"组件提供了4种缩放模式和9种裁剪模式。4种缩放模式中,只有scaleToFill会使图片变形,其他3种不会使图片变形。①缩放scaleToFill不保持纵横比,图片完全拉伸充满"图片"组件;②缩放aspectFit保持纵横比,根据图片较长边缩放图片,将图片完整显示出来,图片不充满组件;③缩放aspectFill保持纵横比,根据图片较短边缩放图片,使短边能够完全显示出来,即图片通常只在水平或垂直方向是完整的,另一个方向将会发生剪裁;④缩放widthFix的宽度不变,高度自动变化,保持纵横比不变。9种裁剪模式见表3-1,均不缩放图片,即显示图片原始大小,超出"图片"组件的部分不显示。运行效果如图3-6所示。

表3-1　9种裁剪模式比较

裁剪模式	功　能	裁剪模式	功　能	裁剪模式	功　能
top-left	显示图片左上角	top	显示图片顶部	top-right	显示图片右上角
left	显示图片左边	enter	显示图片中间	right	显示图片右边
bottom-left	显示图片左下角	bottom	显示图片底部	bottom-right	显示图片右下角

图3-6　图片组件9种裁剪模式

（3）对齐方式：对齐方式用于设置图片水平对齐方式，可选项为居左、居中和居右。图片设置了宽度，才能设置居中对齐。

3.2　代码实现组件事件

3.2.1　组件事件概述

组件事件分为用户操作触发的事件和系统触发的事件。用户操作触发的事件包括"点击"事件、"长按"事件和"值改变"事件等。系统触发的事件是组件根据自身的业务逻辑，在某些时机触发的事件。事件用于执行动作，或者给用户提供交互反馈。

用户交互逻辑可以通过组件事件中的操作和操作组合来实现，也可以通过"画代码"来实现，当上述两种都不能实现需求功能时，可以通过编写 JavaScript 代码的方法实现更加复杂灵活的交互逻辑功能。

3.2.2　JavaScript 代码实现组件事件

在组件事件中写 JS 代码的方法是：在组件的事件中选择"写代码"，事件的下方会显示出"事件方法"，单击"事件方法"后侧的"跳转"按钮切换到 JS 代码页。在 JS 代码页中，可以看到自动生成的新添加组件事件，在这里写 JS 代码即可。

需要注意的是，单击"跳转"按钮是关键的一步，只有单击"跳转"按钮才能生成 JS 代码。编辑 JS 文件既可以在页面的 JS 编辑区编辑，也可以切换到 JS 集成开发环境中编辑，切换前注意保存文件。

如下面的 Hello 案例代码段，用代码实现了"输入框"组件的"值改变"事件，JS 代码段如下，详细事件方法的代码解释参见表 3-2。

```
import PageImpl from "$UI/wxsys/lib/base/pageImpl";
var app=getApp();
export default class IndexPage extends PageImpl {
    constructor(...args){/* {{{ * /this.comp=require("_comp").default;
        this._e=require("_event_").default;     /*代码提示的辅助代码}}}*/
        super(...args);
    }
/* 自动添加的"输入框"组件值改变事件 */
    onInputValuechange(event/* {{{ * /=this._e.input_valuechange/* }}} * /){
        let hi="Hello: " +event.value;          /*用户逻辑代码编写位置*/
        this.comp("tableData").setValue("fshuchu", hi);
    }
}
```

表 3-2　事件方法代码说明

事件方法中的代码	说　　明
onInputValuechange	事件方法名
event	事件参数名,JSON 类型,每种事件都有自己的参数。输入框值改变事件中 event. value 表示输入框中的值,此时还未存入数据集组件中
/ * {{{ * /＝this. _e. input_valuechange/ * }}} * /	系统自动生成,用于编辑器的代码提示
this. comp("tableData")	tableData 是静态数据集组件的 id 值,使用 this. comp("组件 id")获取组件的 JS 对象。获取 JS 对象后,可以调用组件的 JS 方法
setValue("fshuchu", hi)	setValue()是数据集组件的给列赋值的方法,有两个参数:列标识和值。Fshuchu 是静态数据集输出列的标识,可以在数据制作区、数据集结构、列标识中看到

3.3　组件动态样式属性

　　组件的默认展现效果是预定义样式设置的结果,修改组件样式的方法有 4 种,包括常用样式、组件特用样式、自定义样式和动态样式。

　　动态样式设置首先要添加自定义样式,然后在动态样式中设置自定义样式名称及其生效条件。生效条件是动态属性,通过情景设置什么时候生效,什么时候不生效。

3.4　App 项目开发

实训项目 3 App
开发微课视频

　　本项目 App 应用界面的初始状态显示 3 张扑克牌的背面图片,用户可以猜测哪张是红心 A 并点击该扑克牌,由显示框显示猜测是否正确。如果正确,则使用蓝色字体显示"您猜对了!";如果错误,则使用红色字体显示"您猜错了,再来一次吧!",点击按钮可以重新游戏。

3.4.1　App 设计思路

　　本项目为单页面 App,通过"图片"组件展现 3 张扑克牌,用户根据自己的猜测判断点击其中任意一张扑克牌,可以显示猜测是否正确的提示信息,并显示当前 3 张扑克牌的牌面,点击按钮就可以重新游戏。项目预期效果如图 3-7 所示。

　　图 3-8 所示为根据项目预期效果设计的页面结构,主要由"上中下布局"组件(删除"底部区域")中的"标题栏"组件、"行列"组件、"图片"组件、"按钮"组件、"显示框"组件组成。

图 3-7   App 预期效果

本项目 App 开发通过控制页面组件的属性并设置相应的事件处理函数实现游戏逻辑功能,同时使用静态数据集和动态样式实现游戏结果文本颜色的控制。项目创建思路如图 3-9 所示,其中数据 guessData. right 是记录猜牌结果的标志。

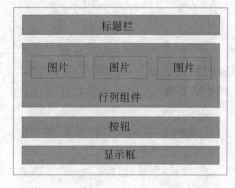

图 3-8   App 页面结构

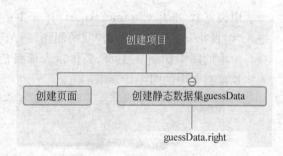

图 3-9   创建项目(App)

根据项目需求,页面上放置 1 个"行列"组件用于布局 1 行 3 列的 3 张扑克牌,在每 1 列分别用 1 个"图片"组件展示扑克牌的正面或反面图案,1 个"显示框"组件用于显示猜扑克牌的结果,"按钮"组件用于恢复初始状态、启动新一轮游戏。UI 设计如图 3-10 所示。

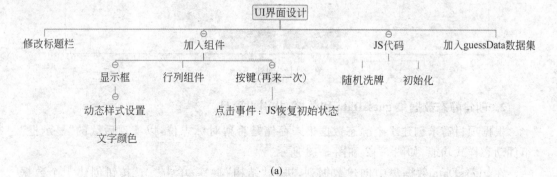

(a)

图 3-10   UI 界面设计(App)

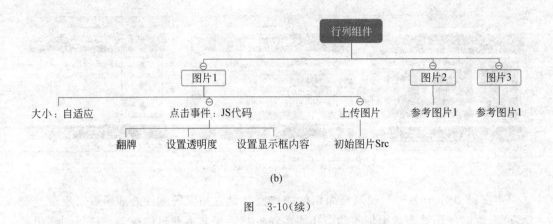

(b)

图 3-10(续)

3.4.2 App 开发过程

1. 创建项目

用浏览器(推荐 Chrome、Safari)打开牛道云平台 www.newdao.org.cn,登录账户,进入"可视化开发",依次单击"我的制作"→App/H5→"创建 App",详细操作请参考实训项目 1 中的图 1-10 和图 1-11,具体输入项目信息如图 3-11 所示,进入项目制作界面,参考实训项目 1 中的图 1-13 和图 1-14。

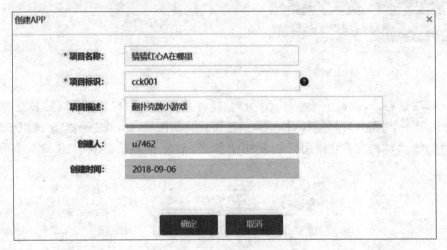

图 3-11 创建 App

2. 创建静态数据集 guessData 和数据,并引入项目

根据项目需求创建 1 个静态数据集来存储是否猜对标志位,以实现后续的"显示框"组件动态样式功能,如图 3-12 和图 3-13 所示。

在 guessData 数据集中创建数据列,进入"结构"页签,单击"+"按钮创建 1 个数据列,列名称(可为中文)为 right,列标识(必须为英文)由系统自动生成,也可以自定义,然后根据实际情况选择数据的类型,如图 3-14 所示。

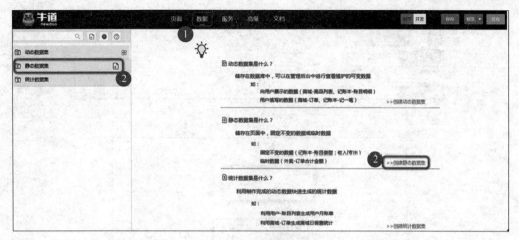

图 3-12　创建静态数据集（App）

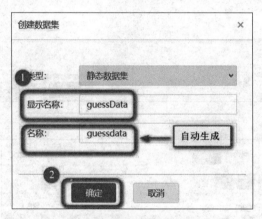

图 3-13　输入静态数据集信息（App）

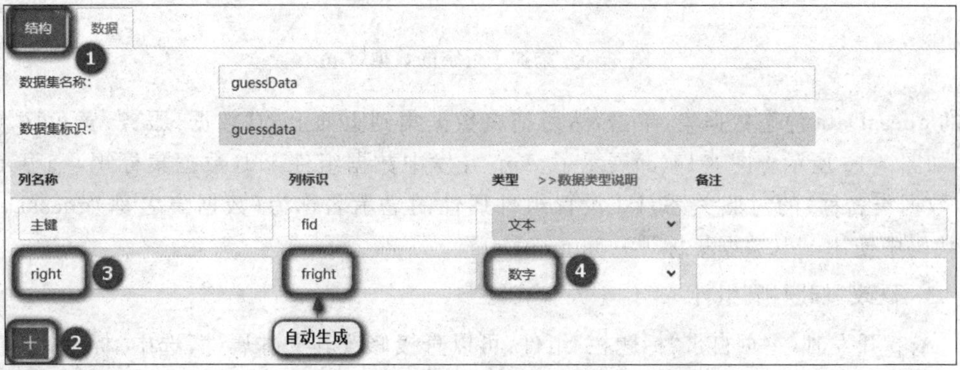

图 3-14　创建数据列（App）

在 guessData 数据集中，进入"数据"页签，单击"＋"按钮创建 1 行数据，数据内容为空白，作为存储数据区域，如图 3-15 所示。

数据集创建后需要引入项目中才可以使用，返回到项目"页面"，选择"数据"中创建成

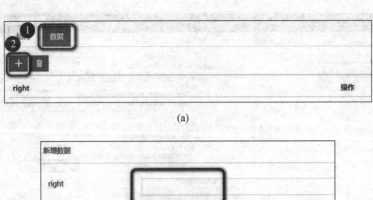

(a)

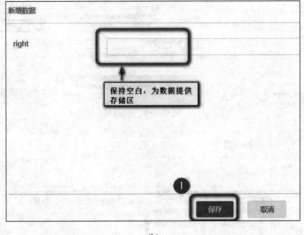

(b)

(c)

图 3-15　添加 1 行空的数据（App）

功的 guessData 静态数据集，单击，然后拖曳数据集到页面上的"数据|服务"黄色区域即可，如图 3-16 所示。图 3-16(c)展示了 App 开发中数据组件 xid(数据集标识)和显示名称(数据集名称)的对照关系，UI 设置组件属性的显示名称为(数据集名称)guessData，JS 代码中使用 xid(数据集标识)commonData。

3. 修改"标题栏"组件

App 开发时，主页自带"标题栏"组件，可以直接修改其文本属性，选中"标题栏"组件中间部分的文本，设置文本为"猜猜红心 A 在哪里"，如图 3-17 所示。

4. 引入"行列"组件

在"标题栏"组件下方引入 1 个"行列"组件，作为展现扑克牌的布局框架，如图 3-18 所示。

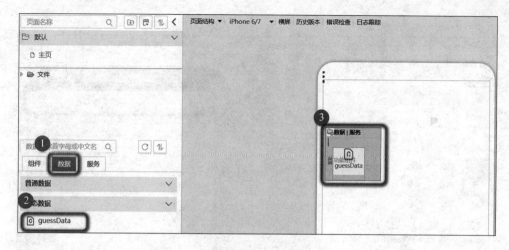

(a)

(b)

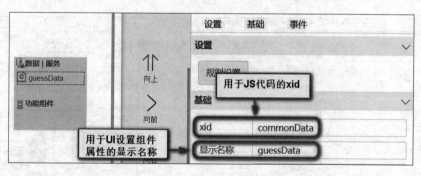

(c)

图 3-16 数据集引入项目（App）

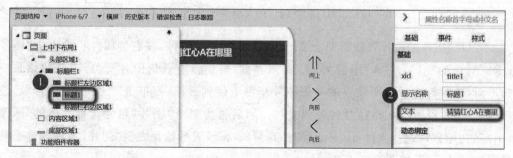

图 3-17 修改"标题栏"（App）

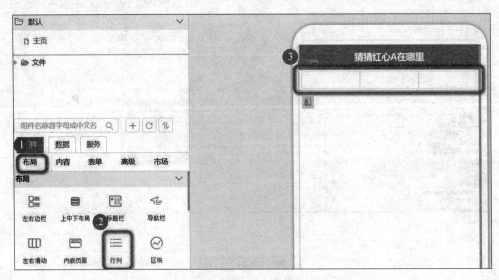

图 3-18　引入"行列"组件（App）

5. 引入"图片"组件

在"行列"组件内的每列各引入 1 个"图片"组件，选中每一个"图片"组件并逐一设置
"图片"组件的大小属性为"自适应"，如图 3-19 所示。

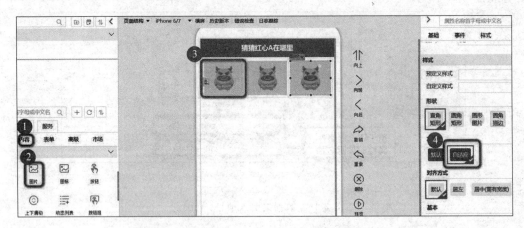

图 3-19　设置"图片"组件的大小属性为"自适应"（App）

"图片"组件的图片资源需要手工上传，选中"图片"组件，在右侧属性栏中点击"图像
URL"后面的"…"。进入"图像 URL"编辑界面，目前没有任何图片资源，因此初始是空
白界面，此时需将项目所需要的 4 张图片全部上传到云端，即单击"上传至当前目录"按
钮，选择图片资源所在路径及各资源文件。然后再为每个"图片"组件设置具体的"图像
URL"，初始默认选择文件 jn4. png，即扑克背面，来设置初始化之后"图片"组件的静态背
景图片，设置过程如图 3-20 所示。

(a)

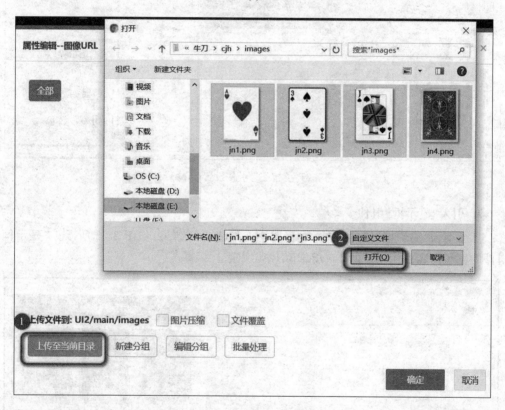

(b)

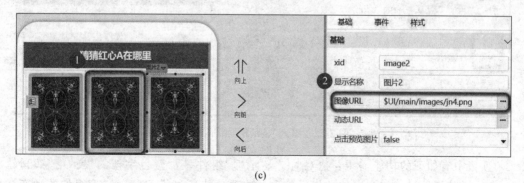

(c)

图 3-20　设置"图片"组件图像 URL（App）

6. 引入"按钮"组件

在"行列"组件下方引入"按钮"组件,设置文本属性为"再来一次",如图 3-21 所示。设置图标,并将宽度设置为 100%,即占满所在行。

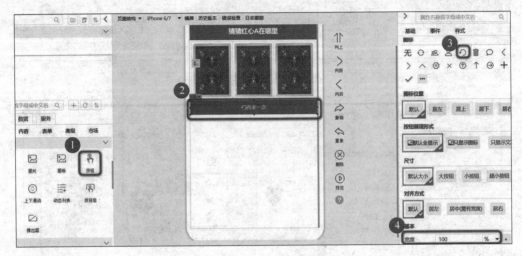

图 3-21　"按钮"组件设置(App)

7. 引入"显示框"组件

界面引入"显示框"组件,用于显示翻扑克牌游戏的结果,如图 3-22 所示。"显示框"组件的显示内容由代码区的 JavaScript 代码实现。

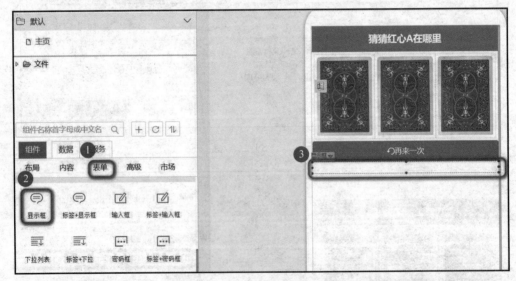

图 3-22　引入"显示框"组件(App)

项目中有如下的功能需求:猜对时,"显示框"组件显示蓝色字体的提示信息;猜错时,"显示框"组件显示红色字体的提示信息。这项功能通过设置"显示框"组件的动态样式来实现,需要编辑自定义样式,并设置相应的样式生效条件。如果猜对了,即标识位

guessData.right 等于 1，则采用样式 c-1，即显示蓝色字体；如果猜错了，即标识位 guessData.right 等于 0，则采用样式 c-2，即显示红色字体，具体操作如图 3-23 所示。

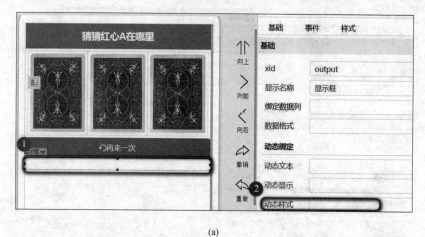

(a)

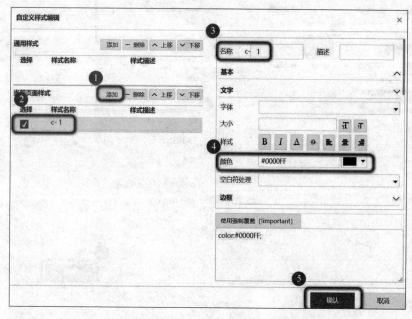

(b)

(c)

图 3-23 "显示框"组件动态样式的设置（App）

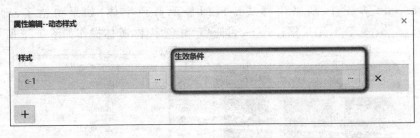

(d)

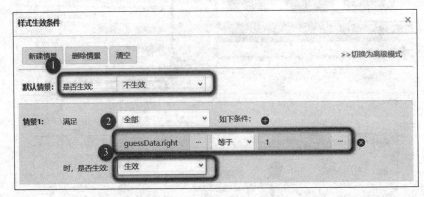

(e)

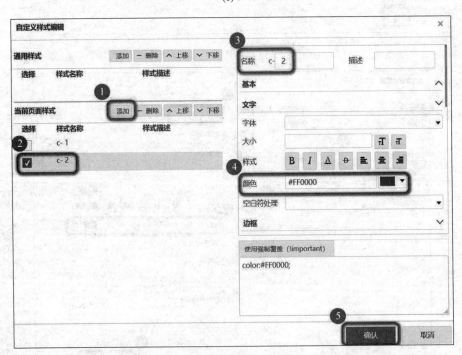

(f)

图 3-23(续)

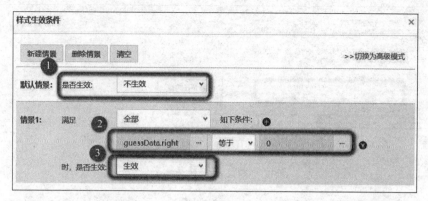

(g)

(h)

图 3-23(续)

8. 定义变量和函数

翻扑克牌游戏的逻辑判断需要编写 JavaScript 代码实现,选择下方的 js 进入代码编辑区域,如图 3-24 所示。

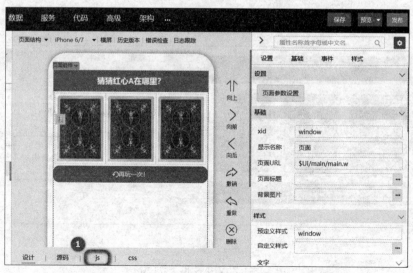

图 3-24 进入开发模式(App)

```
1  define(function(require) {/*{{{*/var _e= require("_event_");/*为代码提示动态插入的辅助代码,不要删除}}}*/
2      var $ = require("jquery");
3      var justep = require("$UI/system/lib/justep");
4
5      var Model = function() {
6          this.callParent();
7      };
8
9                                                                           ←  自定义代码区
10
11     return Model;
12 });
```

(b)

图　3-24(续)

在自定义代码区,首先根据项目功能需求定义变量和功能函数,详细代码如图 3-25(a)
所示。

```
/*定义变量*/
var flag=0;
var s=new Array(4);
s[0]="images/jn1.png";//初始化数组s
s[1]="images/jn2.png";
s[2]="images/jn3.png";
s[3]="images/jn4.png";
/*定义函数 */
Model.prototype.random=function(){
    var i;
    for(i=0;i<3;i++){
        var tmp=s[i];
        var j=parseInt(Math.random()*2);//获取0~2的随机数
        s[i]=s[j];
        s[j]=tmp;
    }
};
Model.prototype.init=function(){
    this.getElementByXid("image2").src=s[3];//设置初始牌
    this.getElementByXid("image3").src=s[3];
    this.getElementByXid("image4").src=s[3];
    this.getElementByXid("image2").style.opacity=1;//设置初始透明度
    this.getElementByXid("image3").style.opacity=1;
    this.getElementByXid("image4").style.opacity=1;
}
```

(a)

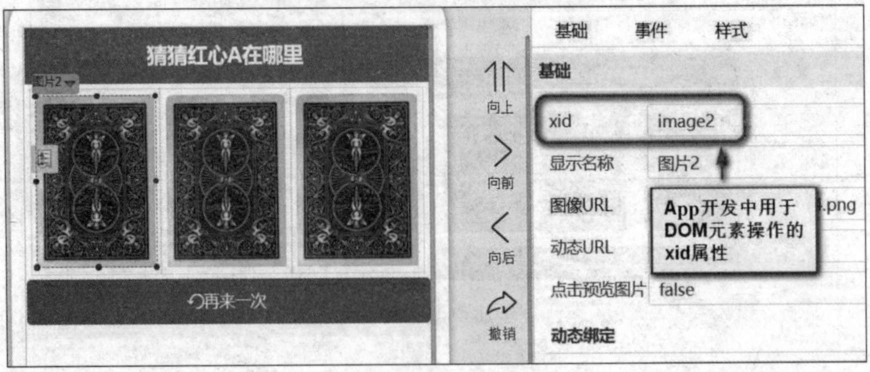

(b)

图 3-25　定义变量和函数(App)

主要的变量包括变量 flag 和数组 s。flag 变量用于表示游戏进行状态，0 代表初始化状态，1 代表游戏完成状态。数组 s 则用于存放 4 张图片的相对路径，其中前 3 个元素存储 3 张扑克牌的花色图片路径，最后 1 个元素存储背景图的路径。

主要的功能函数包括 init() 和 random()。init() 函数用于实现游戏前的初始化，设置 3 个"图片"组件的显示图片为背景图，以及透明度为 1。random() 函数用于完成类似洗牌的动作，将每张扑克牌与任意一张牌交换，也就是交换数组 s 中存储的图片路径，通过 0~2 的随机数确定用于交换的牌在数组中的位置。

程序中 getElementByXid("image2") 函数用于获取设计界面的 DOM 元素并修改其相关属性，类似原生 JS 开发。在牛道云平台采用 xid 属性识别并操作 DOM 元素，因此该函数中的参数 image2 就是"图片"组件相应的 xid 属性，如图 3-25(b) 的说明。

9. 编写图片点击事件代码

图片点击事件的代码框架可以自动生成，在"图片"组件的事件中选择"点击"事件下拉列表的"写代码"，单击"事件方法"右侧的"跳转"按钮，即可进入事件的写代码区域，具体操作如图 3-26 所示。

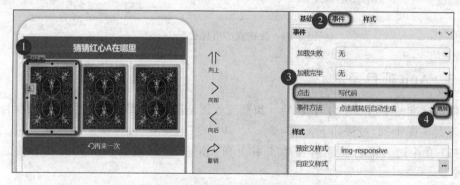

图 3-26　点击事件的写代码方法（App）

单击第 1 个"图片"组件（项目中该组件的 xid 为 image2）的点击事件，代码区中录入如图 3-27 所示的代码，即可实现翻扑克牌的功能。主要逻辑为先调用自定义的 random() 函数洗牌，然后给各个"图片"组件赋值图像地址、显示各花色图案，将未点击的两张扑克牌设置为透明显示，同时将该组件的图像地址与红心 A 图片的地址进行匹配比较，在"显示框"组件中显示游戏结果，设置数据集 guessData（项目中该数据集的 xid 为 commonData）的是否猜对标志位。

详细代码如图 3-27 所示。同理，其他两张牌对应的"图片"组件点击事件也可参考此段代码，一共要修改 3 处，其中包括透明度的设置，判断地址是否正确，改第几个图片。

10. 编写按钮点击事件代码

参考图 3-26，单击"按钮"组件，在"点击"事件中选择"写代码"，单击"跳转"按钮，自动生成按钮点击事件代码框架，在其内输入如图 3-28 所示的代码，即可实现重新游戏的初始化功能。

```
Model.prototype.onImage2Click=function(event){
    if(flag===0){
        this.random();//调用random()函数洗牌
        this.getElementByXid("image2").src=s[0];//设置"图片"组件的图片路径
        this.getElementByXid("image3").src=s[1];
        this.getElementByXid("image4").src=s[2];
        this.getElementByXid("image3").style.opacity=0.1;//设置未翻开牌为低透明度
        this.getElementByXid("image4").style.opacity=0.1;
        if(s[0]=="images/jn1.png"){
            this.comp("output").set({"value":"您猜对了!"});
            this.comp("commonData").setValue("fright",1);//设置猜中标志为1,以关联动态样式,显示蓝色字体
        }
        else{
            this.comp("output").set({"value":"您猜错了,再来一次吧!"});
            this.comp("commonData").setValue("fright",0);//设置猜中标志为0,以关联动态样式,显示红色字体
        }
        flag=1;
    }
}
```

图 3-27　图片 1 点击事件代码(App)

```
Model.prototype.onButton1Click=function(event/*{{{*/=_e.button_onClick/*}}}*/){
    this.init();//调用init ()函数完成初始化
    this.comp("output").set({"value":""});//清空显示框内容
    flag=0;//游戏标志清零
}
```

图 3-28　按钮点击事件代码(App)

3.4.3　App 项目预览

根据标准的牛道云平台开发 App 预览流程预览项目,详细过程请参考实训项目 1 中的图 1-20～图 1-23,过程如下。

(1) 在牛道云平台界面直接单击右上角"预览"按钮或者模拟界面右下角的预览图标;

(2) 使用 apploader 功能扫描二维码实现手机预览。

3.4.4　App 项目发布

根据标准的牛道云平台开发 App 发布流程发布项目,详细过程请参考实训项目 1 中的图 1-24～图 1-27,过程如下。

(1) 在牛道云平台界面直接单击右上角"发布"按钮。

(2) 进入发布设置,输入发布信息,选择图标、欢迎界面。

(3) 选择发布的数据集。

(4) 生成二维码,手机扫码可下载 App,或者到"高级"界面直接下载安装包。

3.5　小程序项目开发

实训项目 3 小程序
开发微课视频

本项目小程序的应用功能与 App 基本相同,但小程序开发与 App 开发在组件应用和数据组件绑定展现组件等方面存在一定差异。

3.5.1 小程序设计思路

小程序开发思路基本与 App 一致,项目预期效果如图 3-29 所示。

图 3-29 项目预期效果(小程序)

由于小程序中代码不能直接操作展现元素,不能像 App 一样直接通过 DOM 控制页面元素的属性,只能通过修改 data 中的数据,由数据绑定来修改展现元素,所以,本项目的小程序开发需要创建数据集绑定 UI 界面的相关展现组件,由于仅需要数据展示,不需要对数据进行存储,所以创建静态数据集即可,如图 3-30 所示。

图 3-30 创建项目(小程序)

图 3-31 所示的是根据项目预期效果设计的页面结构,与 App 的区别在于小程序没有"显示框"组件,而是用"文本"组件代替。标题栏是自动生成的导航栏,主页设计如图 3-32 所示。

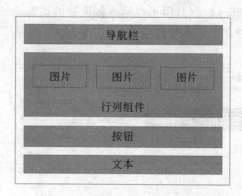

图 3-31 页面结构(小程序)

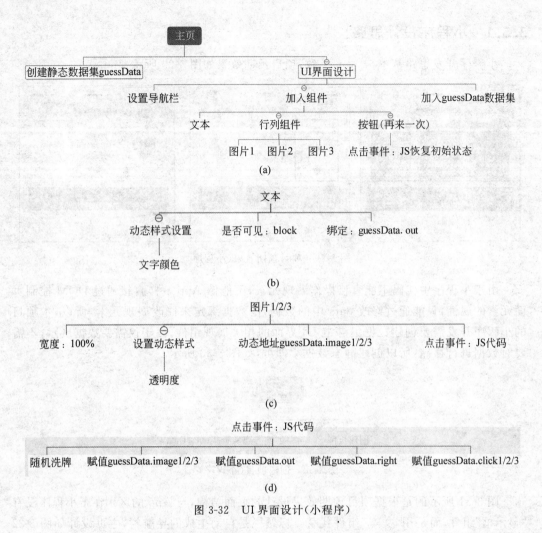

图 3-32　UI 界面设计(小程序)

利用牛道云平台创建静态数据集 guessData,并创建 4 组共 8 个数据,分别是 image1/2/3、out、right、click1/2/3,用于存储 3 张图片的动态地址、显示动态文本、是否猜对标志位、每张图片是否点击标志位等信息,如图 3-33 所示。

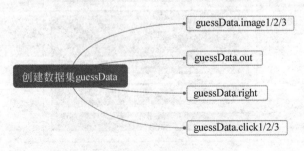

图 3-33　创建静态数据集(小程序)

3.5.2 小程序开发过程

1. 创建项目

用浏览器(推荐 Chrome、Safari)打开牛道云平台 www.newdao.org.cn,登录账户,进入"可视化开发",依次单击"我的制作"→"小程序/App/公众号"→"创建小程序",详细操作请参考实训项目 1 中的图 1-31 和图 1-32,具体输入项目信息如图 3-34 所示,进入项目制作界面,参考实训项目 1 中的图 1-34 和图 1-35。

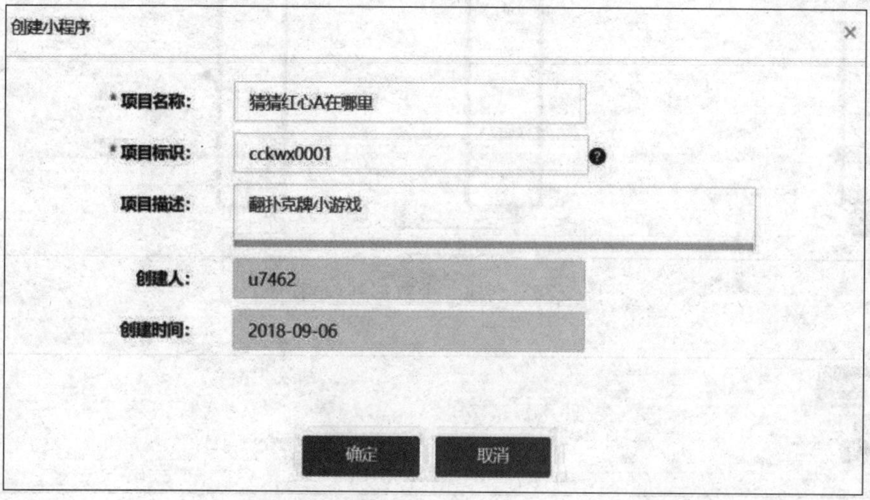

图 3-34 创建小程序

2. 创建静态数据集 guessData 和数据,并引入项目

根据项目需求创建 1 个静态数据集来存储图片的动态地址、显示动态文本、是否猜对标志位、每张图片是否点击标志位等信息。进入数据制作区,单击"静态数据集"后面的"新建标签"(或者单击"创建静态数据集"),输入"显示名称"(可为中文),系统自动生成"名称"(必须为英文),创建过程与 App 开发一致,参考图 3-12 和图 3-13。

在 guessData 数据集中创建数据列,进入"结构"页签,单击"＋"按钮创建 8 个数据列,列名称(可为中文)为 image1/2/3、out、right、click1/2/3,而列标识(必须为英文)由系统自动生成,也可以自定义,然后根据实际情况选择数据的类型,如图 3-35 所示。

进入"数据"页签,单击"＋"按钮创建 1 行数据,数据内容为空白,作为存储数据区域,如图 3-36 所示。

数据集创建后需要引入项目中才可以使用,引入方式与 App 开发一致,参考图 3-16。

3. 设置"导航栏标题"

小程序页面默认有"导航栏"组件,但是并不在设计界面直接显示,只有预览或者运行时显示,需要选中当前页面修改其导航栏标题,文字设置为"猜猜红心 A 在哪?",如图 3-37 所示。

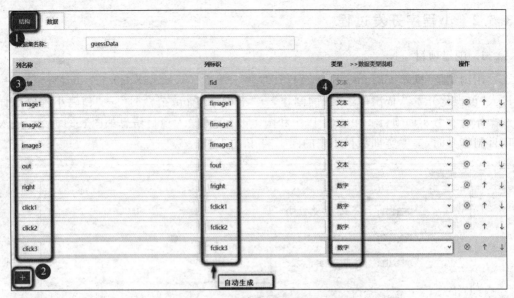

图 3-35　创建 8 个数据列（小程序）

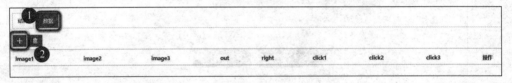

(a)

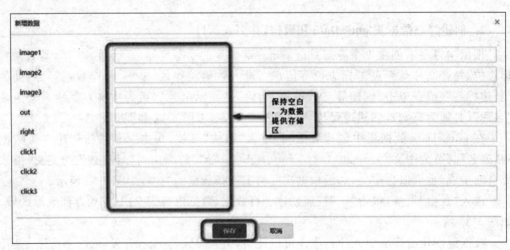

(b)

图 3-36　添加 1 行空的数据（小程序）

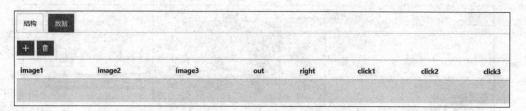

图 3-36(续)

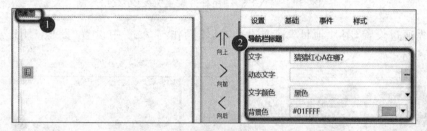

图 3-37 修改"导航栏标题"(小程序)

4. 引入"行列"组件

"行列"组件的创建过程与 App 开发基本一致,如图 3-38 所示。

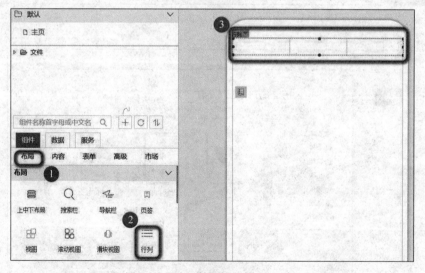

图 3-38 引入"行列"组件(小程序)

5. 引入"图片"组件

在"行列"组件内的每列各引入 1 个"图片"组件,并设置宽度属性为 100%,如图 3-39 所示。

由于小程序采用了数据绑定展现组件的方式,因此加载图片内容需要通过"动态图片地址"进行绑定设置。

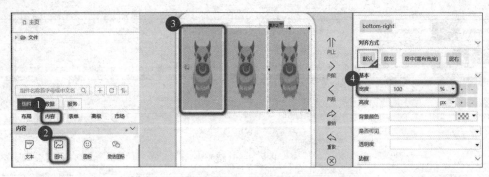

图 3-39　引入"图片"组件并设置宽度（小程序）

首先通过设置"图片地址"上传图片，具体操作与 App 中设置"图像 URL"类似，如图 3-40 所示。

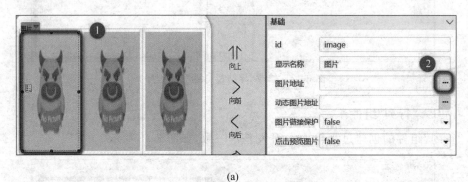

(a)

(b)

图 3-40　设置"图片地址"上传图片（小程序）

　　虽然"图片地址"属性可以设置图片数据,但本项目中需要随机洗牌,各"图片"组件显示的图片数据是动态改变的,因此需要动态绑定并显示数据集中的图片数据,即设置"动态图片地址"属性,具体操作如图 3-41 所示。此处仅完成了第一个"图片"组件的动态图片地址设置,其他"图片"组件操作类似,请读者自行完成。

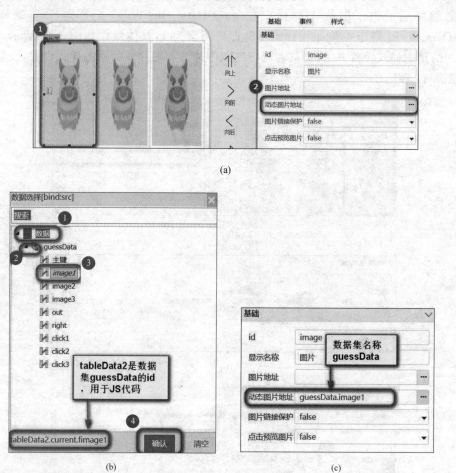

图 3-41　设置"动态图片地址"(小程序)

　　小程序组件只有 id(组件标识)和显示名(组件名称),UI 设置组件属性使用显示名(组件名称),JS 代码中使用 id(组件标识)。关于数据集显示名称 gucssData 和 id tableData2 的比较如图 3-42 所示。

图 3-42　数据集"显示名称"与 id 比较(小程序)

　　为实现翻扑克牌游戏过程中点击图片与未点击图片的样式区别,需要设置"动态样式"。以图片 1 的设置为例,如果翻牌且图片 1 未被点击即标识位 guessData. click1 等于 0、guessData. click2等于 1、guessData. click3等于 0 或 guessData. click1等于 0、guessData. click2等于 0、guessData. click3 等于 1,则采用样式 c-1,即透明度降低;而洗牌或者翻牌后点击了图片 1 即标识位 guessData. click1/2/3 全部等于 0 或标识位 guessData. click1 等于 1,则采用样式 c-2,即透明度为 1,具体操作如图 3-43 所示。参考图片 1 的动态样式设置方法,请读者自行完成图片 2 和图片 3 的动态样式设置,设置参数参考图 3-44 和图 3-45。

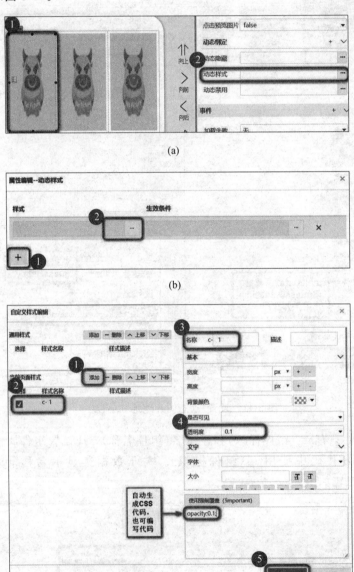

图 3-43　图片 1 的动态样式设置(小程序)

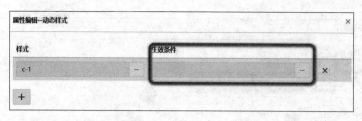

(d)

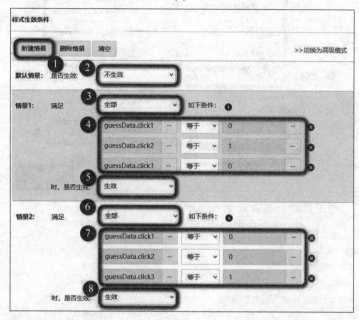

(e)

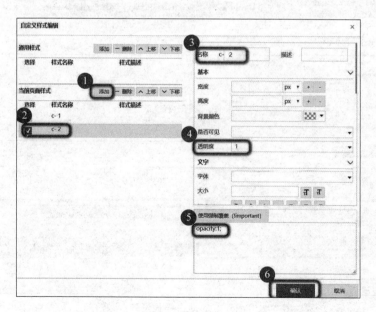

(f)

图 3-43(续)

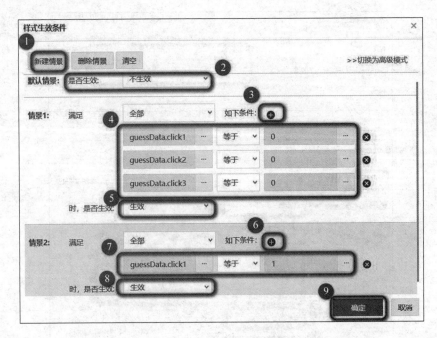

(g)

(h)

图 3-43（续）

图 3-44　图片 2 的动态样式设置（小程序）

图 3-45　图片 3 的动态样式设置（小程序）

6. 引入"按钮"组件

"按钮"组件创建过程与 App 开发基本一致，小程序中的"按钮"组件是默认占满所在行的，根据项目需求设置 primary 样式、上方图标等属性，参考图 3-46。"按钮"组件的点击事件由代码区的 JavaScript 代码实现。

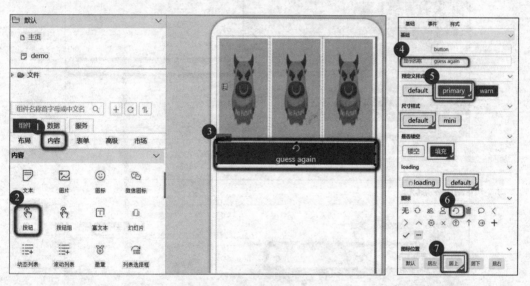

图 3-46　引入"按钮"组件（小程序）

7. 引入"文本"组件

小程序使用"文本"组件完成 App 中"显示框"组件的功能，如图 3-47 所示。引入的"文本"组件类似 HTML 中的 span 标签，是行内元素，因此默认是没有占满所在行的，可以通过修改组件"是否可见"属性为 block，将其改为块元素，使其占满所在行，类似 CSS 中的 display 属性。

界面引入"文本"组件，默认"文本"组件显示为空。开始游戏后，为了能够动态显示是否猜对了游戏结果，需要设置"文本"组件的动态文本属性，如图 3-48 所示。

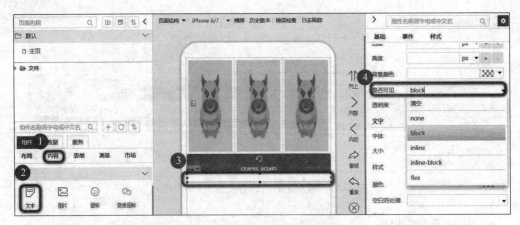

图 3-47　引入"文本"组件(小程序)

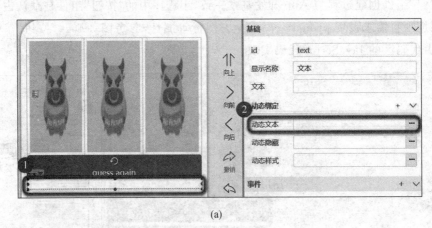

(a)

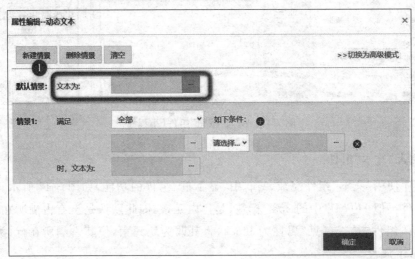

(b)

图 3-48　"文本"组件动态文本设置(小程序)

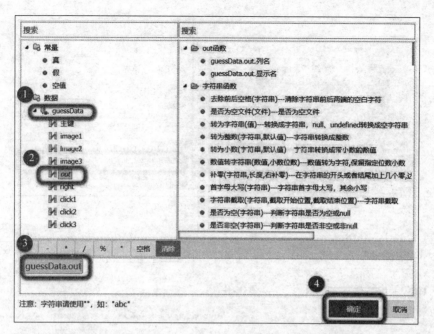

(c)

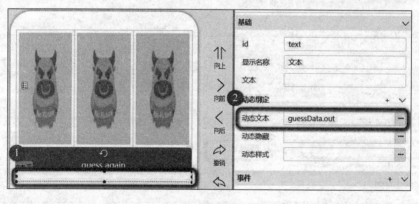

(d)

图 3-48(续)

需要对"文本"组件设置动态样式,如果猜对了,标识位 guessData. right 等于 1,采用样式 c-3 显示蓝色字体;如果猜错了,标识位 guessData. right 等于 0,采用样式 c-4 显示红色字体。选中"文本"组件,单击"动态样式",如图 3-49(a)所示,后续的设置操作与 App 开发一致,请详细参考图 3-23(b)～图 3-23(h),只需将其样式名称分别设置为 c-3 和 c-4 即可,最终的动态样式设置如图 3-49(b)所示。

8. 定义变量和函数

与 App 开发类似,本项目小程序的逻辑判断也需要编写 JavaScript 代码实现。首先打开"开发"模式,选择下方的 JS 进入代码编辑区域,如图 3-50 所示。

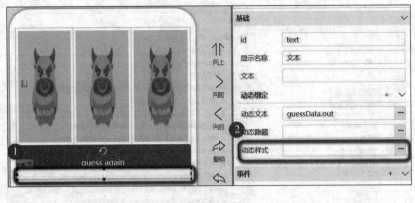

(a)

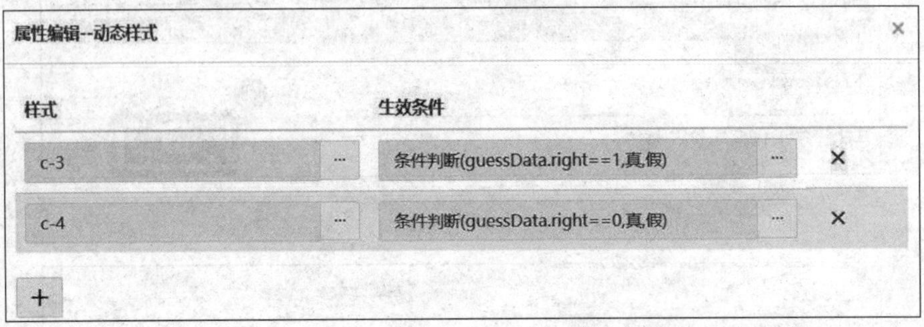

(b)

图 3-49 "文本"组件动态样式设置(小程序)

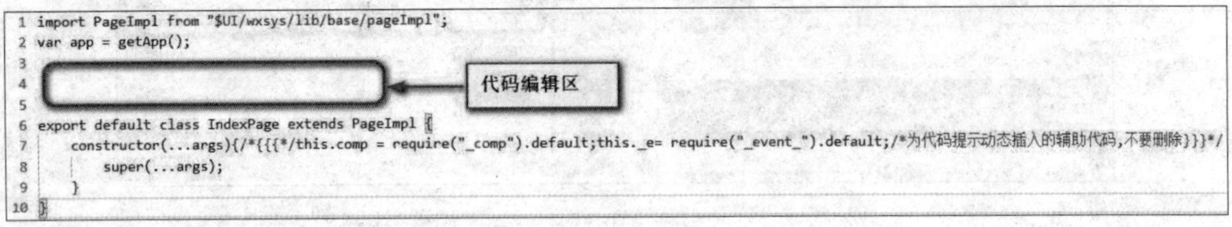

图 3-50 进入 JS 开发模式(小程序)

在自定义代码区,首先根据项目功能需求定义变量,主要的变量包括初始化标志变量 flag 和存储图片相对路径的数组 s。特别需要注意的是,数组 s 中关于图片相对路径的初始化设置需要按照牛道云平台的约定进行设置。

由于 App 开发中没有源文件大小的限制,而且图片的地址是相对路径,浏览或者发布时直接将图片打包即可。微信小程序对源文件大小有限制,所以在测试时发布的图片不是直接传过去的,而是放在服务器上的,在小程序开发中导入微信开发者工具时,没有相对路径,因此需要通过调用微信 API 接口转换成绝对路径,即编写 toUrl()函数将图片相对路径转换为绝对路径。例如,背景图片的绝对路径为

https://cckwx0001-ide. newdaoapp. cn/uixweb/main/main/images/jn4. png

其中 cckwx0001 为小程序项目名称,其他参数均为牛道云平台默认设置。

自定义函数 init()实现游戏前的初始化设置,主要是对数据集中各个列的初始化,包括分别设置 3 个"图片"组件的显示图片为背景图、清零标志位以及清空显示文本。

装载页面时会默认执行小程序的生命周期函数 onLoad(),因此在 onLoad()函数中调用 init()实现初始化设置。

在点击图片后需要实现翻扑克牌的功能,由于 3 张扑克牌的翻牌逻辑类似,因此封装自定义函数 imageClick(index)实现翻扑克牌的功能。

首先调用自定义函数 random()洗牌,自定义函数 random()实现随机洗牌的功能,与 App 开发代码相同。然后给各个"图片"组件设置数据集中的动态图片地址以显示各花色图案。另外,设置数据集中的点击标志位,以及设置游戏结束后的数据集中显示文本和是否猜对等标志位信息,从而使"文本"组件和"图片"组件的动态样式设置生效,实现未点击的 2 张扑克牌设置为透明显示,猜对的文本为蓝色,猜错的文本为红色等页面样式。

详细的变量和函数的定义代码如图 3-51 所示。这里需要注意的是,tableData2 是数据集 guessData 的 id,fimage1 为数据集中的列的 id。

9. 编写图片点击事件代码

参考图 3-26,单击第一个"图片"组件,在"点击"事件中选择"写代码",单击"跳转"按钮,自动生成按钮点击事件代码框架 onImageTap(event＝this._e.button_tap){},此代码框架与 App 开发中略有不同,但读者只需在其内输入用户逻辑代码即可。在此需调用 imageClick(0)实现第一张图片的翻牌效果,详细代码如图 3-52 所示。同理,其他两张牌对应的"图片"组件的点击事件也类似,请读者自行完成。

代码框架中各函数名如 onImageTap、onImage1Tap、onImage2Tap 分别包含 3 个"图片"组件的 id 名 image、image1、image2。需要注意的是,App 开发的 JS 代码中使用 xid 作为操作 DOM 元素的标识,而小程序中则使用 id 作为组件标识,例如,第一个"图片"组件的 id 为 image,如图 3-53 所示。

10. 编写按钮点击事件代码

参考图 3-26,单击"按钮"组件,在"点击"事件中选择"写代码",单击"跳转"按钮,自动生成按钮点击事件代码框架 onButtonTap(event＝this._e.button_tap){},此代码框架与 App 开发略有不同,读者只需在其内调用初始化函数 init()即可实现重新游戏的初始化功能,代码参考图 3-54。

3.5.3 小程序项目预览

根据标准的牛道云平台开发小程序预览流程预览项目,详细过程请参考实训项目 1 中的图 1-39 和图 1-40,过程如下。

(1) 在牛道云平台界面直接单击右上角"预览"按钮或者模拟界面右下角的预览图标;

(2) 使用 apploader 功能扫描二维码实现手机预览。

```
 1  import PageImpl from "$UI/wxsys/lib/base/pageImpl";
 2  var app = getApp();
 3
 4  /*定义变量*/
 5      var flag=0;
 6      var s=new Array(4);                         [变量和函数]
 7      s[0]="/main/images/jn1.png";
 8      s[1]="/main/images/jn2.png";
 9      s[2]="/main/images/jn3.png";
10      s[3]="/main/images/jn4.png";
11  export default class IndexPage extends PageImpl {
12      constructor(...args){/*{{{*/this.comp = require("_comp").default;this._e= require("_event_").default;/*为代码提示动
13          super(...args);
14
15  /*定义自定义函数toUrl转换图片地址 */
16  toUrl(url){
17      var ret=wx.Util.toResUrl(url);
18      console.log(url+"--->"+ret);
19      return ret;
20  }
21  /*定义自定义函数init初始化 */
22    init(){
23      this.comp('tableData2').setValue('fimage1',this.toUrl(s[3]));
24      this.comp('tableData2').setValue('fimage2',this.toUrl(s[3]));
25      this.comp('tableData2').setValue('fimage3',this.toUrl(s[3]));
26      flag=0;
27      this.comp('tableData2').setValue('fclick3',0);
28      this.comp('tableData2').setValue('fclick2',0);
29      this.comp('tableData2').setValue('fclick1',0);
30      this.comp('tableData2').setValue('fright',0);
31      this.comp('tableData2').setValue('fout',"");
32    }
33    /*定义函数onLoad系统函数 */
34  onLoad(){
35      this.init();
36    }
37    /*定义自定义函数随机洗牌 */
38  random(){
39      var i;
40      for(i=0;i<3;i++){
41          var tmp=s[i];
42          var j=parseInt(Math.random()*2);
43          s[i]=s[j];
44          s[j]=tmp;
45      }
46    }
47  /*定义自定义函数imageClick, 洗牌并改变数据集中的状态数据 */
48    imageClick(index){
49      if (flag == 0) {
50          this.random();
51          this.comp('tableData2').setValue('fimage1', this.toUrl(s[0]));
52          this.comp('tableData2').setValue('fimage2', this.toUrl(s[1]));
53          this.comp('tableData2').setValue('fimage3', this.toUrl(s[2]));     //设置图片组件的动态图片地址绑定的数据集列
54          this.comp('tableData2').setValue('fclick' + (index+1), 1);         //设置数据集中的点击标志位
55          if (s[index].indexOf("/main/images/jn1.png") != -1) {
56              this.comp('tableData2').setValue('fout', "您猜对了！");           //设置猜对后数据集中的显示文本和标志位
57              this.comp('tableData2').setValue('fright', 1);
58          }
59          else {
60              this.comp('tableData2').setValue('fout', "您猜错了！请再来一次");   //设置猜错后数据集中的显示文本和标志位
61              this.comp('tableData2').setValue('fright', 0);
62          }
63          flag = 1;                                                          //设置游戏完毕标志flag
64      }
65    }
```

图 3-51　变量及函数代码(小程序)

```
onImageTap(event/*{{{*/=this._e.image_tap/*}}}*/){
    this.imageClick(0);
}
onImage1Tap(event/*{{{*/=this._e.image_tap/*}}}*/){
    this.imageClick(1);
}
onImage2Tap(event/*{{{*/=this._e.image_tap/*}}}*/){
    this.imageClick(2);
}
```

图 3-52 图片点击事件代码(小程序)

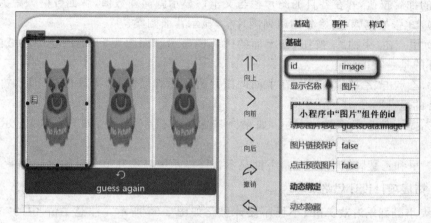

图 3-53 "图片"组件的 id 说明(小程序)

```
onButtonTap(event/*{{{*/=this._e.button_tap/*}}}*/){
    this.init();
}
```

图 3-54 按钮点击事件代码(小程序)

3.5.4 小程序项目发布

按照小程序发布测试版本标准流程发布,参考实训项目 1 中的图 1-41～图 1-59 所示,过程如下。

(1) 发布版本;

(2) 下载小程序;

(3) 注册小程序;

(4) 牛道云平台配置参数;

(5) 微信公众平台配置服务器域名;

(6) 项目代码导入微信开发者工具;

(7) 牛道云平台测试环境预览;

(8) 微信开发者工具"编译""预览";

(9) 微信环境下测试运行开发版时,需打开调试功能。

3.6　项目拓展：比大小翻翻乐游戏 App 和小程序

1. 拓展项目需求分析

请实现如下功能需求的比大小翻翻乐游戏 App 和小程序，具体要求如下。

（1）游戏功能：两人游戏，每人可随意抽取一张牌比较大小。洗牌后，甲和乙分别按下各自的抽牌按钮，并在各自的图片栏与文本栏显示牌面和数值，牌面数值大者为胜。

（2）13 张扑克牌，初始分为两列图片栏，显示背面图案。

（3）甲点击"甲抽牌"按钮，在上面的图片栏显示牌面图案，下面的显示区域内提示："甲翻开的是**"。

（4）乙点击"乙抽牌"按钮，在上面的图片栏显示牌面图案，下面的显示区域内提示："乙翻开的是**"。

（5）提示信息具有动态样式，如果＞10，显示文字为红色；如果＜10，显示文字为绿色。

（6）甲和乙翻牌结束后，在最下面显示区域提示甲与乙胜负关系的游戏结果。

2. 拓展项目设计思路

比大小翻翻乐游戏 App、小程序设计思路如图 3-55 所示。注意 App 中的"显示框"组件在小程序中替换为"文本"组件，"标题栏"改为"导航栏"。

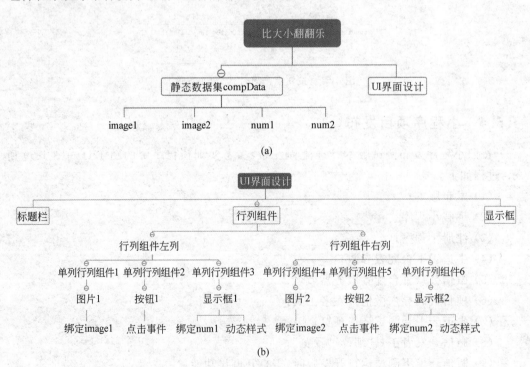

(a)

(b)

图 3-55　比大小翻翻乐游戏 App 和小程序设计思路

项目小结

通过开发实训项目3猜猜红心A在哪里,读者能够深入理解"行列"组件的常规布局方法,"行列"组件为内容类展现组件提供了多行多列的灵活布局容器。项目开发过程中应用了"图片"组件、"文本"组件、"按钮"组件等内容类展现组件,读者可以在实践中体会归纳组件的基础属性、样式属性和事件操作等功能。另外,对于不能使用事件操作实现的复杂逻辑,本实训项目还引导读者采用JS代码的方式实现组件事件。组件的样式通常会在程序运行过程中发生动态的改变,本实训项目以"文本"组件和"图片"组件为例详细讲解了动态样式设置方法,使项目展现效果更加灵活生动。小程序数据集绑定展现组件的MVVM数据驱动模式在本实训项目也进一步得到实践,增强了读者对于静态数据集的理解和应用能力。

实训项目 4

我的MP4——音频视频播放器

【学习目标】

(1) 进一步理解 Web App 和小程序的 MVVM 数据驱动模式。

(2) 理解静态数据集和动态数据集的异同,掌握动态数据集的应用方法。

(3) 掌握"动态列表""视图""音频""视频"等常用组件的功能及用法。

(4) 理解市场组件的作用,掌握 App 项目中市场组件的用法。

(5) 掌握上述组件的基础属性、事件和样式属性。

(6) 掌握组件在页面的复制和粘贴方法。

学习路径

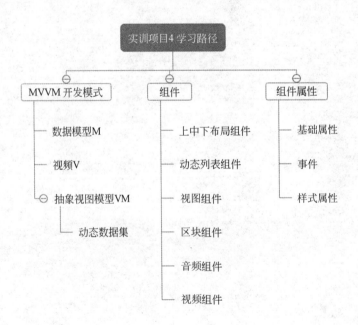

项目描述

每个人都有自己喜欢的音乐和影视作品,如果能够开发一个自己的 App 或小程序,将喜欢的作品资料都保存在里面,随时可以打开 App 或小程序将喜欢的内容播放出来,是多么惬意的事情啊。

本项目设计音频、视频播放器的 App 和小程序,运行 App 或小程序后,能够在页面列表中看到保存的音乐或视频信息,并可从中选择播放。

4.1　动态数据集

在实训项目 2 中已经介绍了数据集的概念以及静态数据集,虽然静态数据集和动态数据集都能以数据集合的方式存储数据,但动态数据集与静态数据集在数据存储上有很大不同。静态数据集的数据存储在页面,和页面同生共存,一旦关闭页面,这些数据就丢失了,而动态数据集的数据保存在牛道云平台的数据库中,即使页面关闭,存储在数据库中的数据也不会消失。另外,因静态数据集的数据直接存储在页面内存,所以只能放置长度短小的数据,不支持长度较大的数据。在开发 App 或小程序时,动态数据集既可以在页面中访问,也可以在服务器中访问。动态数据集是最常用的数据集。

4.1.1　动态数据集的使用

动态数据集的使用和静态数据集一样,需经历创建动态数据集、定义数据集结构、录入修改、删除数据以及页面引用数据集这五个环节。若动态数据集只存储文字、数字和日期类型数据,则以上环节与静态数据集的操作完全一致。对于存储图片、文件和富文本数据,动态数据集在录入或修改数据以及维护查询数据时的操作和静态数据集的操作有所不同。此外,动态数据集除了同静态数据集一样可以在数据制作区手工录入或修改数据外,还可以从 Excel 导入或可以在服务中添加数据。在本实训项目的开发过程中,会说明在动态数据集中手工增加记录,包括添加图片和文件的方法。

在数据制作区完成动态数据集制作后,若某一页面使用数据集数据,需要在页面制作区添加该数据集。该操作与页面使用静态数据集的操作完全一致。

1. 数据集当前行

页面中的内容组件和表单组件(不在动态列表中)显示数据集当前行中的数据。数据集加载数据后,默认第一行是当前行,数据集提供了"上一行""下一行"等操作来改变当前行。动态列表中显示出了数据集中的多条数据,单击一条数据后,数据集的当前行就更新为刚才单击的这一行数据。

2. 动态列表当前行

动态数据集中的多条数据若需要在页面中批量显示出来,通常需要和"动态列表"组件配合完成。在动态列表中的"文本"组件,若其动态文本属性设置的是数据集当前行的列值,那么数据集当前行没有发生变化,所有指向当前行的组件显示的都一样,运行时动态列表中显示的文本都是一样的。在动态列表中的"文本"组件,要想显示动态列表绑定数据集中每一行的数据,就需要使用"动态列表当前行"。对于动态列表中的"文本"组件来说,它所在的区域绑定了数据集的行对象,称为"动态列表当前行"。两种当前行如图 4-1 所示。

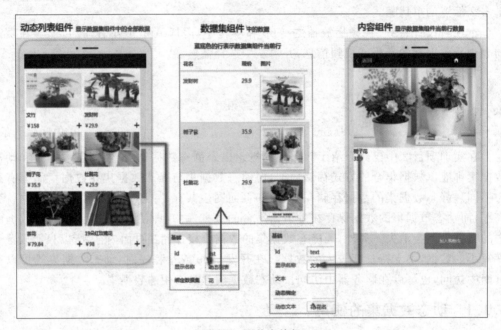

图 4-1   两种当前行

4.1.2   数据集常用属性

动态数据集提供了很多属性,一部分是在属性栏中设置,另一部分需要单击属性栏中的"编辑"按钮,在打开的"属性编辑"对话框中设置。本节讲解 3 个常用的属性:分页数据大小、过滤和排序,以实现对动态数据集的输出控制。

1. 分页数据大小

在手机上使用新闻 App 浏览新闻时,随着手指向上滑动,新闻源源不断地显示出来。其实这么多的新闻不是一打开 App,就全都加载到手机上,而是先加载一部分,随着手指滑动不断地加载,这就是分页加载,其中一次加载多少条,就是分页数据的大小。

像商品和订单这种数据量比较大的数据,必须使用分页加载数据,以提高页面显示性能,而像购物车中的数据通常情况下不会很多,可以不使用分页加载数据。分页数据大小设置为多少,就表示一次加载多少条记录;不设置,则默认为 20,表示加载 20 条记录;设置为−1,表示加载全部记录。

单击分页数据大小属性右侧的"…"按钮,打开"设置分页数据大小"对话框,如图 4-2所示,设置分页数据的大小。

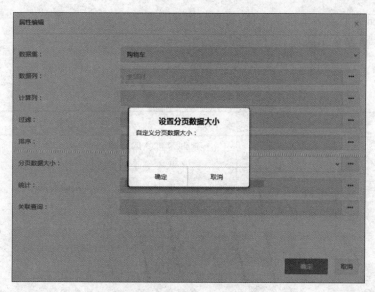

图 4-2　"设置分页数据大小"选项

2. 过滤

在商品列表页中，并不一定需要输出显示动态数据集中所有商品的信息，因此在动态数据集上可以设置过滤条件，实现从后端数据集中获取指定的数据。例如，只输出"单价"列（字段）的值大于 300 元的商品信息。

单击过滤属性右侧的"…"按钮，打开"过滤设置"对话框，如图 4-3 所示。

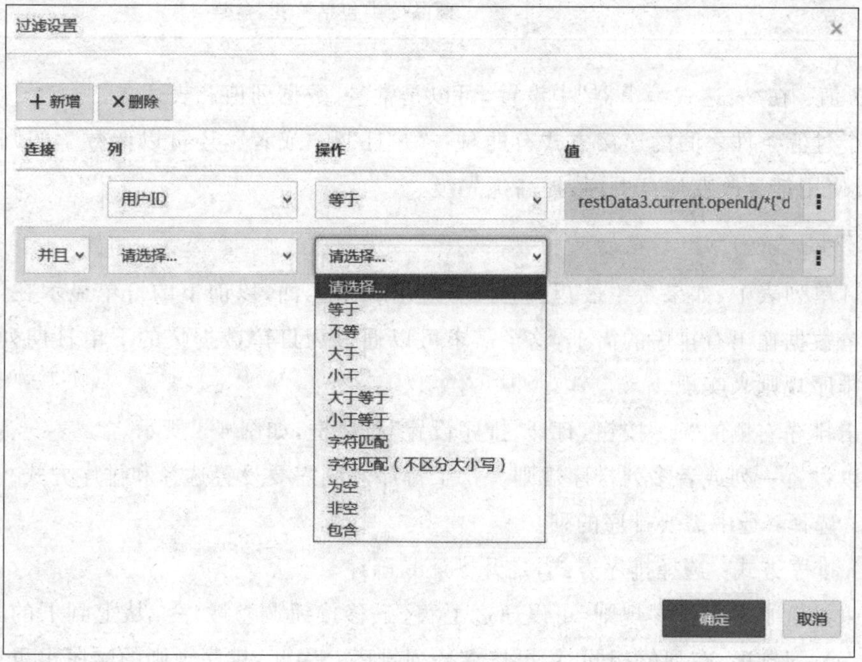

图 4-3　"设置过滤"对话框

可以添加一个或多个过滤条件,每个过滤条件需要设置列、操作和值。

(1) 列:数据集中的列,包括关联查询出的列。

(2) 操作:设置列和值的关系,示例见表 4-1。

表 4-1　操作示例

操　作	示　例
等于、大于、大于等于 不等于、小于、小于等于	查询未付款的订单 订单状态等于未付款 查询单价大于等于 300 元的商品 单价大于等于 300 查询 4 月中旬的订单 下单时间小于等于 2018-04-19 并且 下单时间大于等于 2018-04-11
字符匹配 字符匹配(不区分大小写)	查询商品名称中包含玫瑰的商品 商品名称字符匹配玫瑰
为空、非空	查询打折商品 折扣价非空 查询不打折商品 折扣价为空
包含	查询商品分类是鲜花和盆景的商品 商品分类包括鲜花、盆景

(3) 值:在“表达式编辑器”中设置,可以是常量、数据列值和表达式。

多个过滤条件之间的连接方式有两种:“并且”和“或者”,还可以像数学四则运算那样,通过使用括号改变运算顺序,提高优先级。

3. 排序

在订单列表中,如果希望最新下的订单显示在最上面,以前下的订单显示在下面,就是对订单数据输出有排序的需求,这个需求可以通过为订单数据集的下单日期列增加升降序的排序规则来实现。

单击排序右侧的“...”按钮,打开“排序设置”对话框,如图 4-4 所示。

可以设置一列或者多列排序规则。每个排序规则需要设置选择和排序方式。

(1) 选择:选中需要排序的列。

(2) 排序方式:选择排序方式,是升序还是降序。

如果设置了多个排序规则,可以通过上移、下移按钮调整顺序。从上到下的顺序,表示先按 XX 列排序,在列值相同时,再按 YY 列排序。因此,排序规则的顺序很重要,会影响最终的显示效果。

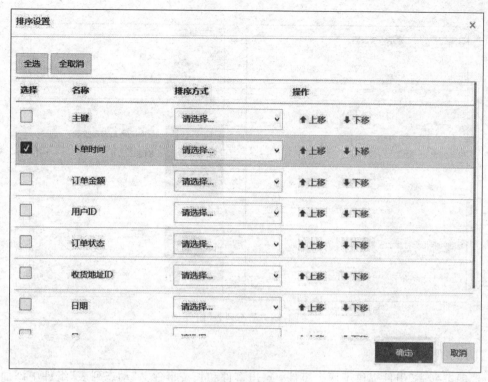

图 4-4 "设置排序"对话框

4.2 组件

4.2.1 "动态列表"组件

"动态列表"组件是一种批量数据的页面展现组件,它可以提供纵向列表、横向列表和嵌套列表等多种显示方式,如图 4-5 所示。"动态列表"组件必须绑定一个存储批量数据的数据集,在"动态列表"组件中要添加图片、文本等组件,才能显示出绑定数据集的每条记录中各种类型的数据。

需要注意的是,当"动态列表"组件放在"上中下布局"组件中时,由于不能产生上滑触底翻页,即不能加载下一页数据,必须改用"滚动列表"组件。

1. 基础属性

"动态列表"组件提供了 3 个基础属性。

(1) 绑定数据集:动态列表关联数据集后,在不设置过滤条件的情况下,可以展示数据集中的全部数据。

(2) 过滤条件:设置数据集中的数据是否在动态列表中显示,过滤条件返回是,表示显示;返回否,表示不显示。

(3) 模拟数据条数:设计时显示出列表效果,不需要显示时,可以设置为 0。

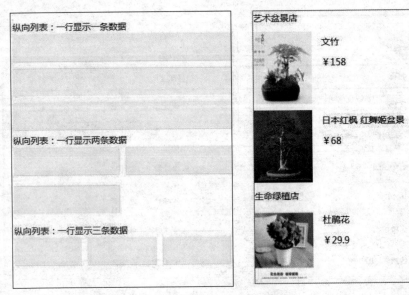

图 4-5 "动态列表"组件

2. 事件

"动态列表"组件提供了两个事件：点击事件和长按事件。"动态列表"组件中添加其他组件后，在这些组件上点击或长按，都会触发"动态列表"组件的相应事件。

4.2.2 小程序"视图"组件

"视图"组件是容器组件，如果不设置样式，在页面中无法显示。"视图"组件是最常用的组件之一，经常用于以下 3 种场景中，运行效果如图 4-6 所示。

(1) 设置文字对齐方式，居中或靠右显示图片或文本。

(2) 设置为相对定位，作为绝对定位组件的参照物。

(3) 给一组组件设置统一的边框、边距和背景色。

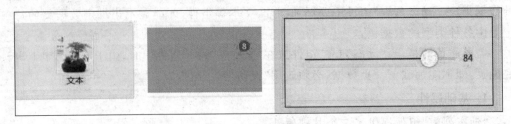

图 4-6 "视图"组件

1. 基础属性

"视图"组件提供了 4 个基础属性。

(1) 点击状态：指定是否阻止本节点的祖先节点出现点击状态。

（2）指定样式：指定按下去的样式。需要自定义样式，注意设置"！important"提高样式规则的应用优先权。为空表示没有点击状态效果。

（3）激活时间：按住后多久出现点击状态，单位为毫秒。

（4）滞留时间：手指松开后点击状态保留时间，单位为毫秒。

2. 事件

"视图"组件提供了两个事件：点击事件和长按事件。"视图"组件中添加其他组件后，在这些组件上点击或长按，都会触发"视图"组件的相应事件。

4.2.3　App"区块"组件

"区块"组件是 App 制作中的容器组件，和微信小程序制作中的"视图"组件的作用、使用方法基本相同。

4.2.4　"音频"组件

"音频"组件用于播放一段音乐。组件提供默认播放界面，如图 4-7 所示。

图 4-7　"音频"组件

1. 基础属性

"音频"组件提供了 8 项基础属性。

（1）音频地址：从"上传文件"对话框中选择一个音频文件播放。

（2）动态音频地址：播放数据集中的音频文件。数据集中可以直接存储音频文件路径，也可以将列类型设置为文件，上传音频文件到数据列中即可播放。

（3）显示默认控件：是否显示"音频"组件自带的播放界面。界面中显示音频封面图片、音频名称、作者姓名和播放时长，并且显示播放按钮，播放后显示暂停按钮。

（4）封面地址/动态封面地址：显示默认控件时有效。可设置静态图片，也可以关联数据列，显示数据列中的图片。

（5）音频名字/动态音频名字：显示默认控件时有效。可设置静态文本，也可以关联数据列，显示数据列中的文本。

（6）作者名字/动态作者名字：显示默认控件时有效。可设置静态文本，也可以关联数据列，显示数据列中的文本。

（7）循环播放：设置是否循环播放音频文件。

（8）文件链接保护：可防止音频文件被盗用。文件链接保护后，文件 URL 有效期为7 天。该功能只用于存储在数据集文件类型列中的文件。

2. 操作

"音频"组件提供了 4 种操作。

（1）设置音频：设置新的音频文件。

（2）播放：播放音频文件。

（3）暂停：暂停播放。

（4）跳转到指定位置：例如，要从1分30秒处开始播放，就调用"跳转到指定位置"操作，位置设置为90，即表示跳转到90秒的位置后继续播放。

3. 事件

（1）"音频"组件提供了5个事件。

（2）开始/继续播放：播放后触发。

（3）暂停播放：暂停播放后触发。

（4）进度变化：播放进度变化时触发，触发频率250ms一次。

（5）播放结束：播放结束后触发。

（6）播放出错：播放出错时触发。

4.2.5 "视频"组件

"视频"组件用于解码播放视频文件，支持显示封面，发送JSON格式的弹幕数据。该组件可用于本项目拓展，视频播放界面如图4-8所示。

图4-8 视频播放界面

1. 基础属性

"视频"组件提供视频地址、动态视频地址、显示播放控件、封面地址/动态封面地址、视频时长/动态视频时长、自动播放、循环播放、静音播放、文件链接保护、展现方式弹幕列表等基础属性。

2. 操作

"视频"组件提供播放、暂停、跳转到指定位置、发送弹幕、进入全屏、退出全屏6项功能。

3. 事件

"视频"组件提供开始/继续播放、暂停播放、进度变化、播放结束、进入/退出全屏5个事件。

实训项目 4 App
开发微课视频

4.3 App 项目开发

本项目 App 应用界面分上、中、下三个区域。上部为 App 标题区域,可以展现本项目的标题信息;中部为展示音频资料信息的列表区域,上下拖动可以浏览该区域列表中所有音频资料的信息;点击列表中某一音频资料所在的一项,就可以在下部的播放区播放该资料对应的音频文件。

4.3.1 App 设计思路

本项目为单页面 App,通过上、中、下三个区域呈现页面的内容。在页面上部区域显示 App 的标题信息。在中部区域,存储在牛道云平台数据库中的音频资源信息以列表的形式呈现,通过上下滑动页面,可以浏览所有音频资源的信息。项目预期效果如图 4-9(a)所示。当点击中部区域某一首歌曲时,该歌曲被选中,底部区域显示进入该歌曲的播放状态。通过点击底部区域的控制按钮,可以暂停或播放已选中的歌曲。拖动底部区域的进度条或音量条,可以实时控制播放进度或音量大小,播放操作如图 4-9(b)所示。

(a)

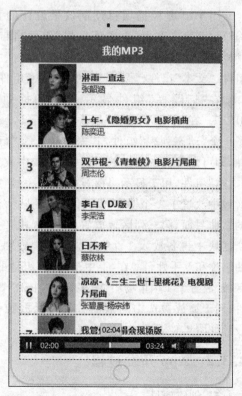

(b)

图 4-9 项目预期效果(App)

项目制作包括项目页面所需数据的动态数据集创建制作和项目页面 UI 制作。在牛道云平台数据制作页面,可以先为该项目创建存放音频资料的动态数据集 mp3,并定义该数据集的结构为每条记录由 5 个数据单元构成,名称分别为序号、歌手、歌名、封面和歌曲,依次存储每个歌曲的歌曲编号、歌手姓名、歌曲名称、歌曲封面文件和歌曲文件,如图 4-10(b)所示。

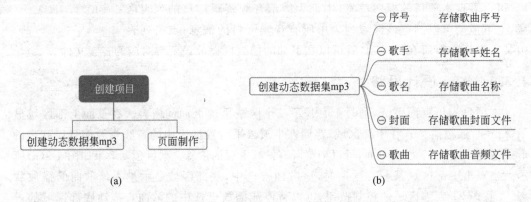

(a)　　　　　　　　　　　　　　　　(b)

图 4-10　创建 App 项目和动态数据集 mp3

图 4-11 是根据项目预期效果设计的页面结构。该页面主要由"上中下布局"组件自带的"标题栏"组件、"动态列表"组件、"音频"组件、"行列"组件、"文本"组件、"图片"组件、"区块"组件组成。

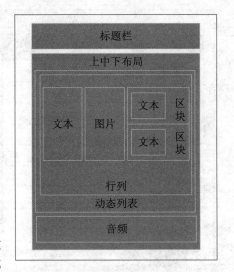

图 4-11　页面结构(App)

在"标题栏"组件显示 App 的标题"我的 MP3"。在"上中下布局"组件的"内容区域"放置了 1 个"动态列表"组件,其内放置 1 个"行列"组件,即可划分为 3 列区域,第一列区域中放置 1 个"文本"组件,用于显示当前行的歌曲序号,第二列区域中放置了 1 个"图片"组件,用于显示当前行的歌曲封面,第三列区域放置两个"区块"组件,每个区块中再各放入 1 个"文本"组件,分别显示歌曲名称和歌手姓名。在"上中下布局"组件的"底部区域"放置了 1 个市场组件"多媒体"中的"音频"组件,用于播放被选中的歌曲并进行播放控制。UI 设计如图 4-12 所示。

4.3.2　App 开发过程

1. 创建项目

用浏览器(推荐 Chrome、Safari)打开牛道云平台 www. newdao. org. cn,登录账户,进入"可视化开发",依次单击"我的制作"→App/H5→"创建 App",详细操作请参考实训

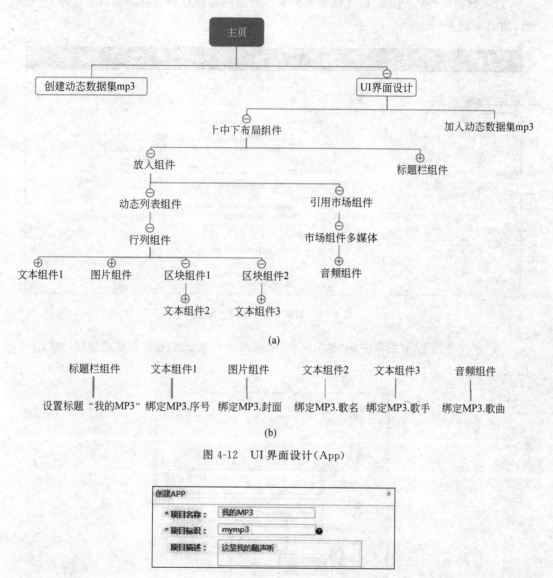

图 4-12 UI 界面设计(App)

图 4-13 创建 App

项目1中的图 1-10 和图 1-11,具体输入项目信息如图 4-13 所示。进入项目制作界面,参考实训项目 1 中的图 1-13 和图 1-14。

2. 创建动态数据集 mp3

本项目需要存储音频、视频资料数据,这些数据不应随着 App 页面关闭而消失,而且其中的图片文件、音视频文件这类数据的长度较大,静态数据集无法满足存储要求,因此本项目的后端数据集类型将选用动态数据集。动态数据集存储在牛道云平台的数据库中,创建 1 个动态数据集实际上是给这个 App 项目对应的数据库中创建了 1 张存储数据的二维表。

进入数据制作区,单击"创建动态数据集",后续的操作过程与静态数据集操作过程一致,如图 4-14 所示。

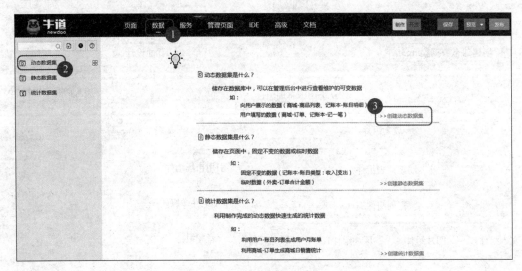

图 4-14　创建动态数据集(App)

在"创建数据集"对话框中的"显示名称"中输入 mp3,完成动态数据集的创建,如图 4-15 所示。

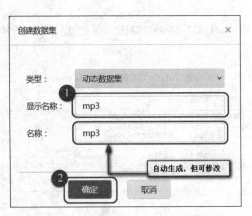

图 4-15　输入动态数据集创建的有关信息(App)

3. 定义动态数据集 mp3 的结构

数据集是以记录为单位存储数据,定义动态数据集结构的过程就是为了确定数据集的字段名称以及相应的数据类型,操作过程与静态数据集对应操作一致。在本项目中,这 5 个字段名称(即列名称,可为中文或英文)分别为序号、歌手、歌名、封面和歌曲,数据类型分别为数字、文本、文本、图片和文件,如图 4-16 所示。

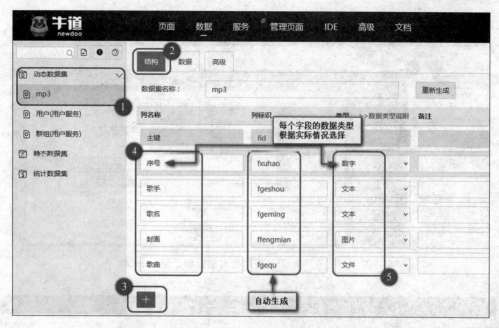

图 4-16 动态数据集 mp3 已定义完成的数据结构(App)

4. 动态数据集 mp3 数据录入

在数据集制作页面,逐次单击"＋"按钮,分别为动态数据集 mp3 加入 8 条音乐资料的数据记录,每条音乐资料记录中需输入 5 个字段单元的数据。其中,音乐资料的序号、歌手和歌名的数据录入操作与静态数据集相同,可直接手工输入,数据内容见表 4-2。

表 4-2 歌曲信息

序号	歌 手	歌 名
1	张韶涵	淋雨一直走
2	陈奕迅	十年-《隐婚男女》电影插曲
3	周杰伦	双节棍-《青蜂侠》电影片尾曲
4	李荣浩	李白(DJ 版)
5	蔡依林	日不落
6	张碧晨-杨宗纬	凉凉-《三生三世十里桃花》电视剧片尾曲
7	华晨宇	我管你-演唱会现场版
8	苏诗丁	为你沉迷-《他来了,请闭眼》电视剧片尾曲

音乐资料封面对应的图片文件和歌曲对应的音频文件需要从本地准备好的文件夹中寻找,选择上传到动态数据集 mp3 中,录入过程如图 4-17 所示(正在录入第 5 条记录的前 3 个数据)。5 个字段数据录入结束后的界面如图 4-18 所示。

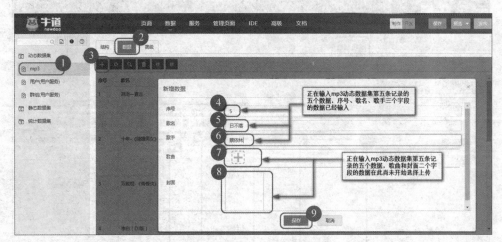

图 4-17　正添加 1 条音乐资料的数据记录(App)

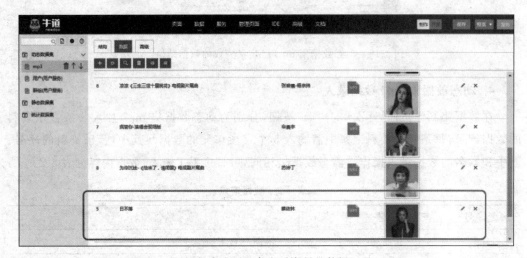

图 4-18　已添加完成了 1 条音乐资料的数据记录(App)

5. 引入动态数据集 mp3 到制作页面

数据集制作完成后,将本项目的动态数据集 mp3 引入项目页面,如图 4-19 所示。

6. 修改"标题栏"组件

设置"标题栏"组件的背景色为♯999999,如图 4-20 所示。然后再设置"标题栏"组件中间部分"标题"的文本为"我的 MP3",如图 4-21 所示。

7. 引入"动态列表"组件和绑定动态数据集

根据页面设计,在页面"标题栏"下方需要以列表的方式显示保存在动态数据集中音频资料的每条记录信息,因此将"动态列表"组件放置到"上中下布局"组件的"内容区域"中,如图 4-22 所示。

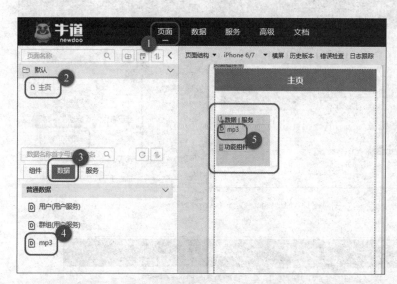

图 4-19 将动态数据集引入项目页面(App)

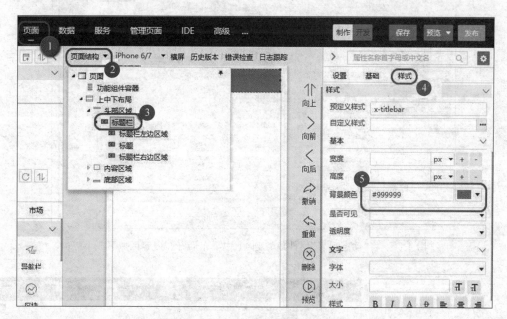

图 4-20 设置"标题栏"背景色(App)

放置结束的同时弹出 1 个对话框,从该对话框中选择动态数据集 mp3 即可完成绑定操作。"动态列表"组件与动态数据集 mp3 绑定成功后,也可以通过图 4-23 所示操作查看或修改绑定的动态数据集。

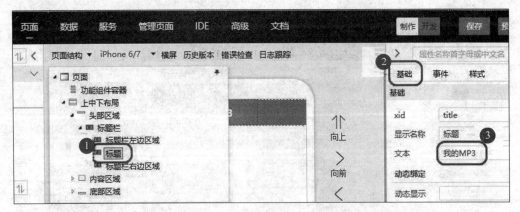

图 4-21　修改标题文本(App)

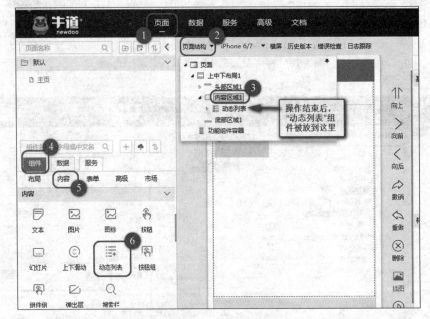

图 4-22　将"动态列表"组件放置到"上中下布局"的"内容区域"(App)

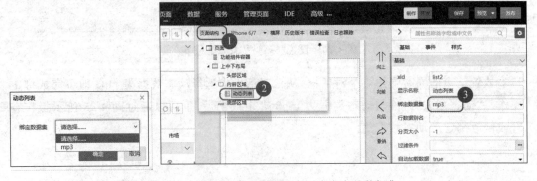

图 4-23　绑定数据集和查看或修改动态列表绑定的数据集(App)

8. 设置"动态列表模板"属性

"动态列表"组件的每一项都由合适高度的灰色虚线包裹，制作时修改"列表模板"属性中的有关样式即可实现。在选中的"列表模板"样式中，依次选择边框的样式为细点画线，宽度为1px，框线颜色为#999999，画线范围设置为模板区域上下左右四框画线。模板高度为76px，设置操作过程如图4-24所示。

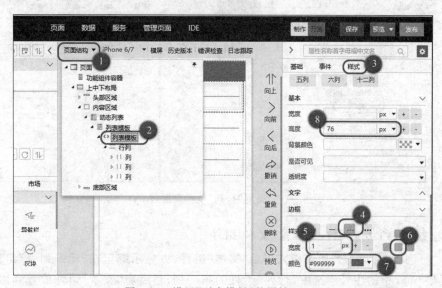

图4-24　设置"列表模板"的属性（App）

9. 引入"行列"组件到动态列表

在"动态列表"组件的"列表模板"引入"行列"组件，将其划分为3个区域，如图4-25所示。

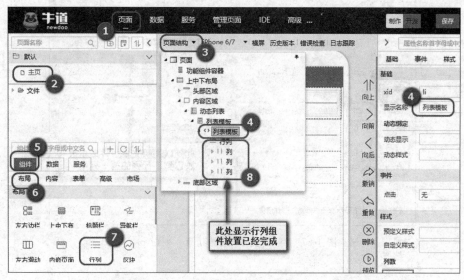

图4-25　引入"行列"组件到"列表模板"中（App）

从打开的页面结构中选中刚放入的"行列"组件,设置高度为100%,使其充满"列表模板"的高度。设置过程如图4-26所示。

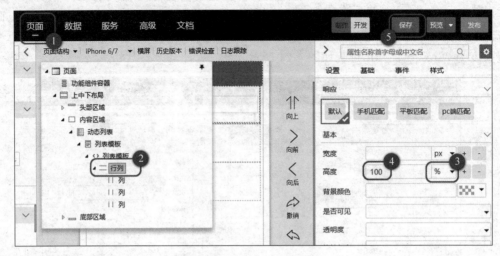

图4-26　设置"行列"组件高度(App)

10. 给"行列"组件第一列放置"文本"组件

在"行列"组件第一列中需引入1个"文本"组件,以显示绑定在"动态列表"组件的动态数据集 mp3 中的序号。选中"行列"组件的第一列,然后将"文本"组件放置到该列中,如图4-27所示。

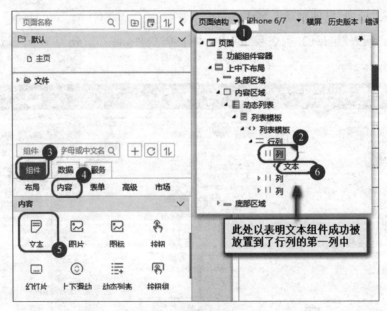

图4-27　引入"文本"组件到第一列(App)

11. 设置第一列"文本"组件及所在列的属性

选中刚引入的"文本"组件,设置文字样式为加粗,大小为 20px,颜色为＃000000,如图 4-28 所示。

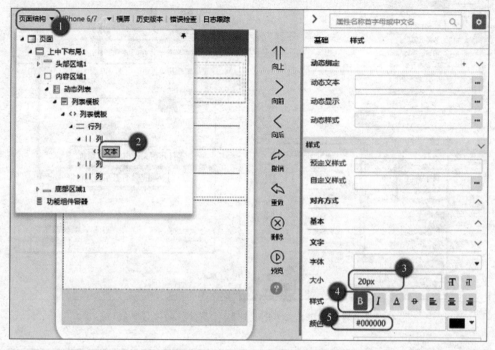

图 4-28　设置"文本"组件的属性(App)

将该"文本"组件的"动态文本"与"动态列表"组件当前行的序号绑定(注:在此操作前,"动态列表"组件已与动态数据集 mp3 绑定),这样该"文本"组件就与动态数据集 mp3 逐条记录中序号字段的数据建立起一对一的关联。在 App 运行显示页面的过程中,"文本"组件将依次从动态数据集 mp3 的各条记录中取出序号字段的数据进行显示。

在页面制作时,选择第一列中的"文本"组件,单击属性栏中"动态文本"右侧的选择按钮,在弹出的"属性编辑-动态文本"对话框中,单击"文本为"右侧的按钮"…",在新弹出的对话框中,双击"mp3(list 当前行)"中"序号",再依次单击两个对话框的确定按钮,完成该"文本"组件绑定 list 当前行数据的操作过程,如图 4-29 所示。

再次选中该文本所在列(第一列),设置"自动列宽"以便使该列的列宽匹配其中的"文本"组件宽度。设置列的垂直对齐为"居中对齐",如图 4-30 所示。

12. 引入"图片"组件到"行列"组件第二列

在页面设计中,"行列"组件的第二列需要放置 1 个"图片"组件来显示封面图片文件,如图 4-31 所示。

给选中的"图片"组件的"动态 URL"绑定"mp3.封面",如图 4-32 和图 4-33 所示。

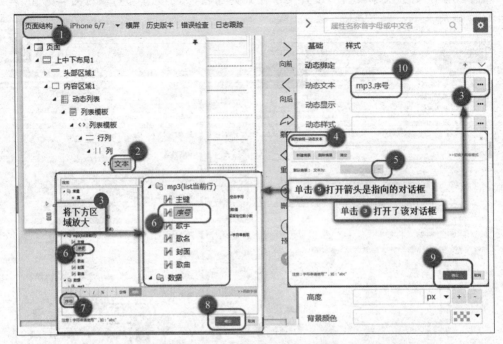

图 4-29　设置文本绑定"动态列表"组件当前行的序号字段(App)

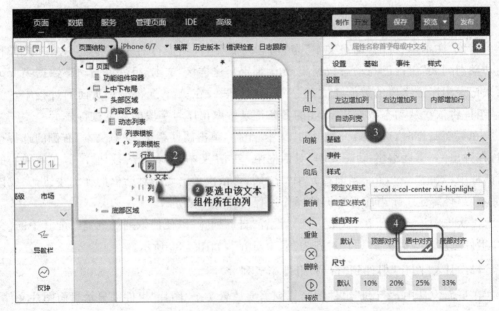

图 4-30　设置文本所在列垂直对齐和列宽(App)

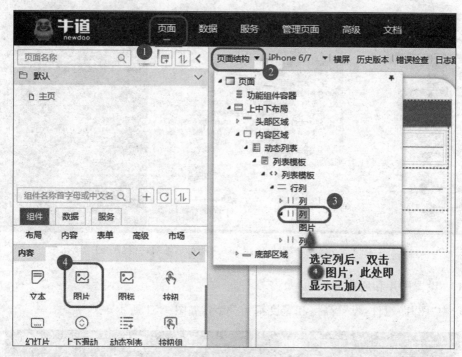

图 4-31 将"图片"组件引入"行列"组件第二列（App）

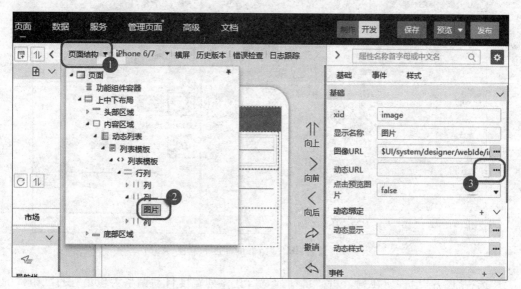

图 4-32 选中"图片"组件准备绑定数据（App）

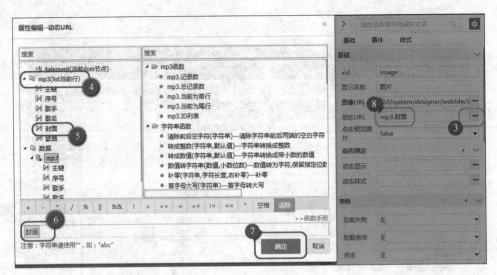

图 4-33 "图片"组件绑定 list 当前行数据对话框（App）

13. 设置图片和所在列属性

选中"图片"组件，设置高度和宽度都为 70px，如图 4-34 所示。

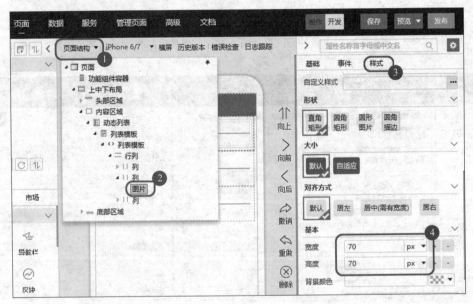

图 4-34 设置"图片"组件的高度和宽度（App）

选中"图片"组件所在列，设置"自动列宽"，让该列宽度自动调整为包裹"图片"组件的宽度，再选择垂直对齐为"居中对齐"，如图 4-35 所示。设置后的效果如图 4-36 所示。

14. 引入"区块"组件和"文本"组件到"行列"组件第三列

为了对第三列区域显示的内容进行更好的控制，在第三列需要引入"区块"组件。选中"行列"组件的第三列，在组件中找到"区块"组件并双击，在第三列区域中添加 1 个"区

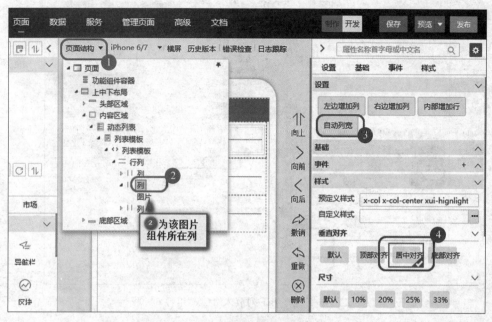

图 4-35 设置"图片"组件和对应列属性(App)

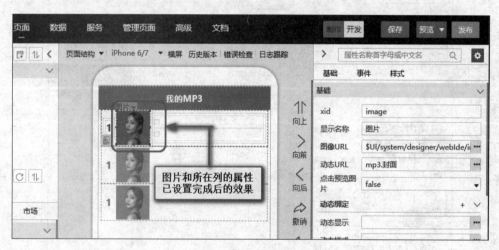

图 4-36 "图片"组件和所在列设置后的效果(App)

块"组件,如图 4-37 所示。

选中刚加入第三列中的"区块"组件,将"文本"组件放入该"区块"组件中,使"文本"组件显示歌曲名称的数据,如图 4-38 所示。

15. 在第三列中复制区块

根据设计,第三列中"区块"组件的"文本"组件中要显示歌手的姓名,可以复制、粘贴该区域中上一步完成的"区块"组件。通过复制、粘贴可以简化同类组件模块的设置过程。该操作分为以下两步。

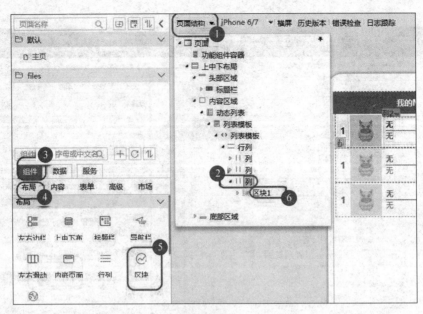

图 4-37　第三列放入"区块"组件

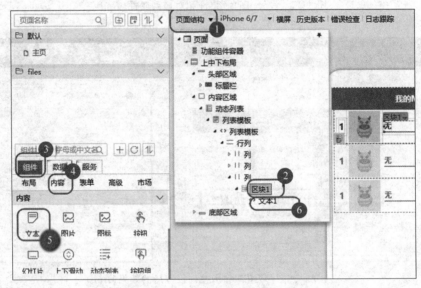

图 4-38　在第三列"区块"组件中放入"文本"组件

（1）选中第三列中的"区块"组件，右击鼠标，在快捷菜单中选择"复制"命令，将当前"区块"组件复制到系统的剪贴板中，如图 4-39 所示。

（2）选中该"区块"组件所在列（即第三列，该"区块"组件的上一级），右击鼠标，在快捷菜单中选择"粘贴"命令，将第一步已复制到系统剪贴板中的"区块"组件粘贴到第三列中，完成"区块"组件的复制过程。将第三列的垂直对齐设置为居中对齐，如图 4-40 所示。

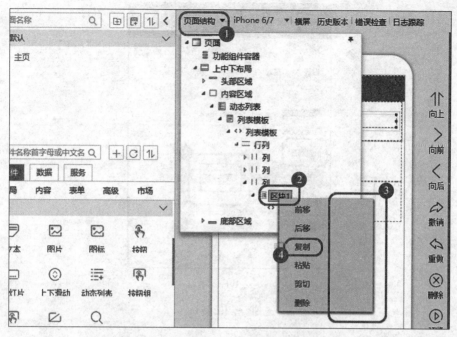

图 4-39 将选中的"区块"组件复制到剪贴板中

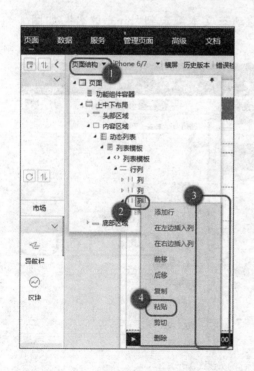

(a)

图 4-40 将剪贴板中的"区块"组件粘贴到列中(App)

(b)

图　4-40（续）

16. 设置第一个区块及其文本的属性

将第一个"区块"组件中的"文本"组件的动态文本绑定到"mp3. 歌名"，如图 4-41 所示。

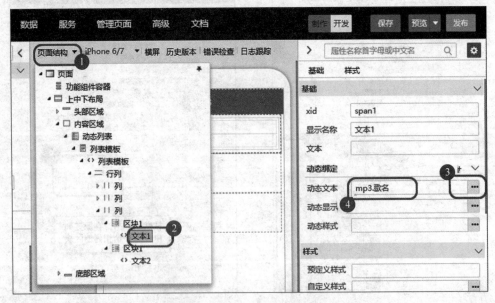

图 4-41　歌名绑定后的效果（App）

将第三列第一个"区块"组件中的"文本"组件选中，设置文字大小为 16px，样式为加粗，如图 4-42 所示。

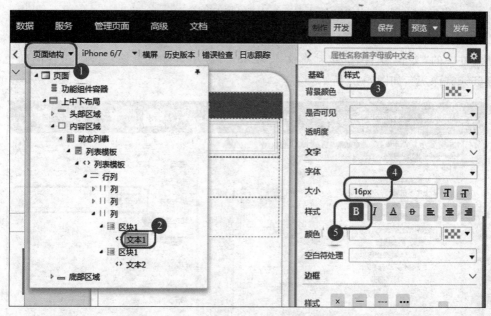

图 4-42 设置第一个"区块"组件中"文本"组件属性(App)

将上一步中"文本"组件所在的"区块"组件选中,设置边框样式为实线,加下边框,宽度为 1px,颜色默认为黑色,如图 4-43 所示。

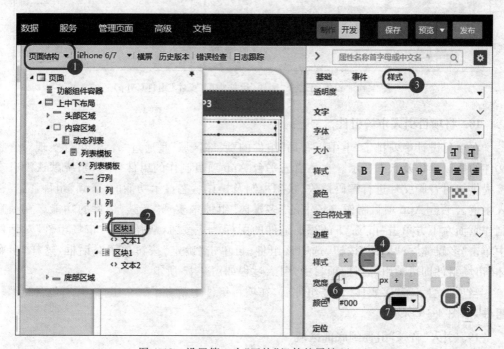

图 4-43 设置第一个"区块"组件的属性(App)

17. 设置第二个"区块"组件中的"文本"组件属性

根据设计,在第二个"区块"组件放入的"文本"组件中显示歌手姓名。选中第二个"区块"组件中的"文本"组件,绑定动态文本为"mp3.歌手",并设置该"文本"组件的颜色为#666666(深灰),如图4-44所示。

图4-44　设置第二个"区块"组件中的"文本"组件(App)

18. 将项目引入市场组件

在项目设计中安排了"上中下布局"组件的"底部区域"是通过"音频"组件实现对音频文件的播放操作及状态显示。在牛道云平台App项目制作的组件栏中,系统默认没有直接提供能对音频文件进行解码播放、状态控制及操作状态显示功能的"音频"组件,需要引入牛道云平台App项目制作市场中的"多媒体"组件来实现"音频"组件的功能。在项目制作页面左下方单击"市场"下的添加组件的图标"+"按钮,从弹出的"市场组件"对话框中单击"多媒体"→"引用"按钮,选中该组件,再单击"确定"按钮关闭对话框,这样"多媒体"市场组件即可被引入当前项目中,引入过程如图4-45所示。

当项目引入了"多媒体"市场组件后,在项目组件中就多了三个组件,其中包含"音频"组件,如图4-46所示。

19. 引入"音频"组件到底部区域

在"上中下布局"组件的"底部区域"放置音频文件播放和操作控制组件。选中"上中下布局"组件的"底部区域",双击"音频"组件,即可将"音频"组件引入"底部区域",如图4-47所示。

图 4-45 项目引入市场组件（App）

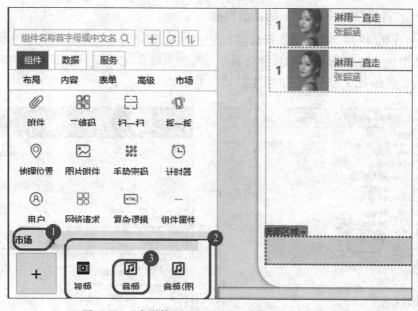

图 4-46 "多媒体"市场组件引入项目的效果（App）

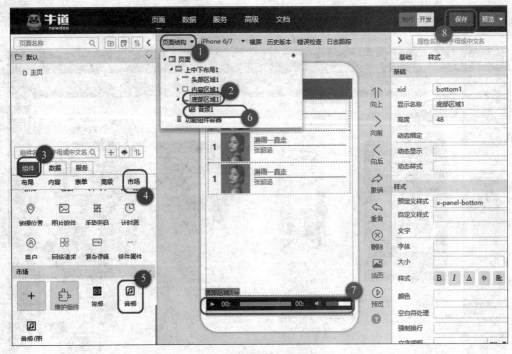

图 4-47 引入"音频"组件（App）

20.给"音频"组件绑定播放的动态资源

选中"音频"组件，设置"动态资源路径"为"mp3.歌曲"，如图 4-48 所示。"音频"组件对动态数据集 mp3 中数据读取指针的顺序会与本页面绑定了同一个 mp3 动态数据集的"动态列表"组件当前点击位置的顺序自动同步关联。在 App 运行时，当点击与"音频"组

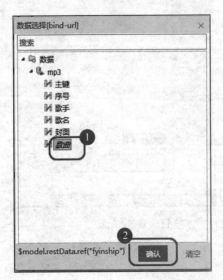

图 4-48 绑定动态资源路径到"音频"组件（App）

件同一页面且绑定了同一个 mp3 动态数据集的动态列表中的某一行时,此行数据即成为当前行,而"音频"组件根据已关联的动态列表点击的当前项顺序,同步读取并播放动态数据集"mp3.歌曲"中对应的歌曲内容。

21. 调整动态列表中音频资源列表的顺序

在预览项目时,"动态列表"组件显示的内容是按照动态数据集 mp3 的录入顺序呈现的。如果录入动态数据集数据时,第二条录入记录的序号为9,后续其余记录按序号顺序录入至最后,则预览显示的结果如图 4-49 所示。

在项目制作过程中,控制动态数据集输出结果的顺序可按照资料记录中的序号或按字段进行重新排序输出。在页面制作区,选中已引入本页面的动态数据集 mp3,在打开的"数据属性设置"对话框中选择按"序号""升序"排序输出,则动态数据集排序输出设置操作完成。此时再次预览该项目即可看到按音频资料序号排序显示的效果,如图 4-50(b)所示。

图 4-49　未排序的预览效果

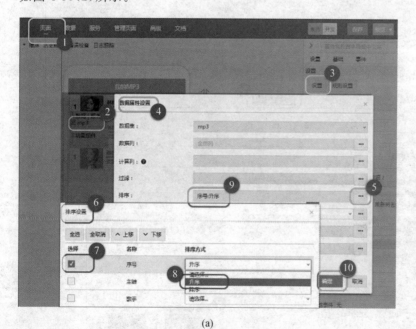

(a)

(b)

图 4-50　设置数据集输出排序和按序号排序的预览效果(App)

4.3.3 App 项目预览

根据标准的牛道云平台开发 App 预览流程预览项目,详细过程请参考实训项目 1 中的图 1-20~图 1-23,过程如下。

(1) 在牛道云平台界面直接单击右上角"预览"按钮或者模拟界面右下角的预览图标。

(2) 使用 apploader 功能扫描二维码实现手机预览。

4.3.4 App 项目发布

根据标准的牛道云平台开发 App 发布流程发布项目,详细过程请参考实训项目 1 中的图 1-24~图 1-27,过程如下。

(1) 在牛道云平台界面直接单击右上角"发布"按钮。

(2) 进入发布设置,输入发布信息,选择图标、欢迎界面。

(3) 选择数据集,如图 4-51 所示。

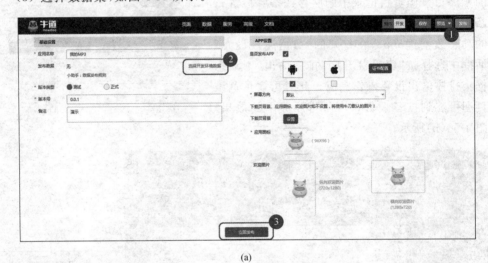

(a)

(b)

图 4-51 选择数据集(App)

（4）生成二维码，手机扫码可下载 App；或者到"高级"界面直接下载安装包。

4.4 小程序项目开发

本项目小程序应用界面与 App 基本相同，但在小程序中，标题信息利用小程序页面的"导航栏标题"来实现，所以删除"上中下布局"组件的"面板头部"。在"面板内容"区域音频资料列表区点击选择需要

实训项目 4 小程序
微课视频

播放的音乐条目，"面板底部"的音频播放区即可播放选中的音乐（需配合调用音频组件的播放操作）。此外，小程序的部分组件与 App 开发有所差异。

4.4.1 小程序设计思路

小程序开发设计思路与 App 基本一致，项目的音乐资料展示和播放预期效果如图 4-52 所示，动态数据集结构如图 4-53 所示。

图 4-52 项目预期效果（小程序）

图 4-54 所示为根据项目预期效果设计的页面结构，小程序 UI 页面结构和界面设计与 App 项目基本一致。不同的是，小程序页面使用自带"导航栏标题"设置标题内容。小程序项目中没有"区块"组件，在此用"视图"组件代替。此外，在小程序项目中也没有

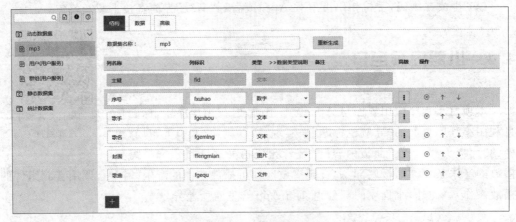

图 4-53　数据集创建预期效果(小程序)

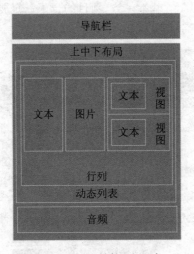

图 4-54　页面结构(小程序)

App 项目中的"多媒体"市场组件,但小程序项目自带有"音频"组件,该组件没有进度条和音量条功能,但增加了显示封面等音频资料信息的功能。UI 设计如图 4-55 所示。

4.4.2　小程序开发过程

1. 创建项目

用浏览器(推荐 Chrome、Safari)打开牛道云平台 www.newdao.org.cn,登录账户,进入"可视化开发",依次单击"我的制作"→"小程序/App/公众号"→"创建小程序",详细操作请参考实训项目 1 中的图 1-31 和图 1-32,具体输入项目信息如图 4-56 所示,进入项目制作界面,参考实训项目 1 中的图 1-34 和图 1-35。

2. 创建动态数据集 mp3 和数据,并引入项目

创建动态数据集 mp3 存储音乐资料,创建过程、引入项目与 App 开发一致,请参考图 4-14~图 4-19。

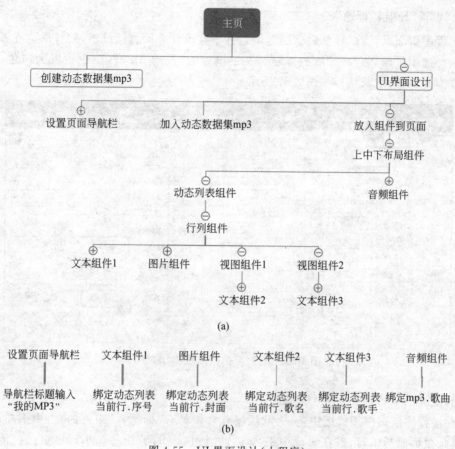

(a)

设置页面导航栏　　文本组件1　　　图片组件　　　文本组件2　　　文本组件3　　音频组件

导航栏标题输入　绑定动态列表　绑定动态列表　绑定动态列表　绑定动态列表　绑定mp3.歌曲
"我的MP3"　　　当前行.序号　　当前行.封面　　当前行.歌名　　当前行.歌手

(b)

图 4-55　UI 界面设计（小程序）

创建小程序	✕

* 项目名称：	我的MP3
* 项目标识：	mymp3 ❓
项目描述：	这是我的随声听小程序！
创建人：	
创建时间：	2018-09-17

确定　　取消

图 4-56　创建小程序

3. 设置"导航栏标题"

小程序页面默认有"导航栏标题",但是并不在设计界面直接显示,只有预览或者运行时显示。选中页面,修改"导航栏标题",文字设置为"我的 MP3",颜色设置为白色,背景色设置为♯999999(灰色),如图 4-57 所示。

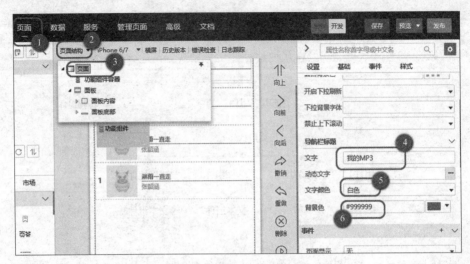

图 4-57　修改"导航栏标题"(小程序)

4. 引入"上中下布局"组件

在小程序空白应用模板中,页面默认没有自带具有"标题栏"组件的"上中下布局"组件,因此在页面制作时,需在页面中引入 1 个"上中下布局"组件。小程序页面已附带有"导航栏标题"的功能,因此删除"上中下布局"组件的"面板头部"。选中"面板头部",右击鼠标,在快捷菜单中选择"删除"命令,如图 4-58 所示。

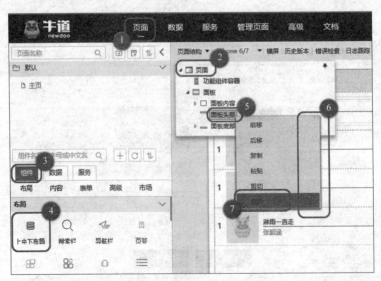

图 4-58　删除"面板头部"(小程序)

5. 设置"上中下布局"组件的面板属性

"上中下布局"组件的"面板内容"宽度自动按照所在页面宽度调整,"面板底部"的高度设定为 67px,如图 4-59 所示。

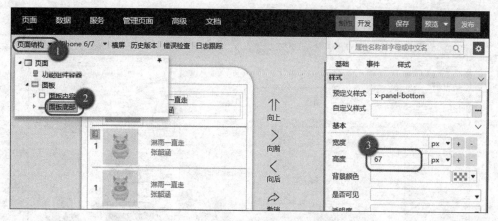

图 4-59 修改面板高度(小程序)

6. 引入"动态列表"组件

在选中的"上中下布局"组件的"面板内容"区域放入 1 个"动态列表"组件,并将该组件和动态数据集 mp3 相关联,如图 4-60 所示。"动态列表"组件与动态数据集 mp3 绑定成功后,也可通过和 App 项目制作类似的操作,查看或修改绑定的动态数据集。

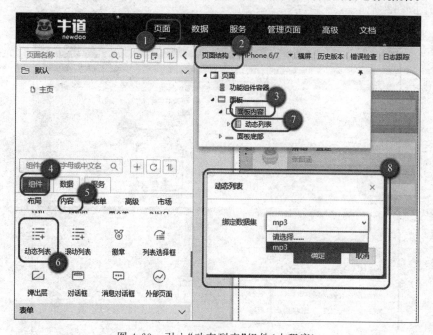

图 4-60 引入"动态列表"组件(小程序)

7. 设置"动态列表"属性

选中刚加入的"动态列表"组件,设置左、右外边距均为 10px,设置边框的样式为实线,边框宽度为 3px,颜色为#cccccc,显示下边框,如图 4-61 所示。

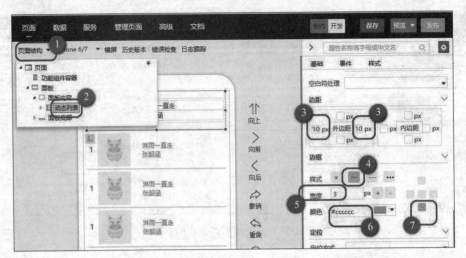

图 4-61 设置"动态列表"组件属性(小程序)

8. 引入"行列"组件到"动态列表"

选中"动态列表"组件,找到"行列"组件并双击,"行列"组件即被引入到"动态列表"组件中,如图 4-62 所示。

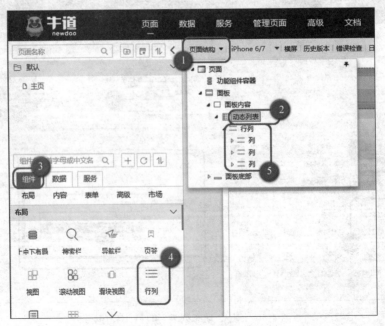

图 4-62 引入"行列"组件到"动态列表"组件(小程序)

9. 设置第一列属性

选中第一列,将其垂直对齐选择"垂直居中",在尺寸样式中选择"固定"(实现其宽度包裹文本的作用),如图4-63所示。

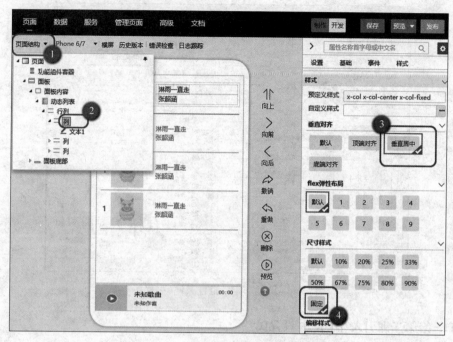

图4-63　设置第一列属性(小程序)

10. 给第一列引入"文本"组件并设置属性

选中"行列"组件第一列,找到"文本"组件并双击,即可看到"文本"组件已引入第一列中,如图4-64所示。

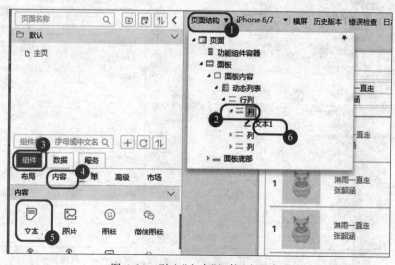

图4-64　引入"文本"组件(小程序)

选中"文本"组件,设置文字大小为 16px,文字样式加粗,动态文本为"动态列表当前行.序号",这三处设置操作与本项目 App 开发中"文本"组件的对应设置方法一致,如图 4-65所示。

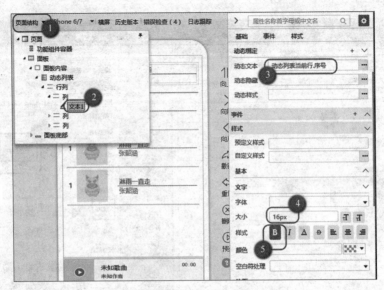

图 4-65　设置"文本"组件属性(小程序)

11. 给第二列引入"图片"并设置属性

在第二列中引入"图片"组件,将其高度和宽度均设置为 80px,"动态图片地址"设置为"动态列表当前行.封面",如图 4-66 所示。

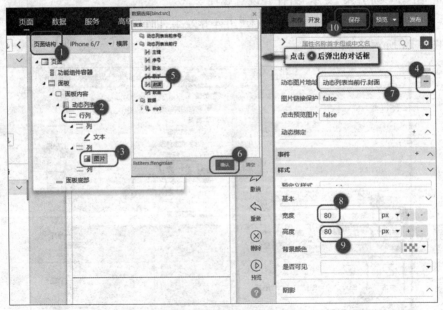

图 4-66　设置"图片"组件高度、宽度和动态图片地址(小程序)

选中"图片"组件所在的第二列,设置垂直对齐为"居中对齐",尺寸样式为"固定",如图 4-67 所示。

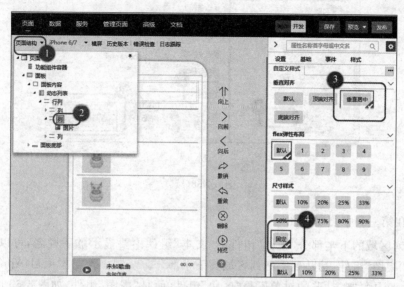

图 4-67　设置"图片"组件所在列属性(小程序)

12. 给第三列引入"视图"组件和"文本"组件

选中"行列"组件的第三列,在组件栏中找到"视图"组件并双击,在第三列区域中添加 1 个"视图"组件。选中"视图"组件,在组件栏中找到"文本"组件并双击,将其引入该"视图"组件中,使该"文本"组件显示歌曲名称的数据,如图 4-68 所示。

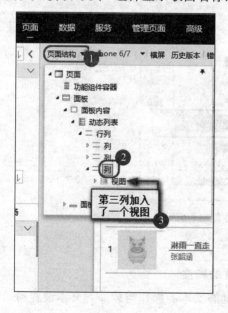

(a)

图 4-68　在第三列中引入"视图"和"文本"组件(小程序)

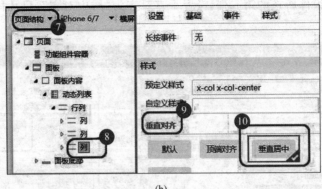

(b)

图 4-68(续)

13. 在第三列中复制视图

第三列区域的下半部分"视图"组件的"文本"组件中要显示歌手姓名,可以复制上一步完成的"视图"组件,粘贴到第三列区域的下半部分。复制操作与本项目 App 中的复制操作相同,只是复制、粘贴的对象不是"区块"组件,而是"视图"组件,如图 4-69 所示。

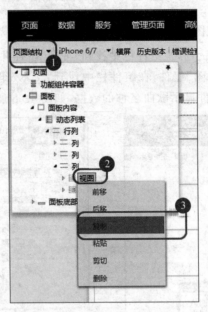

图 4-69 将选中的"视图"组件复制到剪贴板中(小程序)

"视图"组件的粘贴操作过程如图 4-70 所示。

14. 设置第一个"视图"组件及"文本"组件的属性

给第一个"视图"组件的"文本"组件设置动态文本的操作与第一列文本设置动态文本的操作一致。绑定完成后的效果如图 4-71 所示。

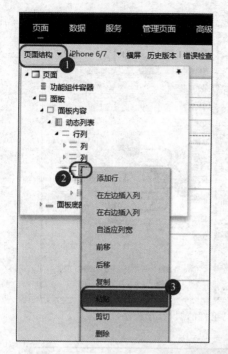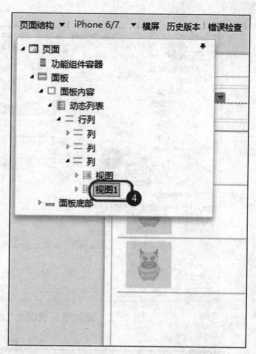

图 4-70　将剪贴板中的"视图"组件粘贴到列中(小程序)

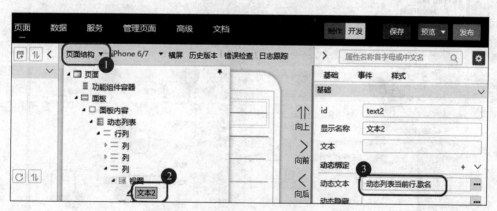

图 4-71　歌名绑定后的效果(小程序)

　　选中"文本"组件,设置文字大小为 16px,样式为加粗,颜色为♯444444,如图 4-72 所示。

　　选中"文本"组件所在的"视图"组件,设置左外边距为 15px,左内边距为 5px,边框样式为实线,宽度为 1px,颜色为♯444444,加下边框,如图 4-73 所示。

15. 设置第二个"视图"组件中的"文本"组件属性

　　在第二个"视图"组件放入的"文本"组件中需显示歌手姓名。选中该"视图"组件中的"文本"组件,绑定动态文本为"动态列表当前行.歌手",并设置该"文本"组件的文字颜色为♯444444,如图 4-74 所示。

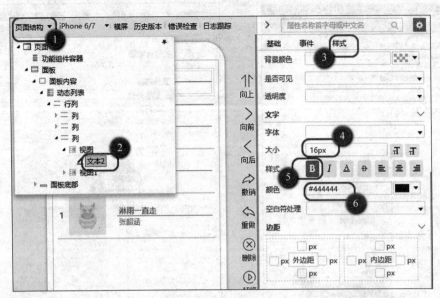

图 4-72　设置第一视图中"文本"组件的属性（小程序）

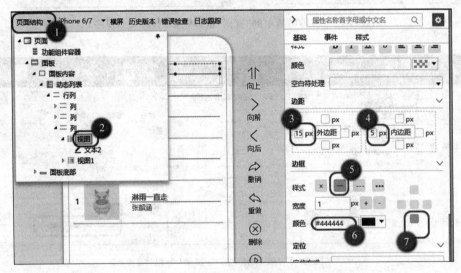

图 4-73　设置第一个"视图"组件的属性（小程序）

16. 引入"音频"组件到面板底部

　　和 App 制作不同，在小程序项目制作组件栏的高级区，已提供了"音频"组件，其资料信息显示功能比 App 项目制作市场提供的"音频"组件功能更丰富。选中"上中下布局"组件的"面板底部"，在组件栏中找到并双击"音频"组件，即可将"音频"组件引入"面板底部"区域，如图 4-75 所示。

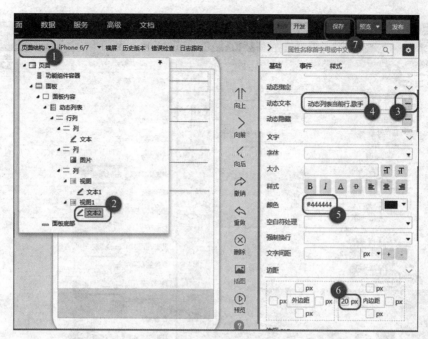

图 4-74 设置第二个"视图"组件内的"文本"组件(小程序)

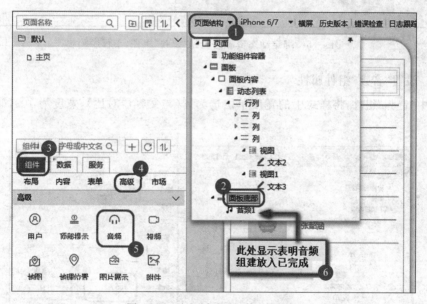

图 4-75 引入"音频"组件(小程序)

17. 给"音频"组件绑定播放的动态资源

选中"音频"组件,设置动态音频地址为"mp3.音乐",动态封面地址为"mp3.封面",动态音频名字为"mp3.歌名",动态作者名称为"mp3.歌手",如图 4-76 所示。当动态列表中的某一项被单击选中时,"音频"组件和 App 项目中的"音频"组件一样,可以同步播放和显示在动态列表绑定的动态数据集中对应的数据内容。

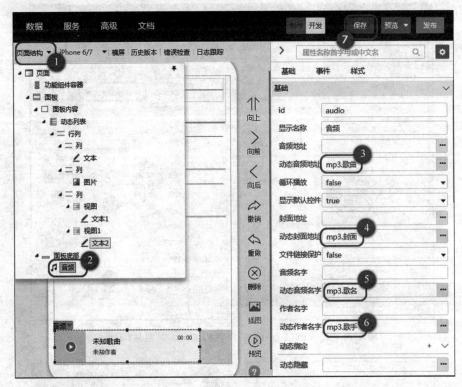

图 4-76　绑定动态资源路径到"音频"组件（小程序）

18. 设置"音频"组件属性

选中"音频"组件,将样式中的宽度单位选为%（与父容器对比）,宽度为 100,如图 4-77
所示。

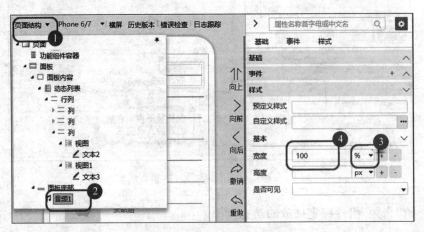

图 4-77　设置"音频"组件宽度（小程序）

19. 调整动态列表中音频资源列表的顺序

若"动态列表"组件内的音频资料需要按照资料记录中的序号或其他字段进行重新排

序输出,则需要对本项目页面引入的动态数据集的数据属性的排序进行设置,其操作过程与 App 制作相同,请参考图 4-50。

4.4.3　小程序项目预览

根据标准的牛道云平台开发小程序预览流程预览项目,详细过程请参考实训项目 1 中的图 1-39 和图 1-40,过程如下。

(1) 在牛道云平台界面直接单击右上角"预览"按钮或者模拟界面右下角的预览图标;

(2) 使用 apploader 功能扫描二维码实现手机预览。

4.4.4　小程序项目发布

按照小程序发布测试版本标准流程发布,参考实训项目 1 中的图 1-41～图 1-59,过程如下。

(1) 发布版本,选择数据集,如图 4-78 所示;

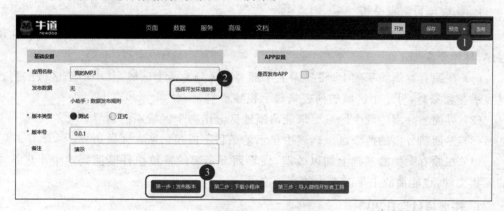

(a)

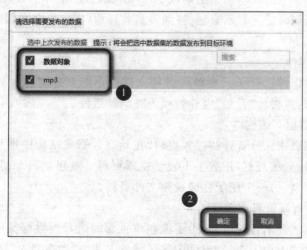

(b)

图 4-78　选择数据集(小程序)

（2）下载小程序；

（3）注册小程序；

（4）牛道云平台配置参数；

（5）微信公众平台配置服务器域名；

（6）项目代码导入微信开发者工具；

（7）牛道云平台测试环境预览；

（8）微信开发者工具"编译""预览"；

（9）微信环境下测试运行开发版时，需打开调试功能。

4.5　项目拓展：在界面上分区显示、播放音频和视频的 App 和小程序

1. 拓展项目需求分析

请设计一个可以在界面上分区显示音频和视频资料，可播放音频、视频的 App 和小程序，具体要求如下。

（1）在原有案例的基础上，将界面上半部再次区分为两个区域，其中一个区域的列表只显示音频资料，另一个区域的列表只显示视频资料；

（2）界面新分出的两个区域要求能清晰地区分出两个区域间的边界；

（3）界面新分出的两个区域列表中显示的条目不能超出所在区域边界。

（4）在原有案例的基础上加以改造，使界面下半部的播放组件既能播放上半区选中的音频文件，也能播放上半区选中的视频文件。

2. 拓展项目设计思路

原有案例是一个只能在单页面上播放一个"动态列表"组件中展现的音频文件，为了在单页面项目中能同时分区显示音频、视频资料并播放，需在原有案例的基础上加以拓展改造。设计思路如下。

1）替换播放组件

原有案例播放组件选择了只能解码音频文件而不能兼容解码视频文件的"音频"组件。在拓展项目中，需将该"音频"组件替换为"视频"组件。

2）修改动态数据集结构

为了便于在列表中区分音频和视频资料，在动态数据集结构中增加一个媒体类型的字段，用数字 0 表示音频资料，用数字 1 表示视频资料。或建立两个动态数据集，一个用于存储音频文件资料，另一个用于存储视频文件资料。

3）划分音频、视频资料列表区

原有案例只列表显示音频资料，为了能在单页面同时看到数据集中的音频和视频资料，需在原来案例的"上中下布局"组件中部区域放入两个"动态列表"组件，并在下方加上边框线进行显示分区，两个"动态列表"组件显现不同媒体的资料。

4）按资料类型输出显示资料

在拓展项目中，要求存储在同一个动态数据集中的音频资料和视频资料分别在两个"动态列表"组件中显示。在这两个区域中展现资料的"动态列表"组件利用数据集过滤的功能，分别过滤资料类型为"0"的资料内容展现在音频资料显示区，资料类型为"1"的视频资料内容展现在视频资料显示区。如果采用了将音频、视频分别存放在两个不同的动态数据集的存储方案，则在两个展现音频、视频资料的"动态列表"组件上分别绑定存储音频和视频数据的动态数据集。

5）对输出显示条目进行控制

对"动态列表"组件作适当控制，限制展现的数据条目数，防止显示内容越界。项目设计思路如图 4-79 所示。

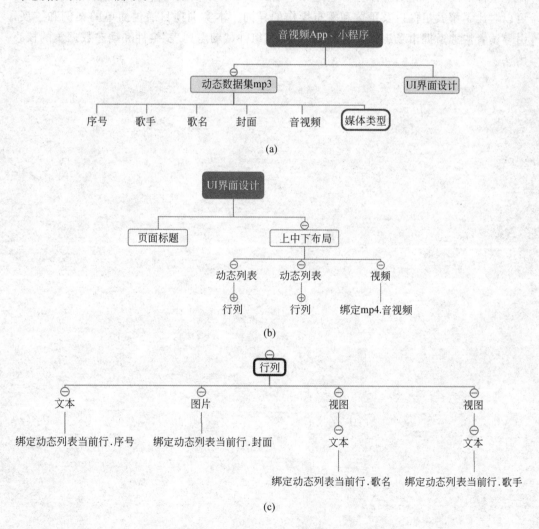

图 4-79　音视频 App 和小程序设计思路

项目小结

通过制作实训项目 4 音视频播放器,读者能够进一步理解 App 和小程序实现高效页面展示效果的 MVVM 数据驱动模式,系统掌握 App 和小程序的开发流程,进一步加深对数据集的理解,掌握动态数据集的创建和应用。掌握"上中下布局""动态列表""视图""区块""音频""视频"等常用组件的功能和市场组件的引用。熟悉这些组件属性中有关基础属性、事件和样式属性的含义,掌握这些组件常用属性的功能和配置方法以及在页面制作中组件的复制和粘贴等操作。通过在牛道云平台分别实现 App 和小程序项目的制作,可以对比了解其组件以及预览和发布操作的异同。本实训项目通过简单的案例和扩展,引导读者快速掌握市场组件、"音频"和"视频"组件、"动态列表"组件和动态数据集的核心用法。

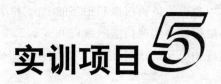

实训项目 5

扫码我也会——条码扫描和拍照

【学习目标】

（1）了解 Cordova 及混合 App 开发调用硬件的机制。

（2）熟练掌握"二维码"组件、"扫一扫"组件、"附件"组件等高级组件的应用方法。

（3）掌握常用事件设置方法及"拍照"相关事件。

学习路径

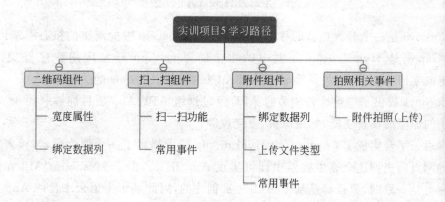

项目描述

移动互联网时代，二维条码（二维码）已经是生活中不可或缺的元素，地铁扫码出行、商超扫码购物、医院扫码缴费查询报告、餐厅扫码点餐等应用场景层出不穷。二维码应用的技术是通过使用手机的摄像头进行二维码扫描，扫描后再进行识别处理。

本项目设计条码扫描和拍照的 App 和小程序。首先根据用户输入文本生成二维码，应用手机摄像头实现扫描二维码并显示二维码信息的功能，然后应用手机摄像头的拍照功能实现拍照预览，带领读者体验操作手机硬件的便捷。

5.1　Cordova 简介

要想操作手机摄像头，就需要和手机硬件打交道，原生应用 Native App 开发通过调用手机提供的原生 API 实现打开摄像头的功能；而牛道云平台则是采用混合模式移动应用 Hybrid App 开发，通过 Cordova 插件使用 JavaScript 访问原生 API。混合模式移动应用 Hybrid App 开发包括 Web View 和 Cordova 插件两个部分，如图 5-1 所示。Web View 用于展现前端页面，Cordova 插件用于调用设备硬件。

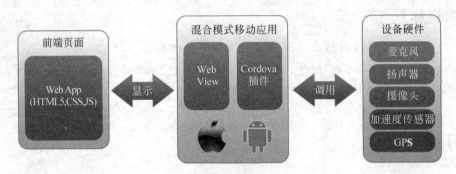

图 5-1　牛道云 Hybrid App 开发模式

Cordova 是一个开源免费的移动框架，是从 PhoneGap 中抽离出的核心引擎代码，而 PhoneGap 则是 Hybrid App 开发中的主流跨平台 App 开发应用程序框架，因此，Cordova 与 PhoneGap 的关系类似于 WebKit 和 GoogleChrome 的关系。

Cordova 提供了一组设备相关的 API，通过这组 API，App 项目能够利用 JavaScript 技术访问原生的设备功能，如摄像头、麦克风等。

牛道云平台集成了 Cordova，为 Hybrid App 开发提供了一个原生容器，读者只需将自己的网页内嵌到这个原生容器中即可实现 App 开发。由于 JavaScript API 在多个设备平台上是一致的，而且都是基于 Web 标准创建的，因此基于牛道云平台的 App 开发既实现了设备硬件的调用，又实现了跨平台的可移植性。牛道云平台已经通过高级组件的形式提供了大量封装好的 Cordova 插件，包括照相机、二维码扫描、蓝牙等本地设备类，以及地理位置类等。

小程序开发中的硬件接口访问功能，是通过调用微信小程序原生 API 实现的。牛道云平台将微信小程序原生 API 封装成为高级组件，读者只需使用相关组件，并根据应用需求设置属性和事件即可。

5.2　组件

5.2.1　"二维码"组件

"二维码"组件是将一段文字转换成二维码显示。例如，"牛道云开发"这 5 个字对应的二维码如图 5-2 所示。

"二维码"组件提供了 3 个基础属性。

（1）绑定数据列：将数据列中的文本信息转换成二维码。

（2）高度：设置二维码显示的高度。

（3）宽度：设置二维码显示的宽度。

图 5-2　"二维码"组件

5.2.2　"扫一扫"组件

"扫一扫"组件扫描二维码，显示二维码中的内容。在浏览器中不能体验扫一扫功能，需下载安装 App 或使用手机扫描微信开发者工具的预览二维码，在手机中运行时才能体验。

1. 操作

"扫一扫"组件提供了 1 种操作。

扫一扫：调用后，开启摄像头进行扫码。

2. 事件

"扫一扫"组件提供了 3 个事件。

（1）成功：扫码成功后触发，事件参数"扫码成功信息.所扫码的内容"即为二维码包括的内容。

（2）失败：扫码失败后触发，从事件参数"扫码失败信息.失败信息"中获取失败信息。

（3）完成：扫码后触发。

5.2.3　"附件"组件

"附件"组件用于上传图片、录音或视频。可以设置为只能上传一张图片，如图 5-3（a）所示；也可以设置为能上传多张图片，如图 5-3（b）所示。

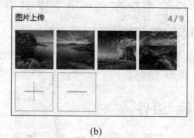

（a）　　　　　　　　　　（b）

图 5-3　"附件"组件

1. 基础属性

"附件"组件提供了 9 项基础属性。

(1) 绑定数据列：设置"附件"组件和数据集中某列的绑定关系。绑定后，"附件"组件显示数据集中某列中的图片、录音或视频。同时，用户上传的文件会存储到数据集的某列中。

(2) 文件总数：设置允许上传和显示的文件个数。设置为 1 时，只能上传或显示 1 张图片、录音或视频。默认为 9。

(3) 可上传视频数：设置可以上传的视频文件的数量。

(4) 可上传录音数：设置可以上传的录音文件的数量。

(5) 大图模式：一行显示两张图片。

(6) 只读：不能上传文件，只用作显示。

(7) 显示标题：设置是否显示"图片上传"区域。

(8) 显示边框：设置是否显示上下两条边框线。

(9) 图片链接保护：可防止图片被盗用。图片链接保护后，图片 URL 有效期为 7 天。

2. 事件

"附件"组件提供了 1 个事件。

点击附件：点击图片时触发。

3. 样式

"附件"组件提供了 1 个特有样式。

预定义图片样式：用于设置"附件"组件中图片的显示方式。关于预定义图片样式的具体说明参见实训项目 3 的"图片"组件介绍。

5.2.4 小程序"滚动列表"组件

"滚动列表"组件是滚动视图和动态列表的组合，用于实现横向列表或纵向列表。作为纵向列表，常用于局部动态加载数据的场景，当动态列表无法触发页面底部加载数据时，就需要使用"滚动列表"组件。在项目拓展中将会用到该组件。

1. 横向列表的配置方法

设置"滚动视图"组件的"横向滚动"属性为 true。

2. 纵向列表的配置方法

设置"滚动列表"的"高度"属性为 100%；设置"滚动视图"组件的"纵向滚动"属性为 true，"高度"属性为 100%。

5.2.5 "图标"组件

"图标"组件用于展示字体图标，字体图标是矢量图标，即放大或缩小时都不失真。之所以被称为字体图标，是因为其用法和字体一样，通过设置字体大小和颜色调整图标的样式。与字体一样,图标是单色的,"图标"组件的运行效果如图 5-4 所示。在项目拓展中可使用"删除"图标实现相应功能。

图 5-4　"图标"组件

1. 事件

"图标"组件提供了 1 个事件。

点击事件:在点击"图标"组件时触发。

2. 样式

"图标"组件提供了 2 个特有样式。

图标和图标样式:图标就是选择一个系统提供的图标,系统提供了几百个图标,可以单击"…"按钮打开"选择图标对话框",如图 5-5 所示。图标样式就是设置图标的大小和颜色。

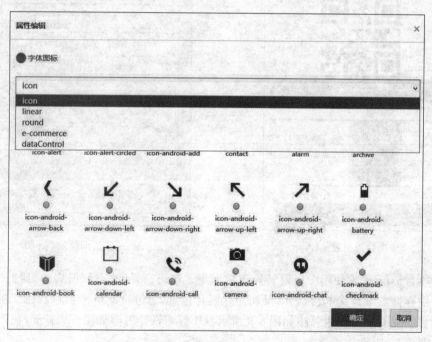

图 5-5　选择图标对话框

5.3　App 项目开发

实训项目 5 App
开发微课视频

本项目 App 应用分为三个功能模块,分别是生成二维码、扫一扫和拍照。用户在输入框输入一组文本后,即可在下方区域生成二维码；按下"扫一扫"按钮调用摄像头进入扫一扫界面，对准二维码区域扫描，从而获取并显示二维码对应的字符信息；拍照是调用摄像头的另一个常见应用，点击"拍照"按钮，调用摄像头拍照并在上方区域实现预览功能。

5.3.1 App 设计思路

本项目为单页面 App，页面应用"二维码"组件、"扫一扫"组件实现生成二维码和扫描条码的功能。调用摄像头的拍照功能后即可在"附件"组件预览照片。实现项目预期效果如图 5-6 所示。

图 5-7 所示为根据项目预期效果设计的页面结构，主要由"区块"组件、"标签＋输入框"组件、"二维码"组件、"标签＋显示框"组件、"附件"组件、2 个"按钮"组件以及功能组件"扫一扫"组件组成。

图 5-6　项目预期效果（App）

图 5-7　页面结构（App）

本项目 App 开发使用"二维码"静态数据集、"扫码结果"静态数据集和"照片"动态数据集分别存储二维码文本、扫码结果和照片图片信息，通过页面组件和"扫一扫"功能组件实现项目功能。项目创建思路如图 5-8 所示，UI 界面设计思路如图 5-9 所示，数据集创建过程如图 5-10 所示。

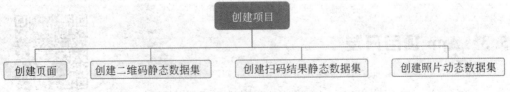

图 5-8　创建项目（App）

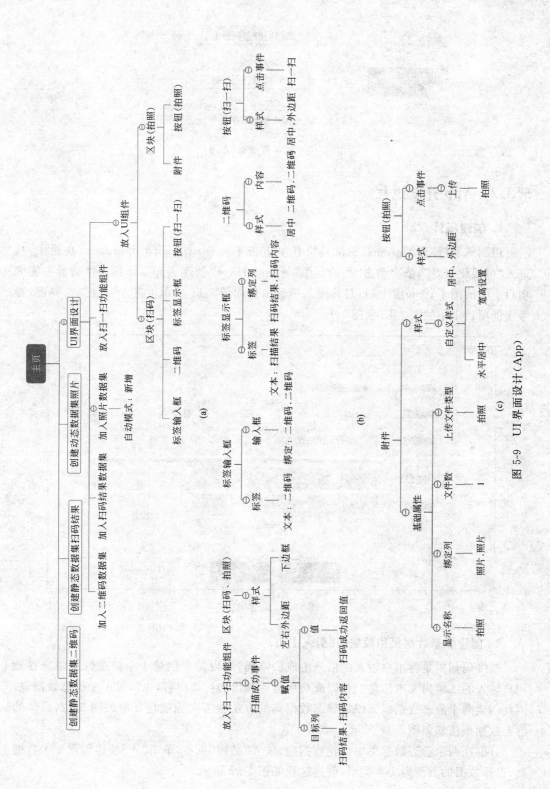

图 5-9　UI 界面设计（App）

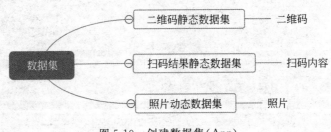

图 5-10　创建数据集（App）

5.3.2　App 开发过程

1. 创建项目

用浏览器（推荐 Chrome、Safari）打开牛道云平台 www. newdao. org. cn，登录账户，进入"可视化开发"，依次单击"我的制作"→App/H5→"创建 App"，详细操作请参考实训项目 1 中的图 1-10 和图 1-11，具体输入项目信息如图 5-11 所示。进入项目制作界面，参考实训项目 1 中的图 1-13 和图 1-14。

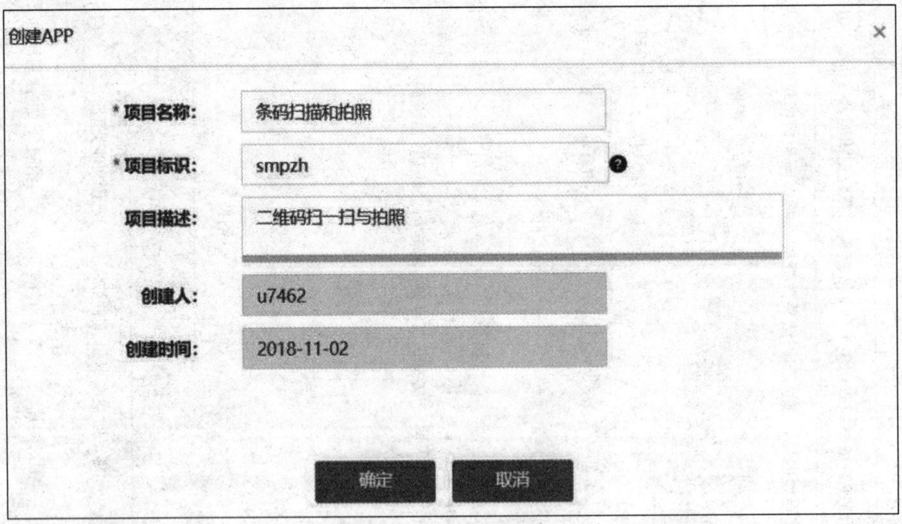

图 5-11　创建 App

2. 创建静态数据集和数据，并引入主页

二维码扫描是将用户输入的信息生成二维码，所以需要创建 1 个静态数据集来存储用户输入的二维码文本信息。扫码成功后显示输出的扫码内容，也需要 1 个静态数据集，因此创建两个静态数据集。添加静态数据集的方法参考实训项目 3 中的图 3-12，具体的静态数据集信息如图 5-12 所示。

分别在两个静态数据集中创建数据列，进入"结构"页签，单击"＋"按钮创建 1 个数据列，选择数据的类型为文本类型，创建过程如图 5-13 所示。

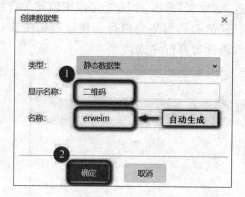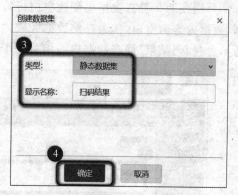

图 5-12 输入静态数据集信息(App)

图 5-13 创建静态数据集数据列(App)

分别在两个静态数据集创建空白行数据,进入"数据"页签,单击"＋"按钮创建1行数据,数据内容为空白,作为存储数据区域,"二维码"静态数据集空白行创建过程如图5-14所示。"扫码结果"静态数据集的相关操作类似,请读者自行完成。

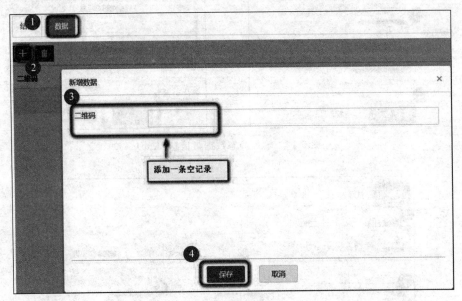

图 5-14　在静态数据集添加 1 条空记录(App)

返回项目"页面",分别将"二维码"静态数据集和"扫码结果"静态数据集引入项目主页中,如图5-15所示。

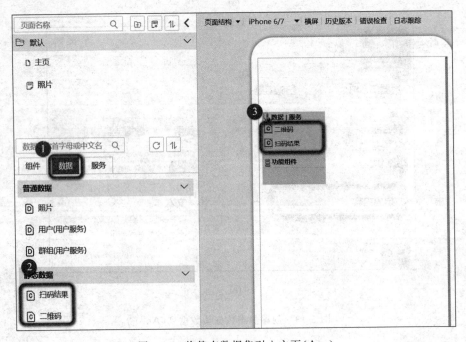

图 5-15　将静态数据集引入主页(App)

3. 创建动态数据集和数据，并引入主页

App 开发实现照片的查看功能，需要将照片存储在后台数据库中，因此创建 1 个动态数据集来存储照片。创建和添加动态数据集的方法参考实训项目 4 中的图 4-14，具体的动态数据集信息如图 5-16 所示。

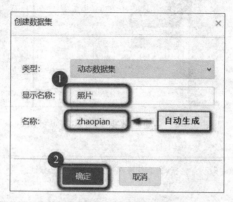

图 5-16　输入动态数据集信息（App）

在照片动态数据集中创建照片数据列。进入"结构"页面，单击"＋"按钮创建 1 个数据列，选择数据的类型为图片类型，如图 5-17 所示。

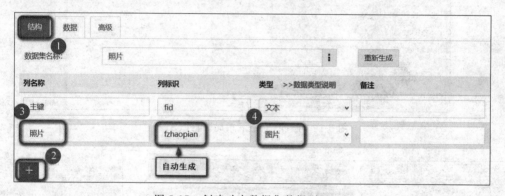

图 5-17　创建动态数据集数据列（App）

返回项目"页面"，将"照片"动态数据集引入项目主页中。此处注意需将"照片"动态数据集设置为"新增"模式，以实现拍照时新增照片数据的功能，如图 5-18 所示。

4. 构建页面框架"区块（扫码）"组件

App 开发时主页自带"上中下布局"组件，而本项目的主页页面采用"区块"组件作为多个组件的容器。

首先删除"上中下布局"组件，如图 5-19 所示，然后放入"区块"组件以实现自定义布局，设置显示名称为"扫码"。为达到较好的布局效果，需要设置"区块"组件的左、右外边距为 12px，设置下边框，如图 5-20 所示。

5. 引入"标签＋输入框"组件

在"区块（扫码）"组件内引入 1 个"标签＋输入框"组件，作为输入二维码文本信息的

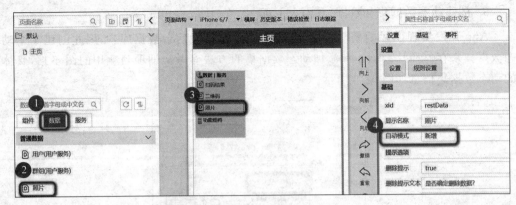

图 5-18　将动态数据集引入主页（App）

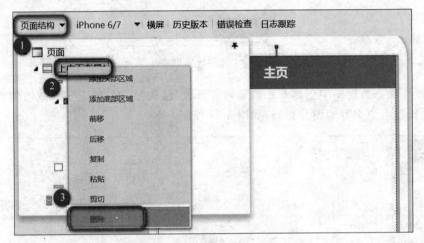

图 5-19　删除"上中下布局"组件（App）

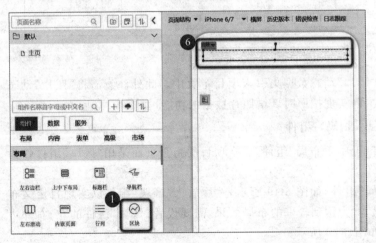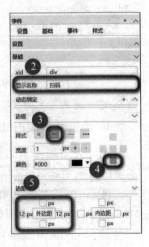

图 5-20　引入"区块"组件（App）

窗口,修改组件属性,标签文本设置为"二维码:",如图 5-21 所示。另外,需要将输入框绑定数据"二维码.二维码",如图 5-22 所示。

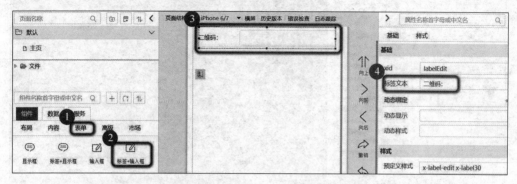

图 5-21　引入"标签＋输入框"组件(App)

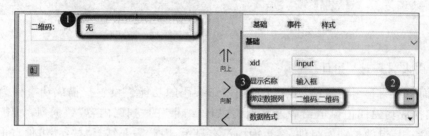

图 5-22　"标签＋输入框"组件输入框绑定数据(App)

6. 引入"二维码"组件

在"标签＋输入框"组件下方引入"二维码"组件,用于显示生成的二维码。修改组件属性为"居中"的方式,如图 5-23 所示。输入框的输入文本已经保存在"二维码"静态数据集内,因此需要绑定"二维码"组件的内容为数据"二维码.二维码",向输入框输入文本,光标离开输入框后,即可在"二维码"组件中生成二维码,如图 5-24 所示。

图 5-23　引入"二维码"组件(App)

图 5-24　绑定"二维码"组件显示内容（App）

7. 引入"扫一扫"组件

页面引入"扫一扫"组件，用于实现扫描二维码的功能。设置扫描成功事件为赋值操作，将扫描成功返回值赋值给静态数据集"扫码结果"的"扫码内容"数据列，如图 5-25 所示。"扫一扫"组件是功能组件，在页面中没有显示，因此需要结合"按钮"组件点击事件来调用"扫一扫"的功能。

图 5-25　引入"扫一扫"组件（App）

8. 引入"按钮（扫一扫）"组件

在"显示框"组件下方引入"按钮"组件，设置文本属性为"扫一扫"，对齐方式为"居中"，选择合适的标识，设置点击事件为手机功能"扫一扫"，如图 5-26 所示。

9. 引入"标签＋显示框"组件

页面引入"标签＋显示框"组件，用来显示扫描二维码的结果。设置标签文本为"扫描结果："，显示框绑定"扫码结果"静态数据集，如图 5-27 所示。

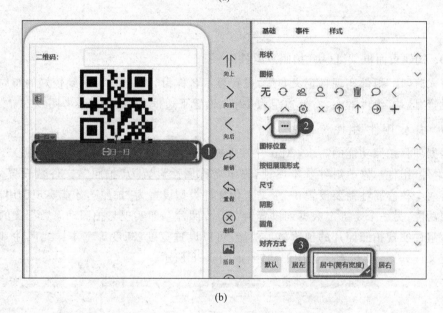

图 5-26 引入"按钮(扫一扫)"组件(App)

图 5-27 引入"显示框"组件(App)

(b)

图　5-27(续)

10. 构建页面框架"区块(拍照)"组件

引入"区块"组件实现自定义布局,设置显示名称为"拍照"。为达到较好的布局效果,需要设置"区块"组件的左、右外边距为 12px,设置下边框,设置过程参考图 5-20。

11. 引入"附件"组件

根据项目拍照功能的需求,App 开发中要使用"附件"组件,在"区块(拍照)"组件里引入"附件"组件。修改组件基本属性,显示名称属性设置为"拍照",文件数设置为"1"。另外有两个核心属性需要设置,一个是上传文件类型设置为"拍照",才能实现调用摄像头的拍照功能;另一个是绑定数据列设置为"照片.照片",即实现与拍照动态数据集的绑定。"附件"组件实现拍照照片的预览显示功能,可以设置宽度、高度等基本样式属性,以及通过自定义样式 c-1 实现水平居中的功能,如图 5-28 所示。

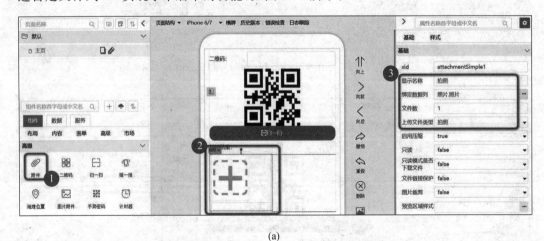

(a)

图 5-28　引入"附件"组件(App)

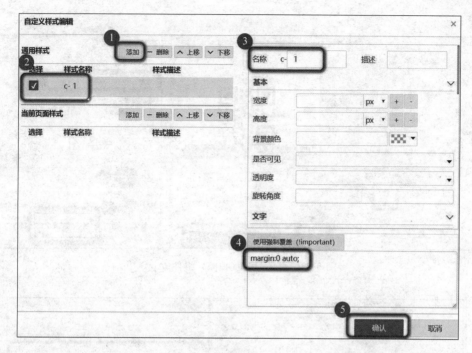

(b)

(c)

图 5-28(续)

12. 引入"按钮（拍照）"组件

在"附件"组件下方引入"按钮"组件，实现拍照功能。修改"按钮"组件属性，设置文本属性为"拍照"，设置对齐方式和图标，如图 5-29 所示。

拍照功能通过设置拍照"按钮"组件的点击事件来实现，如图 5-30 所示。摄像头拍照功能需要执行"附件-上传"操作来实现，拍照后即可在"附件"组件中预览照片。

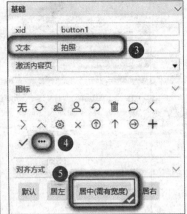

图 5-29 引入"按钮(拍照)"组件(App)

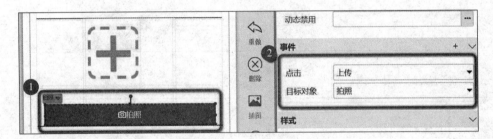

图 5-30 "按钮(拍照)"组件事件的设置(App)

5.3.3 App 项目预览

根据标准的牛道云平台开发 App 预览流程预览项目,详细过程请参考实训项目 1 中的图 1-20~图 1-23,过程如下。

(1) 本项目由于调用手机硬件资源,所以不支持在牛道云平台界面直接进行页面预览;

(2) 使用 apploader 功能扫描二维码实现手机预览。

5.3.4 App 项目发布

根据标准的牛道云平台开发 App 发布流程发布项目,详细过程请参考实训项目 1 中的图 1-24~图 1-27,过程如下。

(1) 在牛道云平台界面直接单击右上角的"发布"按钮。

(2) 进入发布设置,输入发布信息,选择图标、欢迎界面。

(3) 选择发布的数据集,参考图 4-52。

(4) 生成二维码,手机扫码可下载 App;或者到"高级"界面直接下载安装包。

5.4　小程序项目开发

本项目小程序应用功能与 App 基本相同，但小程序开发与 App 开发在"附件"组件应用方面存在一些差异。

5.4.1　小程序设计思路

小程序开发思路基本与 App 一致，项目预期效果如图 5-31 所示。

图 5-32 所示为根据项目预期效果设计的页面结构，与 App 页面结构相比更为简洁，主页用"视图"组件代替"区块"组件，用"显示提示框"代替"显示框"组件。

和 App 的"区块"组件等效的是小程序的"视图"组件，因此主页面 UI 设计整体框图用"视图"组件代替"区块"组件。小程序提供了"显示提示框"操作，可用于在"扫一扫"组件扫描成功后的消息提示，因此用"显示提示框"代替"显示框"组件。另外小程序开发中"附件"的基础属性设置和拍照功能与 App 开发有细微差别，小程序的 UI 设计如图 5-33 所示。

数据集的设计思路也与 App 开发一致，因为小程序提供了扫一扫成功后的消息提示功能，所以无须创建"扫码结果"静态数据集，参考图 5-10 创建"二维码"静态数据集和"照片"动态数据集即可。

图 5-31　项目预期效果（小程序）

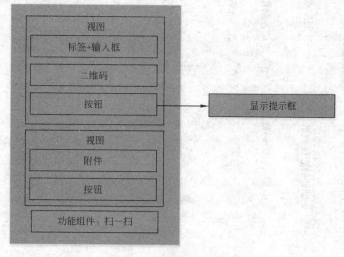

图 5-32　页面结构（小程序）

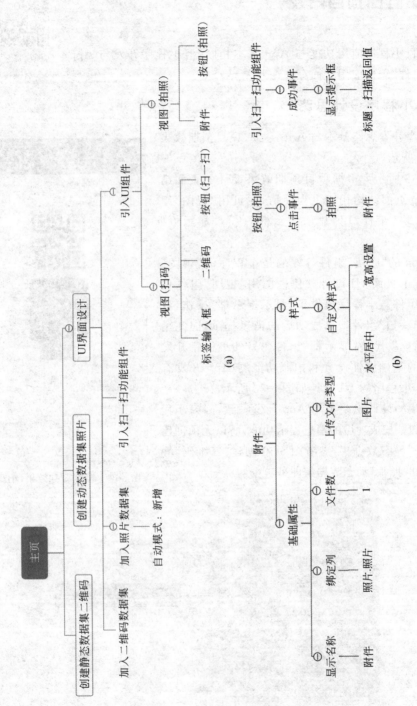

图 5-33　UI 界面设计(小程序)

5.4.2　小程序开发过程

1. 创建项目

用浏览器(推荐 Chrome、Safari)打开牛道云平台 www.newdao.org.cn,登录账户,进入"可视化开发",依次单击"我的制作"→"小程序/App/公众号"→"创建小程序",详细操作请参考实训项目 1 中的图 1-31 和图 1-32,具体输入项目信息如图 5-34 所示,进入项目制作界面,参考实训项目 1 中的图 1-34 和图 1-35。

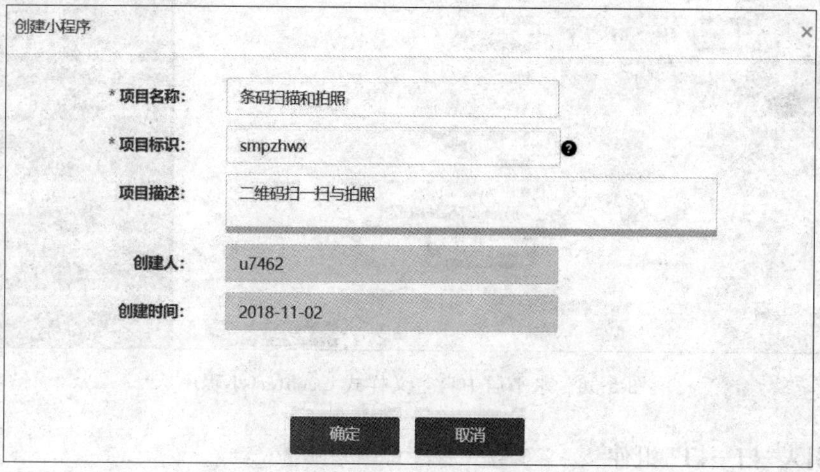

图 5-34　创建小程序

2. 创建静态数据集和数据,并引入主页

小程序中只需要创建"二维码"静态数据集存储二维码的文本信息,无须创建"扫码结果"数据集,创建过程、引入项目与 App 开发一致,请参考图 5-12~图 5-15。

3. 创建动态数据集和数据,并引入主页

创建"照片"动态数据集存储拍照图片信息,创建过程与 App 开发基本一致,参考图 5-16~图 5-18。注意照片数据集引入主页时,设置自动模式为"自动新增",允许无数据为 true,如图 5-35 所示。

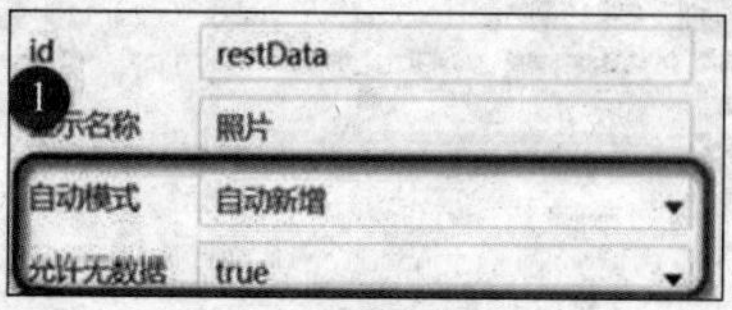

图 5-35　引入照片数据集(小程序)

4. 构建页面框架"视图(扫码)"组件

引入"视图"组件以实现自定义布局,设置显示名称为"扫码"。为达到较好的布局效果,需要设置"区块"组件的左、右外边距为 12px,设置下边框,设置参考图 5-20。

5. 引入"标签+输入框"组件

在"视图(扫码)"组件内对"标签+输入框"组件的创建过程、数据绑定与 App 开发基本一致,参考图 5-21 和图 5-22。此处注意,要修改的是标签的内容属性。

6. 引入"二维码"组件

"二维码"组件创建过程、数据内容绑定与 App 开发基本一致,参考图 5-23 和图 5-24。小程序"二维码"组件没有提供居中样式,水平居中的功能需要通过添加自定义样式 c-center 来实现,如图 5-36 所示。

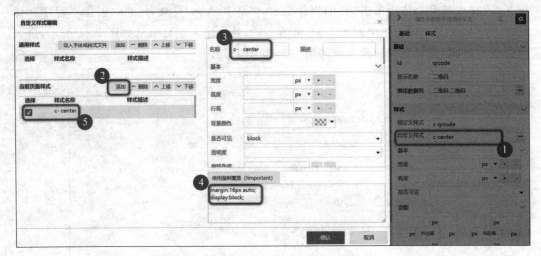

图 5-36　水平居中自定义样式 c-center(小程序)

7. 引入"扫一扫"组件

"扫一扫"组件的创建过程与 App 开发略有差异,可以直接设置"扫一扫"组件的成功事件为"显示提示框"操作,如图 5-37 所示。

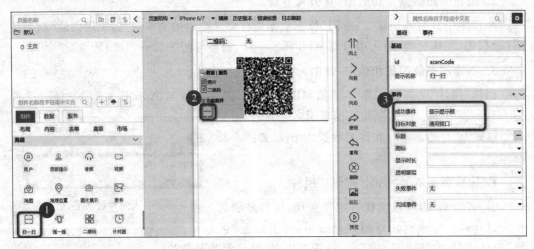

(a)

图 5-37　引入"扫一扫"组件(小程序)

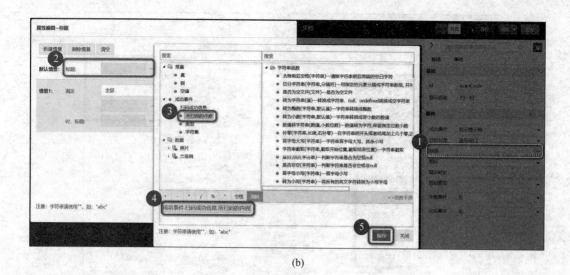

(b)

图 5-37(续)

8. 引入"按钮(扫一扫)"组件

"按钮(扫一扫)"组件的创建过程与 App 开发基本一致,按钮可采用默认样式,参考图 5-26。"按钮"组件点击事件的参数设置有部分差异,如图 5-38 所示。

图 5-38 "按钮(扫一扫)"组件属性与事件的设置(小程序)

9. 构建页面框架"视图(拍照)"组件

引入"视图"组件以实现自定义布局,设置显示名称为"拍照"。为达到较好的布局效果,需要设置"区块"组件的左、右外边距为 12px,设置下边框,设置过程参考图 5-20。

10. 引入"附件"组件

"附件"组件的创建过程与 App 开发基本一致,采用默认布局,参考图 5-28。注意,小程序开发中"附件"组件的基本属性略有差异,如图 5-39 所示。另外,水平居中可以使用图 5-36 的自定义样式 c-center 实现。

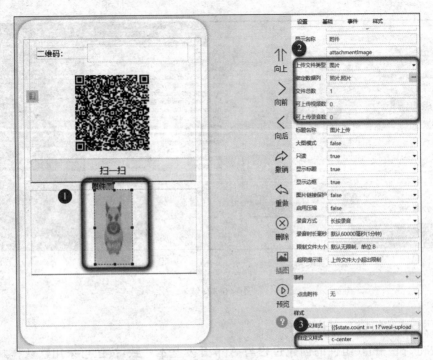

图 5-39　"附件"组件属性设置（小程序）

11. 引入"按钮（拍照）"组件

"按钮（拍照）"组件的创建过程与 App 开发基本一致，参考图 5-29，完成"按钮"组件的显示内容、外边距等基本属性的设置。

"按钮"组件更重要的操作是根据功能需求进行事件设置。由于小程序"附件"组件的拍照功能与 App 略有差异，"按钮（拍照）"组件的事件操作也有所不同，如图 5-40 所示。

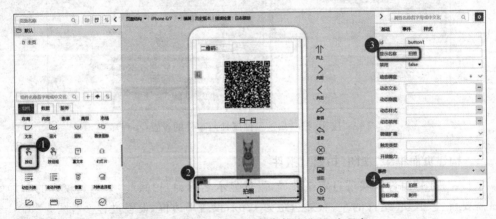

图 5-40　"按钮（拍照）"组件事件的设置（小程序）

5.4.3　小程序项目预览

根据标准的牛道云平台开发小程序预览流程预览项目，详细过程请参考实训项目 1

中的图 1-39 和图 1-40,过程如下。

(1) 本项目由于调用手机硬件资源,所以不支持在牛道云平台界面直接进行页面预览;

(2) 使用 apploader 功能扫描二维码实现手机预览。

5.4.4　小程序项目发布

按照小程序发布测试版本标准流程发布,参考实训项目 1 中的图 1-41～图 1-59,过程如下。

(1) 发布版本;

(2) 下载小程序;

(3) 注册小程序;

(4) 牛道云平台配置参数;

(5) 微信公众平台配置服务器域名;

(6) 将项目代码导入微信开发者工具;

(7) 牛道云平台测试环境预览;

(8) 微信开发者工具"编译""预览";

(9) 在微信环境下测试运行开发版时,需打开调试功能。

5.5　项目拓展:媒体信息库 App 和小程序设计

1. 拓展项目需求分析

请参考实训项目 5,充分应用摄像头的功能,完善并设计实现"媒体信息库"拓展项目,包括"照片信息库"和"视频信息库"两大功能模块,实现保存拍照和查看照片功能,以及摄像、保存视频和查看视频的拓展功能,具体要求如下。

(1) 保存照片功能:点击保存照片按钮,保存照片信息;

(2) 查看照片功能:页面下方展现照片列表信息,对于不需要的照片,可以单击右上角的"删除"图标删除;

(3) 摄像功能:点击摄像按钮,调用摄像头的视频功能,拍摄一段视频,并预览;

(4) 保存视频功能:点击保存视频按钮,保存视频信息;

(5) 查看视频功能:页面下方展现视频列表信息,对于不需要的视频,可以单击右上角的"删除"图标删除。

2. 拓展项目设计思路

媒体信息库 App、小程序设计首先延续实训项目 5 的拍照功能,完成"照片信息库"模块功能。在主页面添加保存照片按钮组件实现照片的保存功能。App 开发中,应用"动态列表"组件实现查看照片功能。小程序开发中,应用"滚动列表"组件实现动态数据加载的查看照片功能。同时可以通过"图标"组件的点击事件删除某张照片,"照片信息库"模块 App 设计思路参考图 5-41。小程序开发中,只需将查看照片功能的"动态列表"组件改为"滚动列表"组件,并在其内部集成的"动态列表"组件中完成与 App 开发中类似的操作

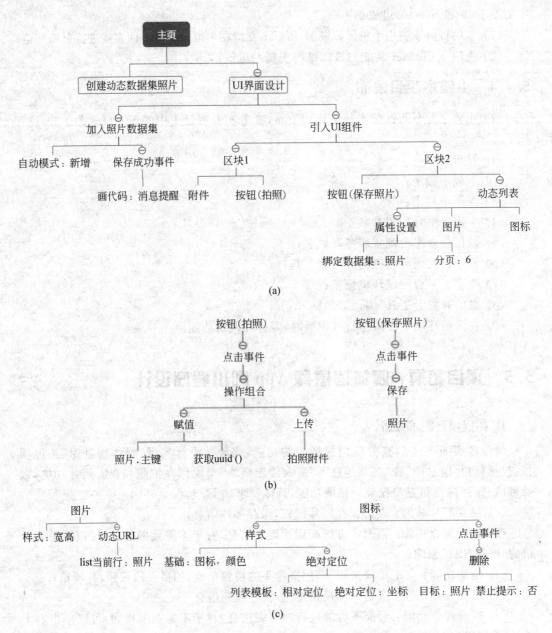

(a)

(b)

(c)

图 5-41 "照片信息库"模块主页设计思路

即可。

参考"照片信息库"模块,即可完成"视频信息库"模块摄像、保存视频和查看视频的功能。摄像功能与拍照功能类似,只需要将"附件"组件的上传文件类型选为视频,使用"视频"组件预览上传的视频,"视频"组件和"附件"组件的动态数据列都绑定为视频动态数据集的视频字段。摄像"按钮"组件点击事件调用"附件-摄像"。"视频信息库"模块与"照片信息库"模块的差异化设计思路如图 5-42 所示。

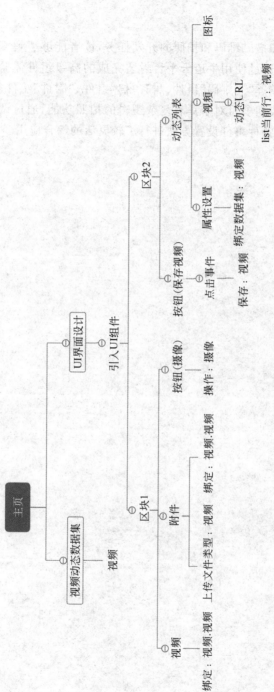

图5-42 "视频信息库"模块与"照片信息库"的差异化设计思路

项目小结

通过实训项目 5 扫描二维码和拍照的开发任务,读者能够了解 Cordova 与混合 App 开发操作硬件的方法;通过使用牛道云平台封装完成的高级组件体验操作摄像头等移动端硬件的便捷。重点掌握"二维码"组件、"扫一扫"组件、"附件"组件等基本属性、样式及事件设置的方法。本实训项目对于具有复杂逻辑的拍照功能,通过调用组件的操作来实现,项目开发过程对于各种事件设置方法进行了较灵活的综合应用。

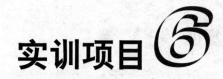

跟我走天下——地理定位

【学习目标】

(1) 学习地理位置相关知识,了解手机定位基本原理。

(2) 掌握"地图""地理位置""天气预报""标签+长文本"等常用组件的功能及使用方法。

(3) 复习静态、动态数据集的应用方法。

(4) 复习"标签+显示框(文本)""标签+输入框"等组件的功能及使用方法。

学习路径

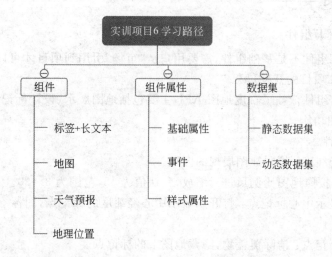

项目描述

地理位置是用来界定地理事物间的各种时间、空间关系的地理专业术语,一般根据需要可以从不同方面进行地理位置的描述。地理位置一般分为相对地理位置和绝对地理位置。

手机定位是指通过特定的定位技术获取移动手机或终端用户的位置信息(经纬度坐标),在电子地图上标出被定位对象位置的技术或服务。定位技术有两种,一种是基于GPS定位;另一种是基于移动运营网基站定位。基于GPS的定位方式是利用手机上的GPS定位模块将自己的位置信号发送到定位后台来实现手机定位。基站定位则是利用基站对手机的距离测算来确定手机位置。

全球定位系统(Global Positioning System,GPS),又称全球卫星定位系统,是一个中距离圆形轨道卫星导航系统。它可以为地球表面绝大部分地区(98%)提供准确的定位、测速和高精度的时间标准。全球定位系统由美国国防部研制和维护,可满足位于全球任何地方或近地空间的军事用户连续精确地确定三维位置、三维运动和时间的需要。现在的手机等手持终端设备基本都自带定位硬件、软件和内置(或下载)地图。

本项目设计地理位置的App和小程序,便于人们在地图上定位当前位置,并展示当前位置的经纬度和天气。

6.1 组件

6.1.1 "地图"组件

1. App"地图"组件

App"地图"组件不是基础组件,需要用户从"市场"引用到项目才可以使用,具体引用方法参考本实训项目的开发过程。

App"地图"组件依赖了百度地图API,主要包括地图展示、设计标记点、路线、添加控件等基础的地图功能。

1)基础属性

(1)设置经纬度:控制地图展现的区域。

(2)缩放:按照地图比例尺进行缩放,默认值为15,范围为3~20。

(3)是否显示中心标记点:打开则显示中心经纬度的标记点,图标不可改。

2)操作

(1)隐藏标记点:清除覆盖物,隐藏地图上的标记点。

(2)设置标记点:展现地图上的标记点。

3)事件

地图加载完毕事件、点击地图事件、点击标记点事件。

4）主要功能

（1）设置标记点：通过编辑器绑定数据显示标记点。

（2）设置路线：按照绑定数据的顺序，依次连线。

（3）设置控件：目前只提供默认的比例尺控件和缩放控件。通过选中决定是否显示。

2. 小程序"地图"组件

小程序的"地图"组件是基础组件，可以直接从组件表里选择。小程序的地图功能包括展现位置和设置标记点、路线、圆、控件等。地图组件上的功能比较分散，需要的数据量相对比较大，数据的层级结构也比其他组件更加烦琐一些。为了解决这些问题，在设计组件时，用到了一个专门针对地图组件功能的编辑器，通过这个编辑器，编辑地图上的标记点、圆、控件等。地图组件的功能和编辑器的规范见表 6-1。

表 6-1 小程序"地图"组件的功能和编辑器的规范

属　性	说　明	默认值	类　型	备　注
longitude	中心经度		Double	
latitude	中心纬度		Double	
scale	缩放级别（5～18）	16	Integer	
markers	标记点		Array	编辑器设计
polyline	路线		Array	编辑器设计
circle	圆		Array	编辑器设计
controls	控件		Array	编辑器设计

使用地图的标记功能，需要用户有一个数据集来存放标记点信息的数据，在数据制作区创建一个数据集，存放经纬度、图标等，将设计完成的数据集引入页面，打开地图编辑器，选择数据集即可。

6.1.2 "地理位置"组件

1. App"地理位置"组件

App"地理位置"组件用于获取地理位置经纬度。该功能需在支持定位的硬件设备上运行才可以查看效果。该组件的基本属性见表 6-2，事件见表 6-3。

表 6-2 App"地理位置"组件的基本属性

名　　称	说　　明
获取地理位置	获取当前经纬度，可在获取地理位置成功事件和获取地理位置失败事件中获取相关信息
在百度地图中显示当前位置	打开百度地图并显示当前位置。注意，须在获取地理位置成功事件之后调用操作。仅支持安卓系统

表 6-3　App"地理位置"组件事件

名　　称	说　　明
获取地理位置成功	调用获取地理位置操作,成功后触发
获取地理位置失败	调用获取地理位置操作,失败后触发

2. 小程序"地理位置"组件

小程序"地理位置"组件适用于获取当前地理位置和选择位置操作,功能需在支持定位的硬件设备微信环境下运行才可以查看效果。该组件基本属性见表 6-4,事件见表 6-5。

表 6-4　小程序"地理位置"组件的基本属性

名　　称	说　　明
获取当前的地理位置、速度	获取地理位置经纬度和速度(默认坐标系统为 wgs84)
打开地图选择位置	打开地图选择位置
使用微信内置地图查看位置	显示当前位置或根据参数显示指定位置

表 6-5　小程序"地理位置"组件事件

名　　称	说　　明
获取位置成功事件	调用获取当前地理位置、速度操作成功时触发
获取位置失败事件	调用获取当前地理位置、速度操作失败时触发
获取位置完成事件	调用获取当前地理位置、速度操作成功和失败都触发
选择位置成功事件	调用打开地图选择位置操作成功时触发
选择位置失败事件	调用打开地图选择位置操作失败时触发
选择位置完成事件	调用打开地图选择位置操作成功和失败都触发
离开地图事件	离开地图时触发

6.1.3　"天气预报"组件

"天气预报"组件不是基础组件,需要用户从"市场"引用到项目才可以使用,具体引用方法可参考本实训项目的开发过程。小程序"天气预报"组件需在微信环境下运行才可以查看效果。

App"天气预报"组件使用"和风天气"接口,获取当前气象信息。用户需要通过 https://www.heweather.com 注册获取认证 key(appkey)。本组件使用了 https://free-api.heweather.com/s6/weather/now 获取天气实况,每天使用次数是 1000 次,如图 6-1 所示。

小程序"天气预报"组件提供通过百度天气 API 根据城市或经纬度查询对应地点的天气情况。用户需要通过 http://lbsyun.baidu.com/apiconsole/key 申请百度 appkey,并输入组件相应位置,如图 6-2 所示。

通过"天气预报"组件提供的方法可以获取城市信息和天气信息,以小程序为例,如图 6-3 所示。

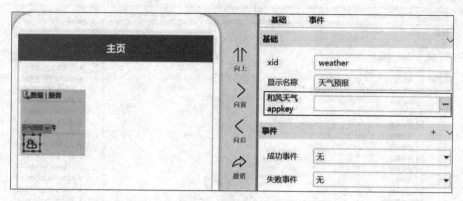

图 6-1 App"天气预报"组件输入 appkey

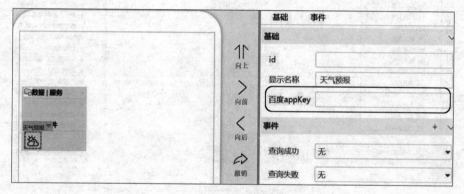

图 6-2 小程序"天气预报"组件输入 appkey

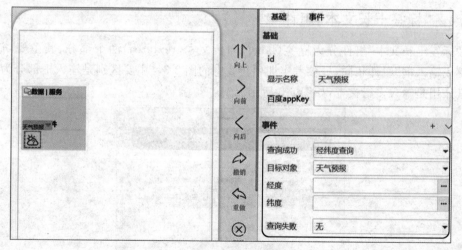

图 6-3 "天气预报"组件提供的方法

　　获取方法调用成功后,可以在组件查询成功事件中得到对应的天气预报信息,以小程序为例,如图 6-4 所示。

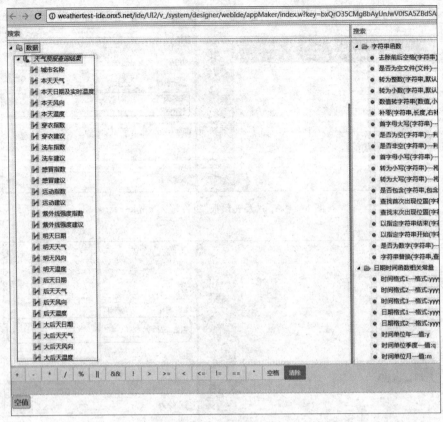

图 6-4　小程序"天气预报"组件方法返回结果

6.1.4 "标签＋长文本"组件

"标签＋长文本"组件分为标签（label）和长文本（textarea）两个部分，其主要功能与"标签＋输入框"组件相同，可参考实训项目2中的图2-3。主要区别是输入框部分为长文本，其作用是输入多行文本，如图6-5所示。

图 6-5　"标签＋长文本"组件外观

6.2 App 项目开发

实训项目 6 App
开发微课视频

本项目 App 应用界面展示地图,可以定位当前位置,并展示当前位置的经纬度和天气。

6.2.1 App 设计思路

本项目为单页面 App,通过"地图"组件定位当前位置,展示当前位置的经纬度和天气,如图 6-6 所示。

图 6-7 所示为根据项目预期效果设计的页面结构,主要由"上中下布局"组件(删除"底部区域")的"标题栏"组件、"地图"组件、"标签+显示框"组件组成。

图 6-6　项目预期效果(App)

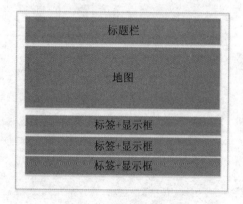

图 6-7　页面结构(App)

本项目 App 开发使用静态数据集记录当前定位位置的经纬度和天气信息,项目创建思路如图 6-8 所示。

根据项目需求,页面中放置一个"地图"组件展示当前位置所在区域地图,并给出定位信息,3 个"标签+显示框"组件分别用于展示当前位置的经纬度和天气信息。UI 界面设计如图 6-9 所示。

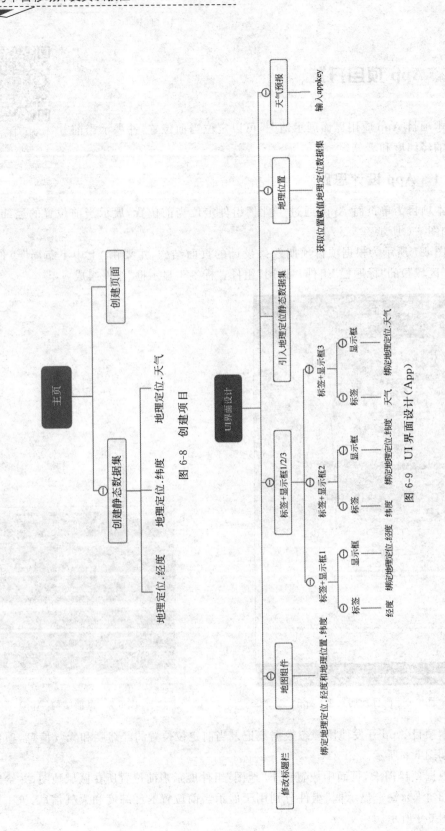

图 6-8　创建项目

图 6-9　UI 界面设计（App）

6.2.2　App 开发过程

1. 创建项目

用浏览器（推荐 Chrome、Safari）打开牛道云平台 www. newdao. org. cn，登录账户，进入"可视化开发"界面，依次单击"我的制作"→App/H5→"创建 App"，详细操作请参考实训项目 1 中的图 1-10 和图 1-11，具体输入项目信息如图 6-10 所示，进入项目制作界面，参考实训项目 1 中的图 1-13 和图 1-14。

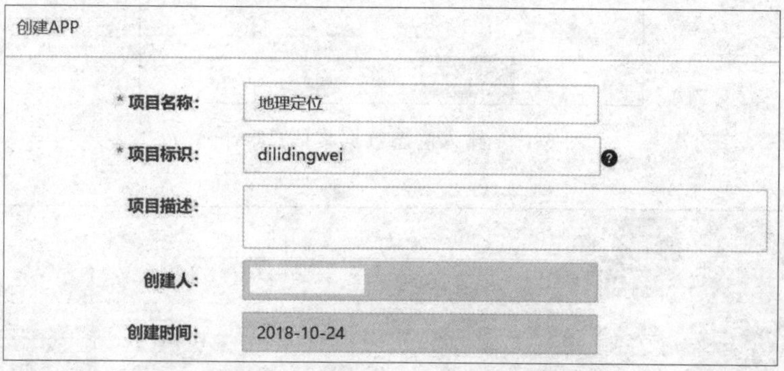

图 6-10　创建 App 界面

2. 创建静态数据集"地理定位"和数据，并引入项目

根据项目需求创建 1 个静态数据集用于存储经度、纬度和天气，以实现后续"显示框"组件的信息显示功能，如图 6-11 和图 6-12 所示。

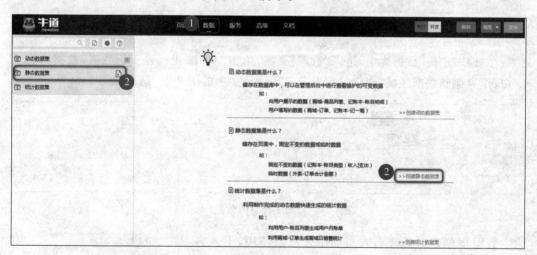

图 6-11　创建静态数据集（App）

在"地理定位"数据集中创建数据列。进入"结构"页签，单击"＋"按钮创建 3 个数据列，列名称（可为中文）为"经度""纬度"和"天气"，列标识（必须为英文）由系统自动生成，也可自定义，然后根据实际情况选择数据的类型，如图 6-13 所示。

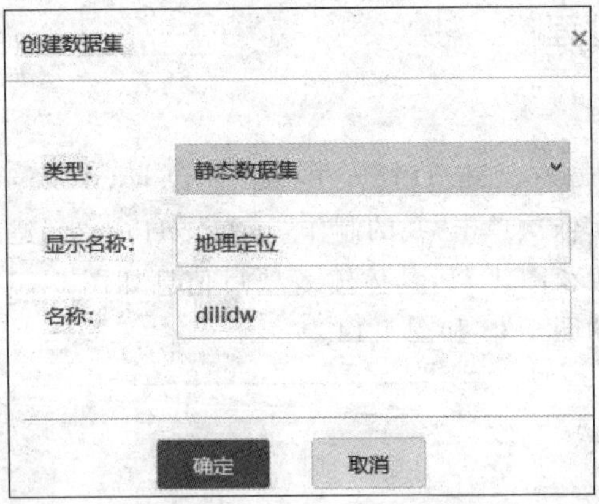

图 6-12　输入静态数据集信息（App）

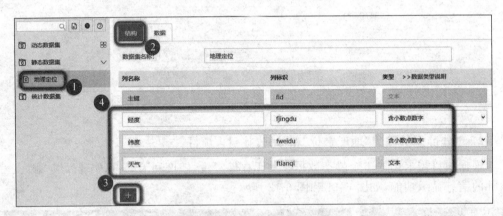

图 6-13　创建数据列（App）

在"地理定位"数据集中,进入"数据"页签,单击"＋"按钮创建 1 行数据,数据内容为空白,作为存储数据区域,创建过程参考实训项目 2 中的图 2-22,结果如图 6-14 所示。

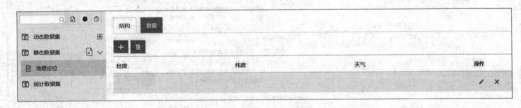

图 6-14　添加 1 行空的数据（App）

数据集创建后需要引入页面中才可以使用,引入方式参考实训项目 2 中的图 2-23。引入后结果如图 6-15 所示。

3. 修改"标题栏"组件

App 开发时主页自带"标题栏"组件,可以直接修改其文本属性。选中"标题栏"组件中间部分的文本,设置

图 6-15　数据集引入项目（App）

文本属性为"地理定位",如图6-16所示。

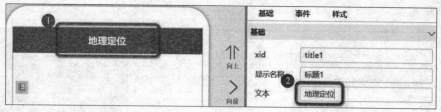

图6-16 修改标题栏(App)

4. 引入"天气预报"组件

项目的功能组件需引入"天气预报"组件,其作用是根据获取的当前地理位置,返回天气信息。"天气预报"组件不是基本组件,需要从市场中引用到项目。打开"组件"最下方的"市场",搜索"天气",然后单击"引用"按钮,最后单击"确定"按钮,如图6-17所示。

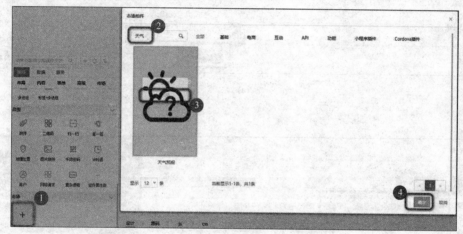

图6-17 引入"天气预报"组件(App)

在项目的功能组件中引入"天气预报"组件。通过和风天气网站(http://www.heweather.com)注册并获得认证key,输入到组件设置栏中,如图6-18所示。

图6-18 引入"天气预报"组件并输入appkey(App)

加载"天气预报"组件成功后，可以获取到目标地理位置（经纬度）的天气情况，如图 6-19 所示。

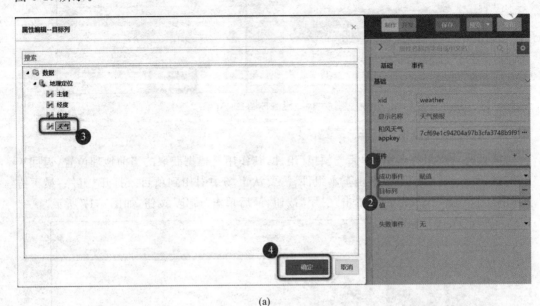

(a)

(b)

图 6-19　将天气信息赋值给数据集地理定位.天气（App）

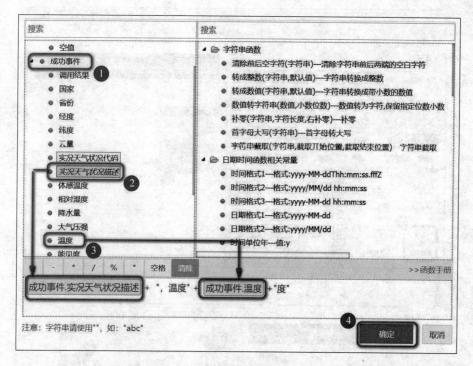

(c)

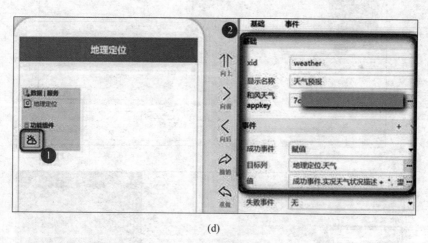

(d)

图　6-19(续)

5. 引入"地理位置"组件

项目的功能组件需引入"地理位置"组件,其作用是获取当前的地理位置。返回相关信息,如经度、纬度等,如图 6-20 所示。

将"地理位置"组件获取的地理定位信息,赋值给静态数据集地理定位的相关列,如图 6-21 所示。

将"地理位置"组件获取的地理定位信息,赋值给"天气预报"组件,如图 6-22 所示。

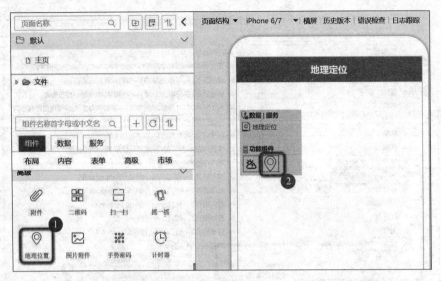

图 6-20 引入"地理位置"组件(App)

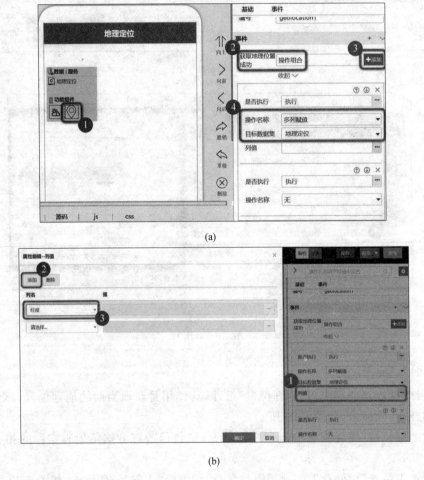

(a)

(b)

图 6-21 将地理定位信息赋值给数据集地理定位相关列(App)

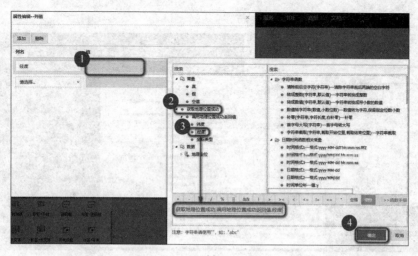

(c)

(d)

图 6-21(续)

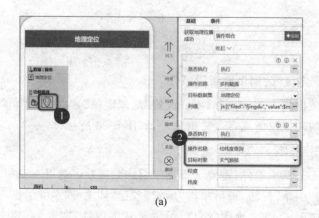

(a)

图 6-22 将地理定位信息赋值给"天气预报"组件(App)

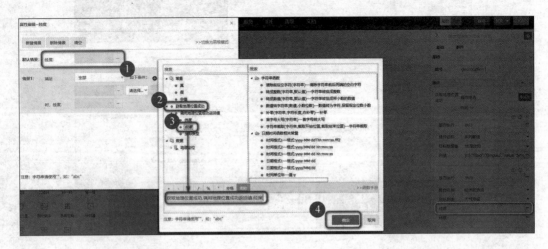

(b)

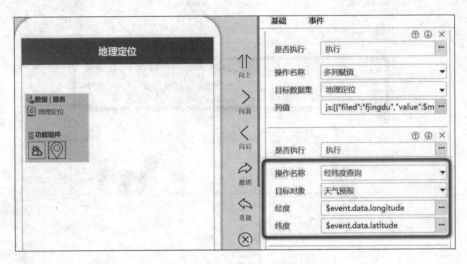

(c)

图　6-22(续)

6. 设置"地理定位"数据集刷新后事件

"地理定位"数据集引入项目后,需要设置"地理定位"数据集的"刷新后事件"为"获取地理位置",即将地理定位信息存入数据集中,如图 6-23 所示。

7. 引入"地图"组件

"地图"组件不是基本组件,需要从市场中引用到项目。打开"组件"最下方的"市场",搜索"地图",单击"引用"按钮,最后单击"确定"按钮,如图 6-24 所示。

在面板内容中引入 1 个"地图"组件,设置其基本属性,宽度为 100%,高度为 300px,如图 6-25 所示。

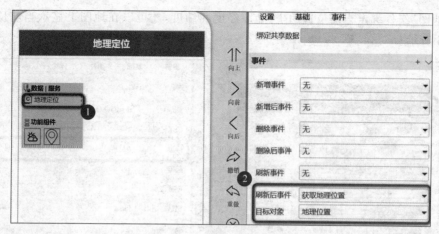

图 6-23 设置"地理定位"数据集的"刷新后事件"(App)

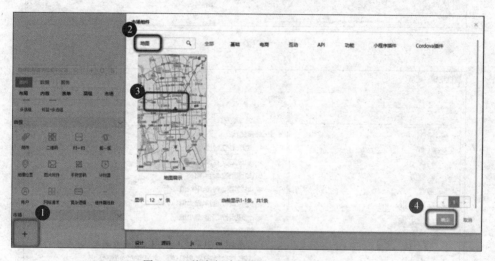

图 6-24 从市场中引用"地图"组件(App)

图 6-25 引入"地图"组件(App)

"地图"组件绑定当前位置的坐标,即经度和纬度,才可以在地图上显示当前位置,如图 6-26 所示。

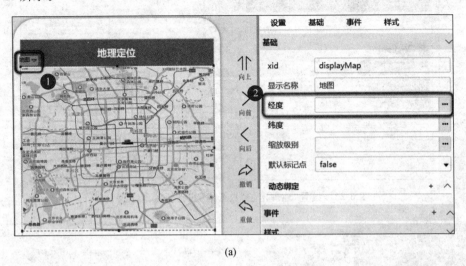

(a)

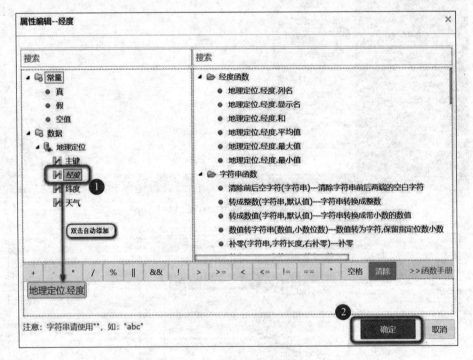

(b)

图 6-26 "地图"组件绑定数据(App)

(c)

图　6-26(续)

8. 引入"标签＋显示框(经度)"组件

在"地图"组件下方引入"标签＋显示框(经度)"组件,用于输出显示当前位置的经度,设置标签内容和绑定数据,如图 6-27 所示。

(a)

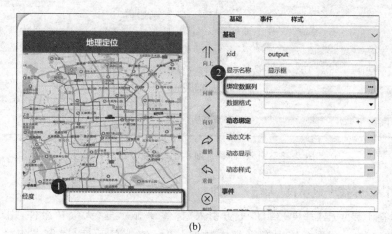

(b)

图 6-27　引入"标签＋显示框(经度)"组件(App)

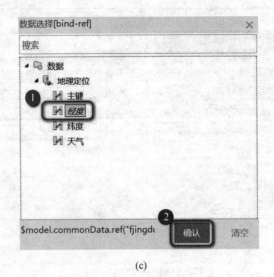

(c)

图　6-27(续)

9. 引入"标签＋显示框(纬度)"组件

在"标签＋显示框(经度)"组件下方引入"标签＋显示框(纬度)"组件,用于输出显示当前位置的纬度。设置标签内容和绑定数据与"标签＋显示框(经度)"组件一致,参考图 6-27。最终设置效果如图 6-28 所示。

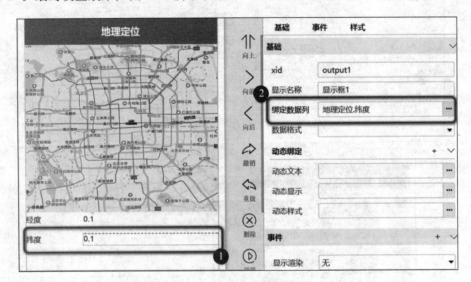

图 6-28　引入"标签＋显示框(纬度)"组件(App)

10. 引入"标签＋显示框(天气)"组件

在"标签＋显示框(纬度)"组件下方引入"标签＋显示框(天气)"组件,用于输出显示当前位置的天气。设置标签内容和绑定数据与"标签＋显示框(经度)"组件一致,参考图 6-27。最终设置效果如图 6-29 所示。

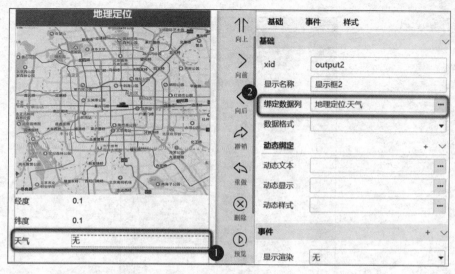

图 6-29 引入"标签＋显示框(天气)"组件(App)

6.2.3　App 项目预览

　　根据标准的牛道云平台开发 App 预览流程预览项目,详细过程请参考实训项目 1 中的图 1-20～图 1-23,过程如下。

　　(1) 本项目由于调用手机硬件资源,所以不支持牛道云平台界面直接页面预览;

　　(2) 使用 apploader 功能扫描二维码实现手机预览,天气信息的获取需网络支持。

6.2.4　App 项目发布

　　根据标准的牛道云平台开发 App 发布流程发布项目,详细过程请参考实训项目 1 中的图 1-24～图 1-27,过程如下。

　　(1) 在牛道云平台界面直接单击右上角的"发布"按钮。

　　(2) 进入发布设置,输入发布信息,选择图标、欢迎界面。

　　(3) 选择发布的数据集。

　　(4) 生成二维码,手机扫描二维码可下载 App;或者到"高级"界面直接下载安装包。

6.3　小程序项目开发

实训项目 6 小程序
开发微课视频

　　本项目小程序应用功能与 App 基本相同,但小程序开发与 App 开发在组件应用和数据组件绑定展现组件等方面存在一定差异。

6.3.1　小程序设计思路

　　小程序开发思路基本与 App 一致,项目预期效果如图 6-30 所示。

图 6-30　项目预期效果(小程序)

　　本项目的小程序与 App 开发一样需要创建静态数据集绑定 UI 界面的相关展现组件,可参考图 6-8。

　　图 6-31 所示为根据项目预期效果设计的页面结构。与 App 的区别在于小程序没有"标签＋显示框"组件,而是用"标签＋文本"组件代替,标题栏是自动生成的导航栏,主页设计如图 6-32 所示。

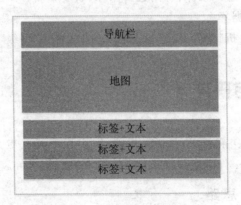

图 6-31　页面结构(小程序)

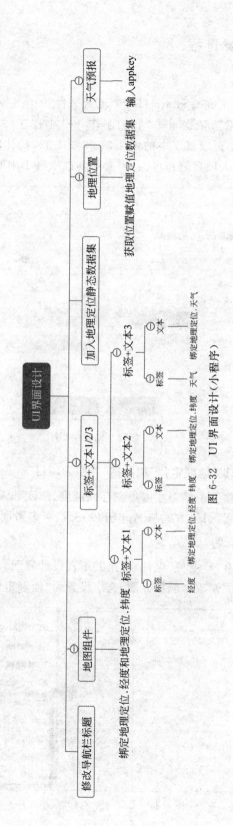

图 6-32 UI 界面设计（小程序）

6.3.2　小程序开发过程

1. 创建项目

用浏览器(推荐 Chrome、Safari)打开牛道云平台 http://www.newdao.org.cn,登录账户,进入"可视化开发",依次单击"我的制作"→"小程序/App/公众号"→"创建小程序",详细操作请参考实训项目 1 中的图 1-31 和图 1-32,具体输入项目信息如图 6-33 所示,单击"确定"按钮进入项目制作界面,可参考实训项目 1 中的图 1-34 和图 1-35。

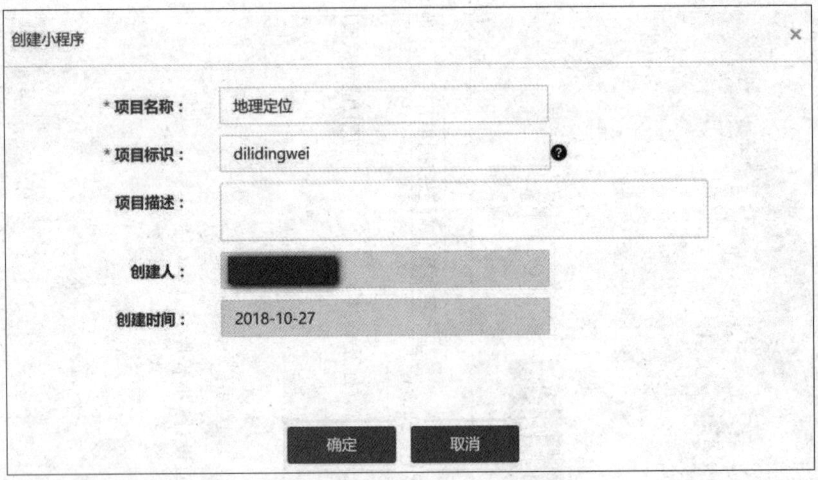

图 6-33　创建小程序

2. 创建静态数据集"地理定位"和数据,并引入项目

根据项目需求创建 1 个静态数据集来存储经度、纬度和天气,以实现后续的"文本"组件显示功能。创建过程、引入方式与 App 开发一致,可参考图 6-11~图 6-15。

3. 设置"导航栏标题"

小程序页面默认有"导航栏"组件,但是并不在设计界面直接显示,只有预览或者运行时显示。选中当前页面修改导航栏标题,文字设置为"地理定位",如图 6-34 所示。

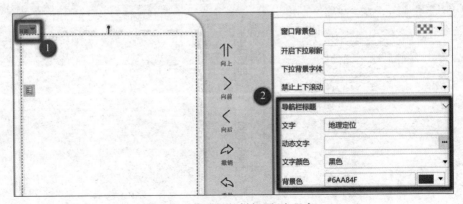

图 6-34　修改导航栏标题(小程序)

4. 引入"天气预报"组件

项目的功能组件需引入"天气预报"组件,其作用是根据获取的当前地理位置,返回天气信息。"天气预报"组件不是基本组件,需要从市场中引用到项目,引入方式参考图 6-17。

在项目的功能组件中引入"天气预报"组件。通过百度天气预报接口网站(http://lbsyun. baidu. com/apiconsole/key)注册并获得 appkey,填入组件设置栏中,如图 6-35 所示。

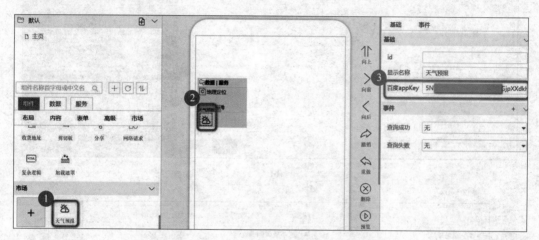

图 6-35 引入"天气预报"组件并输入 appkey(小程序)

加载"天气预报"组件成功后,可以获取目标地理位置(经纬度)的天气情况,如图 6-36 所示。

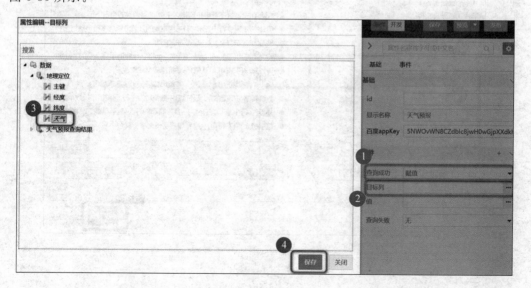

(a)

图 6-36 将天气信息赋值给数据集地理定位.天气(小程序)

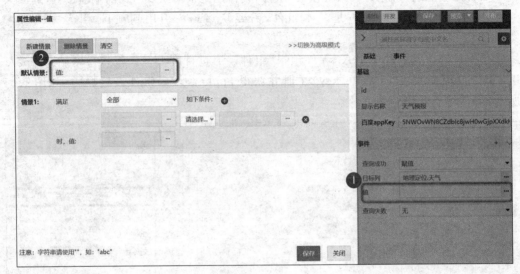

(b)

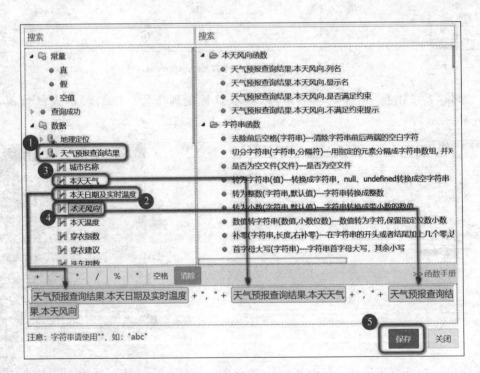

(c)

图 6-36（续）

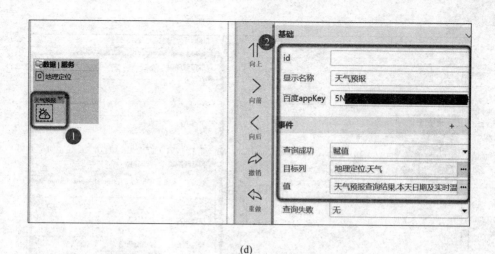

(d)

图 6-36(续)

5. 引入"地理位置"组件

项目的功能组件需引入"地理位置"组件,其作用是获取当前的地理位置,返回相关信息,如经度、纬度等,如图 6-37 所示。

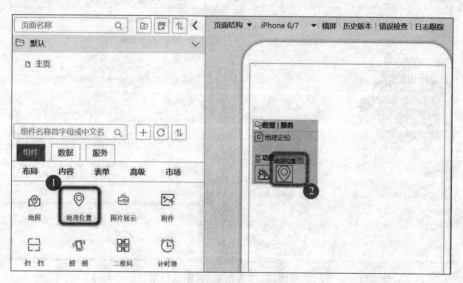

图 6-37 引入"地理位置"组件(小程序)

将"地理位置"组件获取的地理定位的信息赋值给静态数据集地理定位的相关列,操作参考图 6-21。将"地理位置"组件获取的地理定位的信息赋值给"天气预报"组件,操作参考图 6-22,设置结果如图 6-38 所示。

6. 设置"地理定位"数据集刷新后事件

"地理位置"组件引入项目后,需要设置"地理定位"数据集的"刷新后事件"为"获取当前的地理位置、速度",即将地理定位数据存入数据集中,如图 6-39 所示。

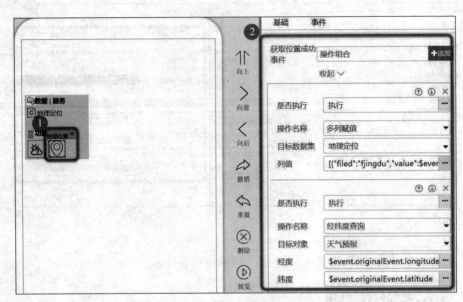

图 6-38　将地理定位信息赋值给数据集"地理定位"(小程序)

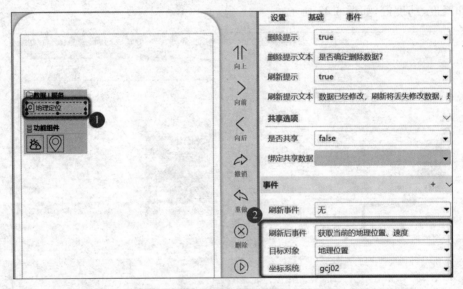

图 6-39　设置"地理定位"数据集的"刷新后事件"(小程序)

7. 引入"地图"组件

在页面中引入 1 个"地图"组件,小程序"地图"组件是基本组件,直接从组件面板引入页面,设置其基本属性:宽度为 100%,高度为 300px,如图 6-40 所示。

"地图"组件必须绑定当前位置的坐标,即经度和纬度,才可以在地图上显示当前位置,如图 6-41 所示。

图 6-40 引入"地图"组件(小程序)

(a)

(b)

图 6-41 "地图"组件绑定数据(小程序)

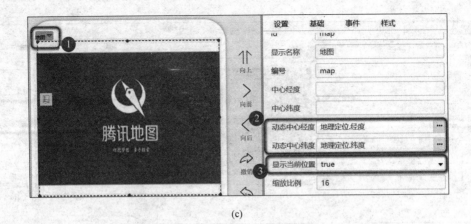

(c)

图　6-41(续)

8. 引入"标签＋文本(经度)"组件

在"地图"组件下方引入"标签＋文本(经度)"组件,用来输出显示当前位置的经度。设置标签内容和动态文本,如图 6-42 所示。

(a)

(b)

图 6-42　引入"标签＋文本(经度)"组件(小程序)

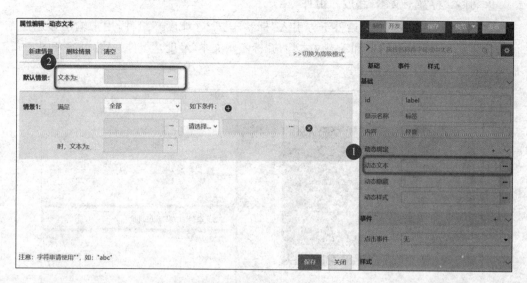

(c)

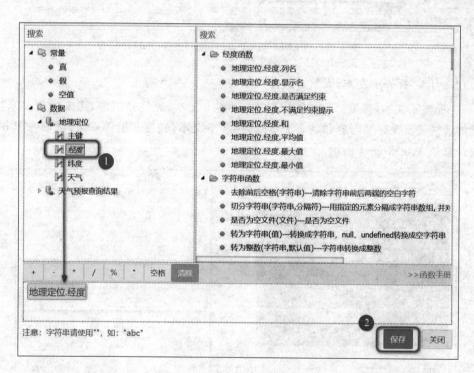

（d）

图 6-42（续）

9. 引入"标签＋文本(纬度)"组件

在"标签＋文本(经度)"组件下方引入"标签＋文本(纬度)"组件,用来输出显示当前位置的纬度。设置标签内容和动态文本均与"标签＋文本(经度)"组件一致,可参考图 6-42。最终设置效果如图 6-43 所示。

图 6-43　引入"标签＋文本(纬度)"组件(小程序)

10. 引入"标签＋文本(天气)"组件

在"标签＋文本(纬度)"组件下方引入"标签＋文本(天气)"组件,用来输出显示当前位置的天气。设置标签内容和动态文本与"标签＋文本(经度)"组件一致,可参考图 6-42。最终设置效果如图 6-44 所示。

图 6-44　引入"标签＋文本(天气)"组件(小程序)

6.3.3 小程序项目预览

根据标准的牛道云平台开发小程序预览流程预览项目,详细过程请参考实训项目1中的图1-39和图1-40,过程如下。

(1) 本项目由于调用手机硬件资源,所以不支持牛道云平台界面直接进行页面预览;

(2) 使用apploader功能扫描二维码实现手机预览,但天气预报不支持apploader展示。

6.3.4 小程序项目发布

按照小程序发布测试版本标准流程发布,参考实训项目1中的图1-41～图1-59,过程如下。

(1) 发布版本;

(2) 下载小程序;

(3) 注册小程序;

(4) 牛道云平台配置参数;

(5) 微信公众平台配置服务器域名;

(6) 项目代码导入微信开发者工具;

(7) 牛道云平台测试环境预览;

(8) 微信开发者工具"编译""预览";

(9) 微信环境下测试运行开发版时,需打开调试功能。

6.4 项目拓展:旅游记录App和小程序

1. 拓展项目需求分析

请改进、完善地理定位App和小程序,利用前面学习过的知识将其升级为旅游记录App和小程序,具体要求如下。

(1) 可以显示当前旅游位置的信息,如经纬度、天气,并且加入地名和旅游随笔;

(2) 可以保存当前旅游位置信息。

2. 拓展项目设计思路

根据拓展项目的需求,旅游记录App和小程序的运行参考效果如图6-45所示。

项目需要创建动态数据集来保存每一次旅游的位置信息,将暂存在静态数据集的当前位置信息保存在动态数据集,就可以记录旅游位置信息。设置静态数据集、动态数据集的"刷新后事件""保存成功事件",引入"标签+输入框(文本)"组件记录当前位置名称,引入"标签+长文本"组件记录旅游随笔,引入"按钮组"组件分别设置"保存"和"删除",App开发思路可参考图6-46。

图 6-45　旅游记录 App 和小程序参考效果

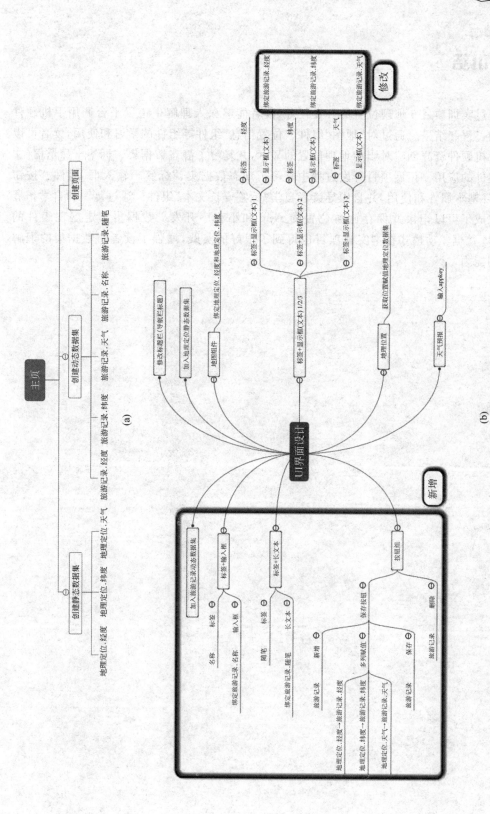

图 6-46 旅游记录 App 和小程序设计思路

项目小结

通过实训项目 6 地理位置的开发任务,读者能够深入理解牛道云平台调用手机硬件资源的过程和结果。通过对"地图"组件、"位置信息"组件等组件的学习和使用,读者可以调用手机硬件资源创建对当前地理位置的显示,并复习了静态数据集、"标签＋显示框(文本)"组件的应用。拓展项目开发过程中复习了动态数据集、"标签＋输入框"组件、"按钮组"组件基本属性和使用,并且引导读者自学"标签＋长文本"组件。通过复习和自学拓展项目完成了可以记录并保存旅游位置的 App 和小程序开发。数据集绑定展现组件的 MVVM 数据驱动模式在本实训项目也得到了很好的实践,增强了读者对数据集的理解和应用能力。

实训项目 **7**

管理自己的财务——记账本

【学习目标】

(1) 学习多页面 App 和小程序开发。

(2) 掌握静态、动态数据集的应用方法。

(3) 理解数据在多页面之间的逻辑关系。

(4) 掌握"按钮组""下拉列表""标签＋下拉"等组件的功能及用法。

(5) 复习"标签＋输入框""按钮""显示框""文本""上下滑动""动态列表""滚动列表"和"行列"等常用组件。

(6) 复习组件的常用属性,包括基础属性、事件、样式属性和绑定数据等。

学习路径

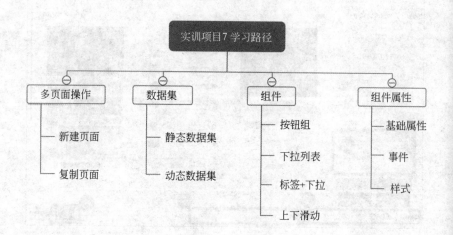

项目描述

记账本是指使用一定的规则和方式记录经济业务的载体。包括单位使用的会计账簿、账册等,以及个人或其他组织用于记录收入支出等经济事务使用的各种其他账本。账本通常采用个人能够识别的规则,以书面或电子文档等方式记录经济事务。

本项目设计开发简单直观的个人随身电子记账本 App 和小程序,以方便人们日常记录、管理自己的收支明细、资产增减等经济情况,有利于财务管理,并为经济管理及投资决策提供依据等。

7.1 创建页面

创建多个页面时有两种实现方法:新建页面和复制页面。

7.1.1 新建页面

单击某个分组后面的新建页面,即可创建空白的页面 B,如图 7-1 所示。

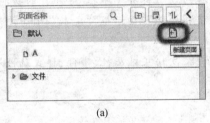

(a)

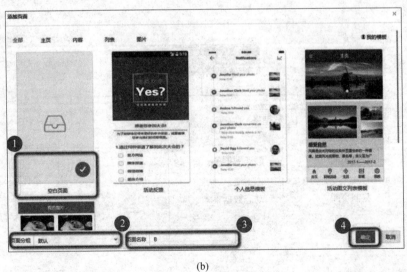

(b)

图 7-1 新建页面

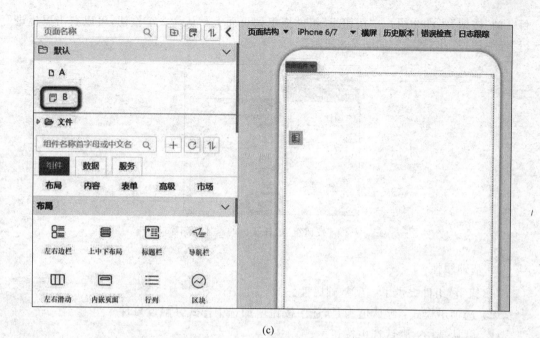

(c)

图　7-1（续）

7.1.2　复制页面

当页面 B 和页面 A 非常相似但又不完全相同时，可以复制页面 A，通过修改不同点后成为页面 B，实现不重复开发，提高效率，如图 7-2 所示。

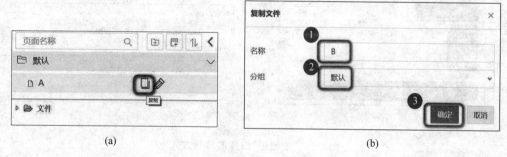

(a) (b)

图 7-2　复制页面

7.2　组件

7.2.1　"按钮组"组件

"按钮组"组件是"按钮"组件的集合，主要用于在同一行（或列）内展示、设置多个按钮。"按钮组"组件内包含的按钮属性和功能与普通"按钮"组件相同（详细可参考实训项目 2 的"按钮"组件介绍)。"按钮组"组件拖曳到页面上默认为 2 个按钮,可以右击鼠标进行"增加按钮"和"删除",如图 7-3 所示。

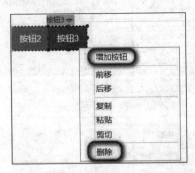

7-3　"按钮组"组件按钮的添加与删除

1. 基础属性

"按钮组"组件提供了 5 项基础属性。

(1) 选项卡模式:默认值为是,选中按钮增加选中样式并触发事件。

(2) 默认选中:默认选中按钮。

(3) 风格:为按钮组样式,有默认值。

(4) 尺寸:按钮大小,默认值为中。

(5) 排列方式:默认值为水平,可以改变按钮的排列方式,如图 7-4 所示。

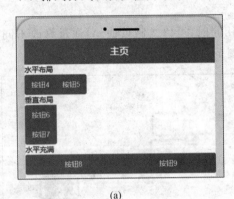

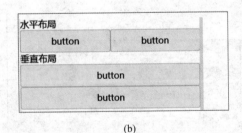

(a)　　　　　　　　　　　　　　　　　　(b)

图 7-4　"按钮组"组件的排列方式

(a) 为 App;(b) 为小程序

2. 事件

"按钮组"组件提供了 1 个事件。

选择事件:选项卡模式下,切换按钮触发。

7.2.2　"下拉列表"组件

"下拉列表"组件是通过在选项列表中选择,将数据写入数据集。因此"下拉列表"组件除了有"绑定数据列"属性外,还有"下拉数据集"属性作为选项数据的来源。

"下拉列表"组件是从屏幕底部弹出选项列表,如图 7-5 所示。提供单选能力,即选择其中一项后,自动关闭选项列表,将选择的数据显示在"下拉列表"组件中,同时存入"下拉列表"组件关联的"数据集"组件。

"下拉列表"组件关联两个数据集组件:①选项数据集,作为选项的数据来源;②编辑数据集,即选择后要存入的数据集。"下拉列表"组件可以将选项数据中的一列值存入编辑数据的一列,也可以将选项数据中的两列值存入编辑数据的两列。

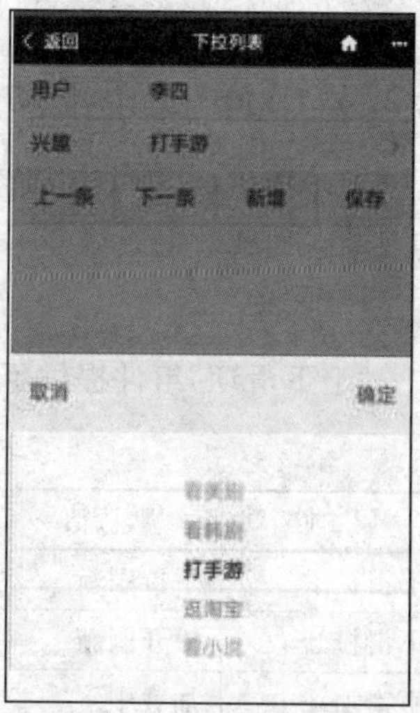

1. 基础属性

"下拉列表"组件提供了 7 项基础属性。

(1)默认提示:"下拉列表"组件为空时显示的信息,可用于提示用户应该选择什么内容。

(2)绑定数据列:绑定编辑"数据集"组件的列,如果没有设置绑定显示列,"下拉列表"组件显示该列数据。

(3)绑定显示列:绑定编辑"数据集"组件的列,"下拉列表"组件显示该列数据。

图 7-5 "下拉列表"组件

(4)下拉数据集:指定选项来源的"数据集"组件。

(5)过滤条件:设置"数据集"中的数据是否在"下拉列表"组件的选项列表中显示。若过滤条件返回是,则表示显示;若返回否,则表示不显示。

(6)下拉显示名:指向选项数据列,在用户选择后,将该列的值赋给绑定显示列所绑定的数据列。

(7)下拉数据值:指向选项数据列,在用户选择后,将该列的值赋给绑定数据列所绑定的数据列。

2. 事件

"下拉列表"组件提供了 1 个事件。

值改变事件:在下拉列表中选择一个选项后触发,值改变事件参数包括新值和原值。

7.2.3 "标签＋下拉"组件

"标签＋下拉"组件分为标签部分(label)和下拉列表部分(select),如图 7-6 所示。

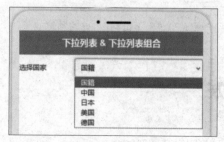

图 7-6 "标签＋下拉"组件

"标签＋下拉"组件提供了两项基础属性。

(1) 标签部分(label)：为该组件标签描述,不可删除。

(2) 选项部分(select)：为该组件的主体部分,功能为下拉列表组件,不可删除。

7.2.4　App"上下滑动"组件

App 提供的"上下滑动"组件可实现下滑、上滑刷新的效果,常与动态列表组件搭配,实现动态加载数据效果。

1. 属性

"上下滑动"组件提供了 7 项基础属性,见表 7-1。

表 7-1　"上下滑动"组件 7 项基础属性

属　性	默认值	说　明
下滑提示	下拉刷新	下拉组件时提示文字
下滑松开	松开刷新	下拉到一定位置时提示用户动作信息(刷新数据重新渲染视图)
下滑加载中	加载中	刷新数据渲染视图时提示文字
上滑提示	加载更多	上划组件时提示文字
上滑松开	释放加载	上划到一定位置时提示用户动作信息(加载更多数据渲染视图)
上滑加载中	加载中	加载更多数据时,在渲染视图时提示文字
滚动到底部	已经到最后	已加载全部数据的提示文字

2. 操作

"上下滑动"组件提供了两个操作。

(1) 向上滑动：向上滑动视图。

(2) 向下滑动：向下滑动视图。

"上下滑动"组件的预览效果如图 7-7 所示。

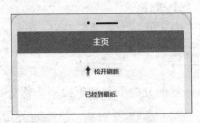

图 7-7　"上下滑动"组件的预览效果

7.3　App 项目开发

本项目 App 应用界面分为 4 个页面。

(1) "我的记账本",即主页,可以展示账目信息。

实训项目 7 App

开发微课视频

（2）"分类设置"，即 classSet 页，进行账目类别设置。

（3）"新建账目"，即 new 页，可以记录新的账目。

（4）"编辑账目"，即 edit 页，可以对已有账目进行编辑。

4 个页面按照逻辑关系由按钮进行切换，通过数据集进行数据展示和编辑，并可以在页面间进行数据共享，实现基本记录账目和设置分类信息的功能。

7.3.1　App 设计思路

本项目为多页面 App，用户可以通过页面的组件查阅自己的账目信息，新建、编辑账目等操作，账目列表的账目信息可以根据收入或支出展示不同的颜色。项目预期效果如图 7-8 所示。

图 7-8　项目预期效果（App）

图 7-9 所示的是根据项目预期效果设计的"我的记账本"主页结构，主要由"上中下布局"组件（删除"底部区域"）、"行列"组件、"按钮"组件、"显示框"组件、"上下滑动"组件和"动态列表"组件组成。

图 7-10 所示的是根据项目预期效果设计的"新建账目"new 页结构，主要由"上中下布局"组件（删除"底部区域"）、"标签＋下拉"组件、"按钮"组件和"标签＋输入框"组件组成。

图 7-9　"我的记账本"页面结构（App）

图 7-10　"新建账目"页面结构（App）

图 7-11 所示的是根据项目预期效果设计的"编辑账目"edit 页结构，主要由"上中下布局"组件（删除"底部区域"）、"标签＋下拉"组件、"按钮"组件和"标签＋输入框"组件组成，其页面结构与"新建账目"new 页相同。

图 7-12 所示的是根据项目预期效果设计的"分类设置"classSet 页结构，主要由"上中下布局"组件（删除"底部区域"）、"上下滑动"组件、"下拉列表"组件、"按钮"组件、"动态列表"组件和"输入框"组件组成。

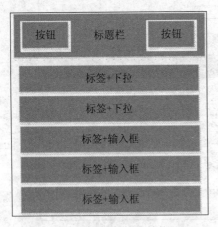

图 7-11　"编辑账目"页面结构（App）

图 7-12　"分类设置"页面结构（App）

项目需要设计 UI 界面、创建数据集存储数据，创建 4 个页面，其中主页由系统自动生成，new 页和 classSet 页需要新建页面，edit 页可以复制 new 页然后修改，如图 7-13 所示。

7.3.2　App 开发过程

1. 创建项目

用浏览器（推荐 Chrome、Safari）打开牛道云平台 www.newdao.org.cn，登录账户，

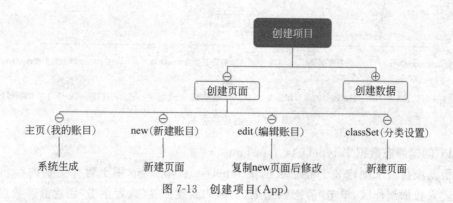

图 7-13　创建项目（App）

进入"可视化开发"，依次单击"我的制作"→App/H5→"创建 App"，详细操作请参考实训项目 1 中的图 1-10 和图 1-11，具体输入项目信息如图 7-14 所示。然后即可进入项目制作界面，参考实训项目 1 中的图 1-13 和图 1-14。

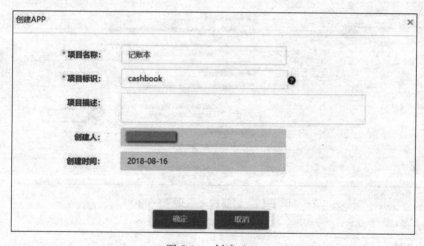

图 7-14　创建 App

2. 创建数据集和数据

利用牛道云平台创建 4 个数据集，其中账目信息（accountData）和分类信息（accountClass）存储数据是可编辑的，需要保存到后台数据库，所以使用动态数据集。其他两个数据集的数据不需要编辑和保存到后台数据库，故使用静态数据集。4 个数据集具体如下。

（1）动态数据集 accountData：存储数据分 Class（分类）、Money（金额）、Date（日期）、Type（类型）、Description（备注）。

（2）动态数据集 accountClass：存储数据 classValue（分类值）、typeValue（类型值）。

（3）静态数据集 typeData：暂时存储数据 value（类型值）。

（4）静态数据集 typeTmp：暂时存储数据 tmp（类型暂存值）。

创建的 4 个数据集的作用如图 7-15 所示。

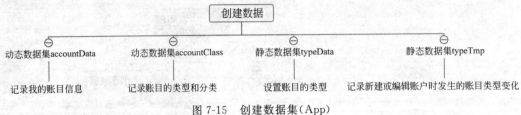

图 7-15　创建数据集(App)

1) 创建静态数据集 typeData、typeTmp

根据项目需求创建 2 个静态数据集 typeData、typeTmp 用于暂存类别内容、暂时数据。进入数据制作区,单击"静态数据集"后面的新建标签(或者单击"创建静态数据集"),输入"显示名称"(可为中文),自动生成"名称"(必须为英文),如图 7-16 和图 7-17 所示。

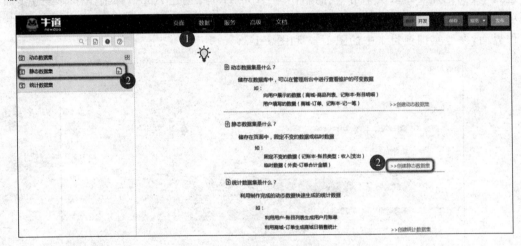

图 7-16　创建静态数据集(App)

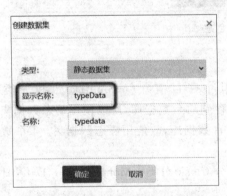
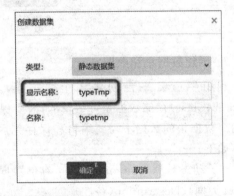

图 7-17　输入静态数据集信息(App)

在 typeData 静态数据集中创建数据列,进入"结构"页签,单击"＋"按钮创建 1 个数据列,列名称(即数据名,可为中文)为 value,而列标识(必须为英文)由系统自动生成,然后选择数据的类型为"文本",如图 7-18 所示。

图 7-18 typeData 创建 1 个数据列（App）

在 typeData 静态数据集中，进入"数据"页签，单击"＋"按钮创建 2 行数据，数据内容分别为"收入"和"支出"，如图 7-19 所示。

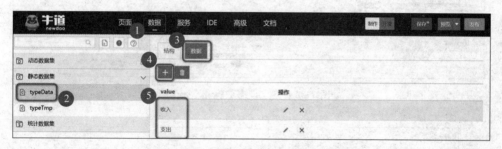

图 7-19 typeData 添加 2 行数据（App）

在 typeTmp 静态数据集中创建数据列，进入"结构"页签，单击"＋"按钮创建 1 个数据列，列名称（即数据名，可为中文）为 tmp，而列标识（必须为英文）由系统自动生成，然后选择数据的类型为"文本"，如图 7-20 所示。

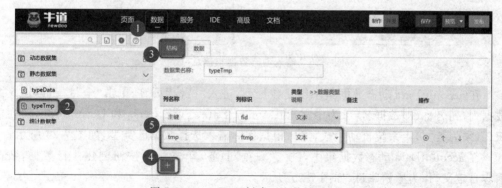

图 7-20 typeTmp 创建 1 个数据列（App）

在 typeTmp 静态数据集中，进入"数据"页签，单击"＋"创建 1 行数据，数据内容为空白，如图 7-21 所示。

2) 创建动态数据集 accountData、accountClass

根据项目需求创建 2 个动态数据集 accountData、accountClass 用于存储账目信息、分类信息,进入"数据"页签,单击"动态数据集"后面的新建标签,输入"显示名称"(可为中文),自动生成"名称"(必须为英文),如图 7-22 和图 7-23 所示。

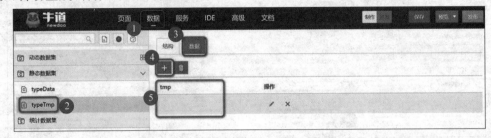

图 7-21 typeTmp 添加 1 行空的数据(App)

图 7-22 创建动态数据集(App)

 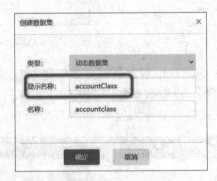

图 7-23 输入动态数据集信息(App)

在 accountData 动态数据集中创建数据列,进入"结构"页签,单击"+"按钮创建 5 个数据列,列名称(即数据名,可为中文)为 Money、Date、Type、Class 和 Description,而列标识(必须为英文)由系统自动生成,然后根据实际需求选择数据的类型,如图 7-24 所示。

在 accountData 动态数据集中,进入"数据"页签,单击"+"按钮创建 4 行数据,数据内容自定义,作为原始账目,如图 7-25 所示。

在 accountClass 动态数据集中创建数据列,进入"结构"页签,单击"+"按钮创建 2 个数据列,列名称(即数据名,可为中文)为 classValue 和 typeValue,而列标识(必须为英文)由系统自动生成,然后根据实际需求选择数据的类型,如图 7-26 所示。

在 accountClass 动态数据集中,进入"数据"页签,单击"+"按钮创建 4 行数据,数据内容与自定义创建的原始账目中的 Class 和 Type 保持一致,如图 7-27 所示。

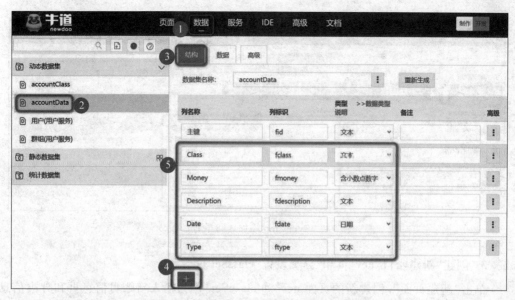

图 7-24 accountData 创建 5 个数据列(App)

图 7-25 typeTmp 添加 4 行数据(App)

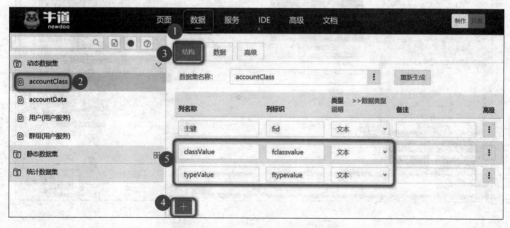

图 7-26 accountClass 创建 2 个数据列(App)

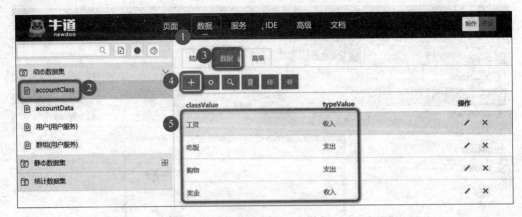

图 7-27　typeTmp 添加 4 行数据（App）

3. 创建"新建账目"new 页和"分类设置"classSet 页

单击"新建页面"，创建新的页面 new 和 classSet，作为输入新账目信息页和分类信息页，如图 7-28 和图 7-29 所示。

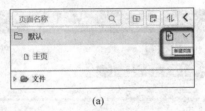

(a)

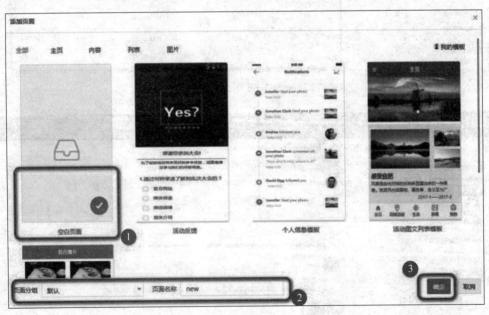

(b)

图 7-28　创建"新建账目"new 页（App）

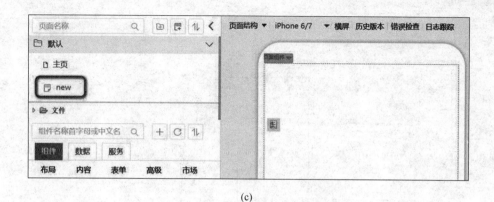

(c)

图 7-28(续)

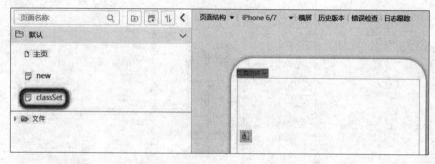

图 7-29 创建"分类设置"classSet 页(App)

4. "我的记账本"主页开发

1) 设计思路

根据项目需求,在主页上放置组件,并进行数据绑定,UI 界面设计如图 7-30 所示。

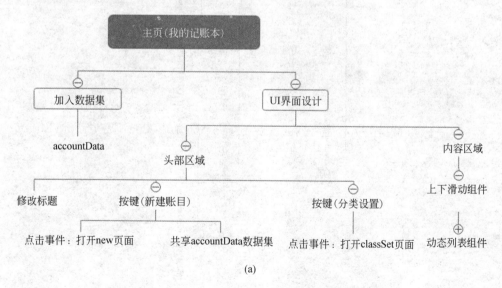

(a)

图 7-30 "我的记账本"UI 界面设计(App)

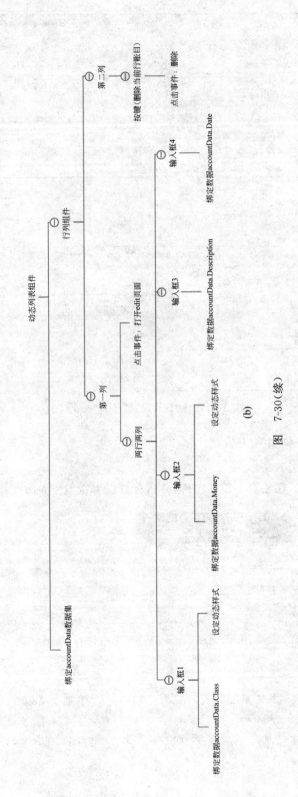

图 7-30（续）

2）修改"标题栏"组件

App 开发时主页自带"标题栏"组件，可以直接修改其文本属性，选中"标题栏"组件中间部分的文本，设置文本为"我的记账本"，如图 7-31 所示。

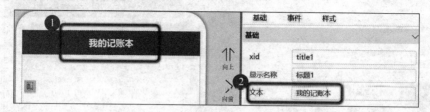

图 7-31　修改"标题栏"组件（App）

3）引入数据集

"我的记账本"主页需要引入 accountData 数据集，选择"数据"中创建成功的 accountData 数据集，单击鼠标，然后拖曳数据集到页面上的"数据|服务"黄色区域，如图 7-32 所示。

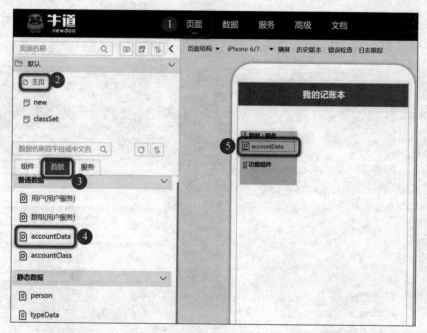

图 7-32　数据集引入"我的记账本"主页（App）

4）引入"上下滑动"组件

在"上中下布局"组件的"内容区域"引入"上下滑动"组件，可实现下拉、上滑刷新的效果，与"动态列表"组件搭配实现显示当前页面无法展示的内容，如图 7-33 所示。

5）引入"动态列表"组件，绑定数据

在"上下滑动"组件中引入"动态列表"组件，引入页面后会马上弹出绑定数据集选项，选择 accountData，绑定数据集后可以根据数据的数目、设计格式展示所有的账目信息，如图 7-34 所示。

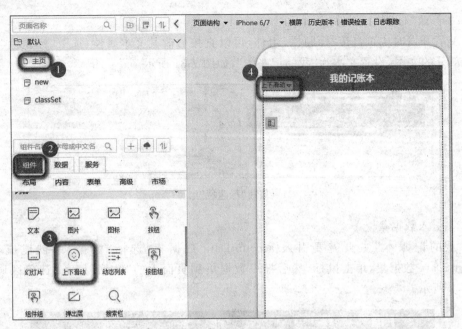

图 7-33　引入"上下滑动"组件(App)

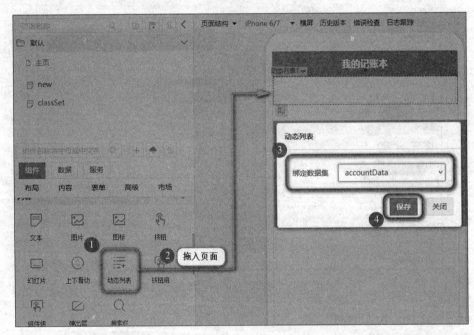

图 7-34　引入"动态列表"组件(App)

　　数据集的绑定可以在"动态列表"组件的属性里设置和修改,选择引入页面的"动态列表"组件,在"基础"里选择"绑定数据集",选择数据集,如图 7-35 所示。

　　操作时注意:必须先在页面中引入数据集,才可以进行"动态列表"等组件的数据绑定。

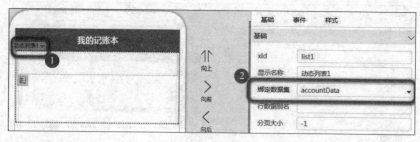

图 7-35　"动态列表"组件绑定数据集（App）

6）在"动态列表"组件内引入"行列"组件

将"行列"组件引入"动态列表"组件内部的"列表模板"中，作为每一条账目展示区域。"行列"组件保留 2 列，其中第 1 列内再引入两个"行列"组件（保留 2 列），账目之间显示分隔线，如图 7-36～图 7-39 所示。页面结构如图 7-40 所示。

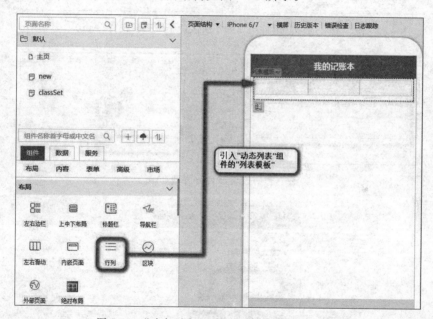

图 7-36　"动态列表"组件引入"行列"组件（App）

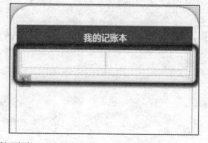

图 7-37　"行列"组件删除 1 列（App）

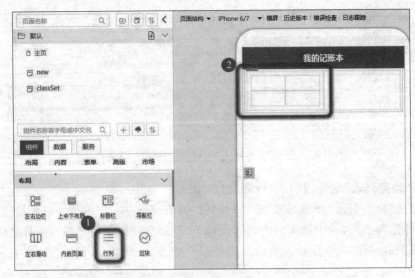

图 7-38　"行列"组件第 1 列中引入两个"行列"组件（App）

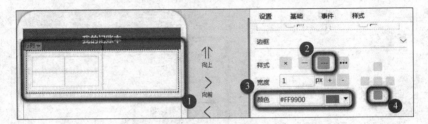

图 7-39　设置账目分隔线（App）

图 7-40　页面结构（App）

7）引入"按钮（删除）"组件

在第 2 列引入"按钮"组件，可以删除当前账目信息。设置所在列的属性，使列的宽度（20％）可以正好包裹"按钮"组件，并"居中对齐"。设置"按钮"组件属性，修改显示文字、图标、样式和点击事件，如图 7-41～图 7-44 所示。

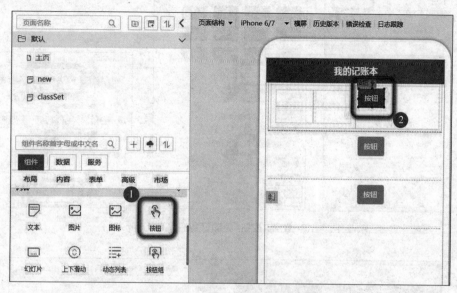

图 7-41　引入"按钮（删除）"组件（App）

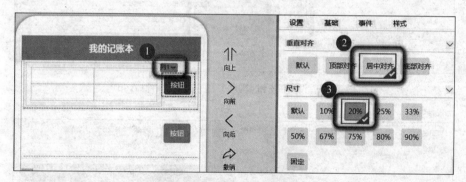

图 7-42　设置第 2 列属性（App）

8）引入"显示框"组件

在第 1 列的 2 行 2 列区域内引入 4 个"显示框"组件，分别用于显示金额、日期、分类和备注，设置显示框的绑定数据（必须为当前行数据），如图 7-45～图 7-47 所示。

根据本项目需求，设置"显示框（Class）"组件和"显示框（Money）"组件，根据"收入"或"支出"显示不同的颜色，文字大小为 20px，如图 7-48 和图 7-49 所示。

9）引入"按钮（新建账目）"组件

在"标题栏"组件右侧引入"按钮（新建账目）"组件，单击打开"新建账目"new 页，添加新的账目信息，设置"按钮（新建账目）"组件的属性和点击事件，如图 7-50 和图 7-51所示。

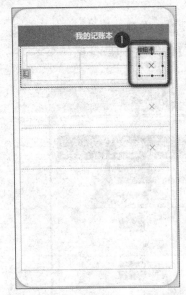
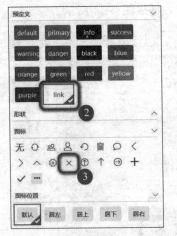

图 7-43　设置"按钮(删除)"组件属性(App)

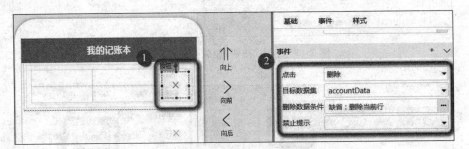

图 7-44　设置"按钮(删除)"组件点击事件(App)

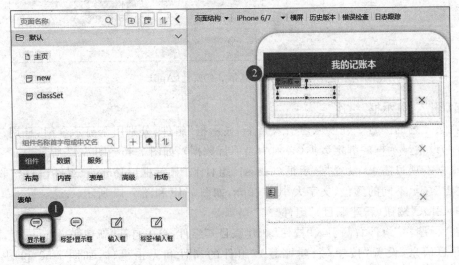

图 7-45　引入"显示框"组件(App)

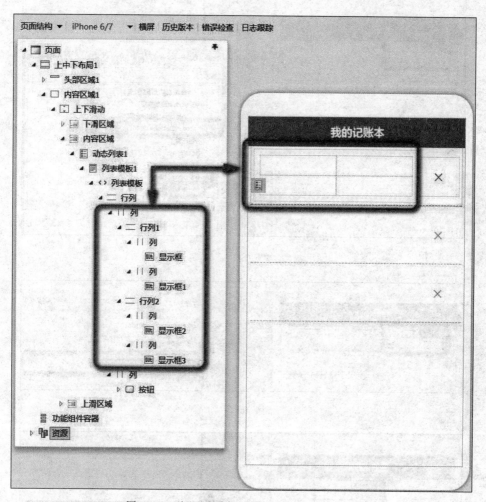

图 7-46　引入"显示框"组件后页面结构（App）

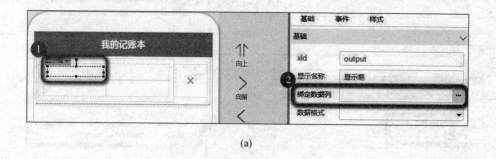

(a)

图 7-47　"显示框"组件绑定数据（App）

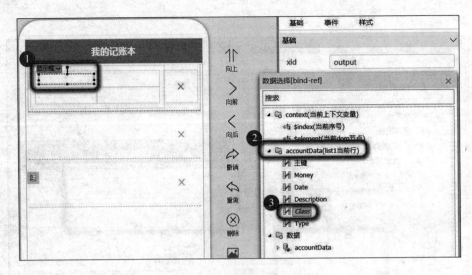

(b)

(c)

(d)

(e)

图　7-47（续）

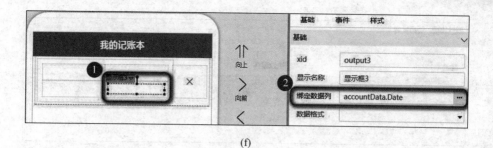

(f)

图　7-47(续)

(a)

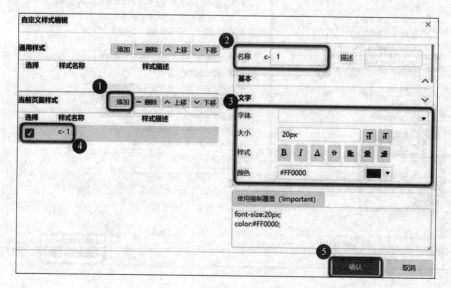

(b)

(c)

图 7-48　设置"显示框(Class)"组件动态样式(App)

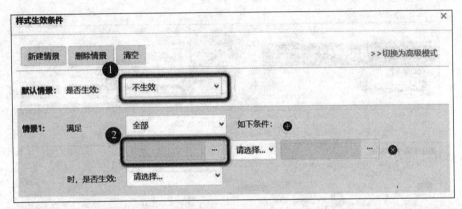

(d)

(e)

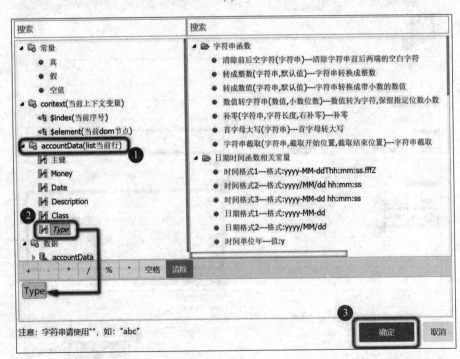

(f)

图 7-48(续)

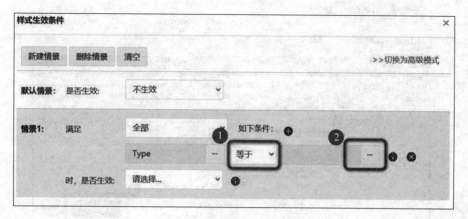

(g)

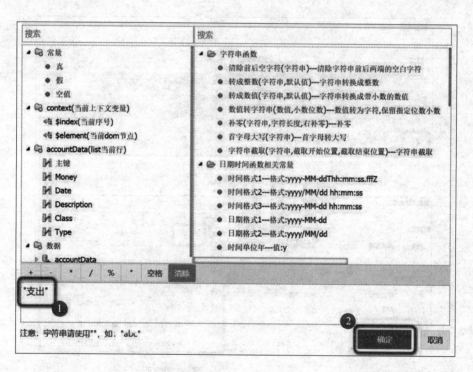

(h)

图 7-48（续）

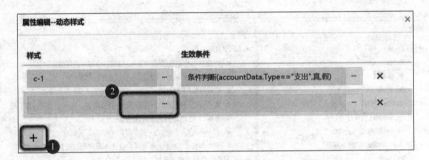

(i)

(j)

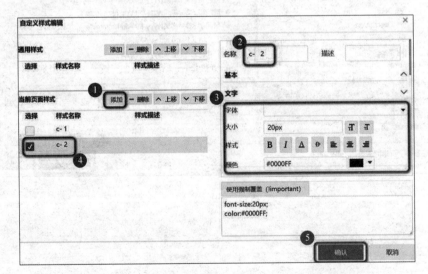

(k)

图 7-48(续)

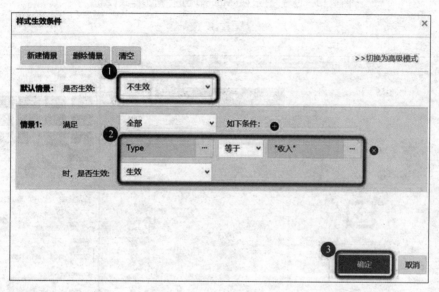

图 7-48（续）

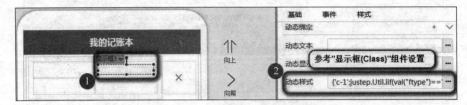

图 7-49　设置"显示框(Money)"组件动态样式(App)

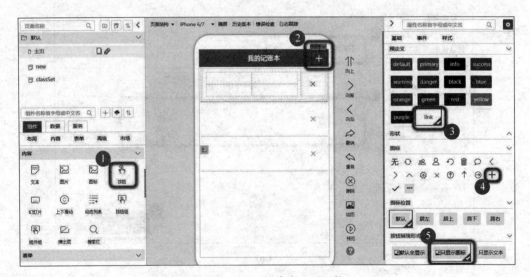

图 7-50　引入"按钮(新建账目)"组件(App)

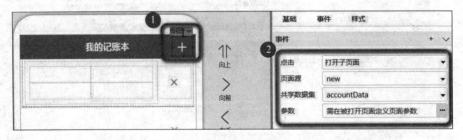

图 7-51　设置"按钮(新建账目)"组件的点击事件(App)

10) 引入"按钮(分类设置)"组件

在"标题栏"组件左侧引入"按钮(分类设置)"组件,单击打开"分类设置"classSet 页,新建或编辑账目类型和分类信息,设置"按钮(分类设置)"组件的属性和点击事件,如图 7-52 和图 7-53 所示。

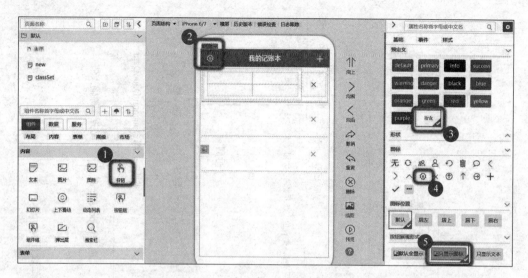

图 7-52　引入"按钮(分类设置)"组件(App)

图 7-53　设置"按钮(分类设置)"组件的点击事件(App)

5. "新建账目"new 页开发

1) 设计思路

根据项目需求,在 new 页上放置组件并进行数据绑定,UI 界面设计如图 7-54 所示。

2) 引入"上中下布局"组件

单击 new 页面,新建的页面是空白,需要添加"上中下布局"组件,便于 UI 界面设计,如图 7-55 所示。

3) 引入"标题栏"组件

在"上中下布局"组件的"头部区域"放入"标题栏"组件,设置文本为"新建账目",如图 7-56 所示。

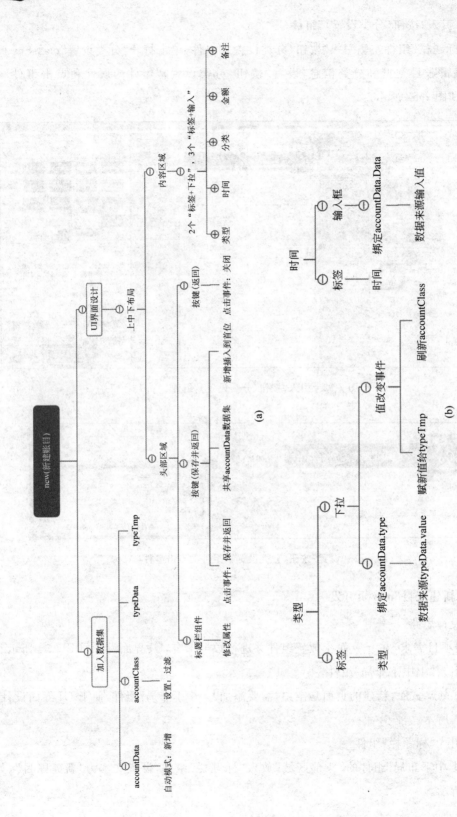

图 7-54   "新建账目" UI 界面设计（App）

分类
├─ 标签
│   └─ 分类
└─ 下拉
    ├─ 绑定accountData.Class
    └─ 数据来源accountClass.classValue

金额
├─ 标签
│   └─ 金额
└─ 输入框
    ├─ 绑定accountData.Money
    └─ 数据来源输入值

备注
├─ 标签
│   └─ 备注
└─ 输入框
    ├─ 绑定accountData.Description
    └─ 数据来源输入值

(c)

图 7-54(续)

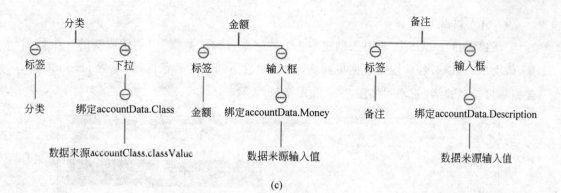

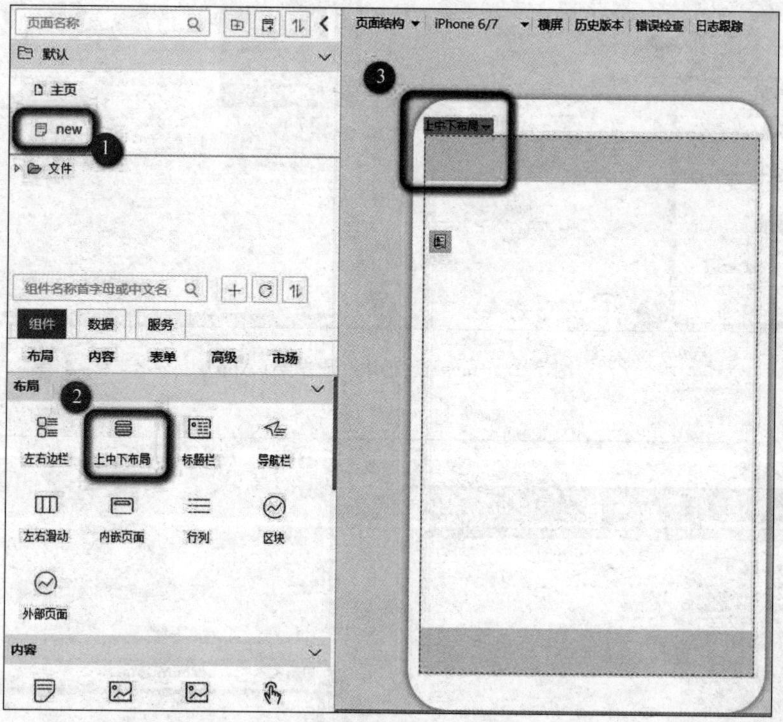

图 7-55 new 页面引入"上中下布局"组件(App)

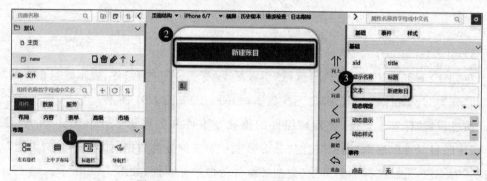

图 7-56 new 页面引入"标题栏"组件(App)

4）引入数据集

"新建账目"new 页需要引入创建的 4 个数据集，选择"数据"中创建成功的 4 个数据集，依次单击鼠标，然后拖曳数据集到页面上的"数据│服务"黄色区域，设置 accountData 数据集自动模式为"新增"，如图 7-57 和图 7-58 所示。

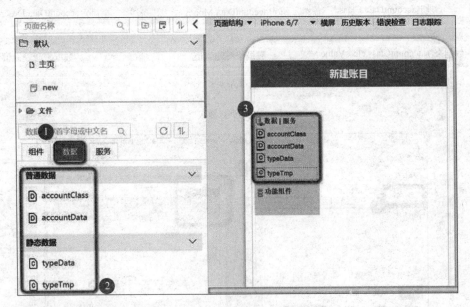

图 7-57　new 页面引入数据集（App）

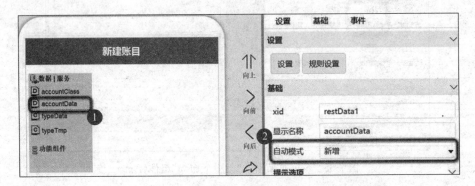

图 7-58　设置 accountData 数据集（App）

5）引入"标签＋下拉"组件

在"上中下布局"组件的"内容区域"引入 2 个"标签＋下拉"组件，展示账目信息的"类型"和"分类"，设置标签文本、绑定下拉数据，如图 7-59～图 7-61 所示。

通过设置"标签＋下拉（类型）"组件的值改变事件和数据集 accountCalss 的过滤条件，新建账目时可以根据"类型"过滤"分类"，显示对应的分类数据，如果没选定"类型"，则"分类"为空白。设置"标签＋下拉（类型）"组件的值改变事件，如图 7-62 所示。

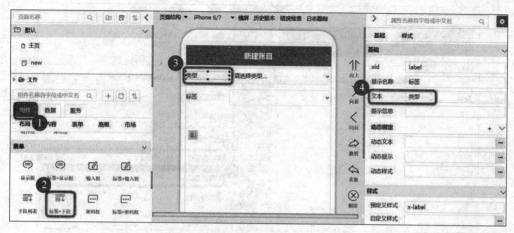

图 7-59 引入"标签＋下拉（类型）"组件（App）

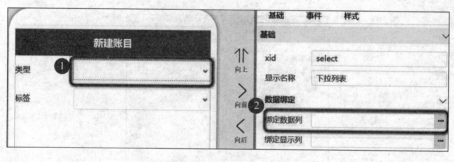

(a)

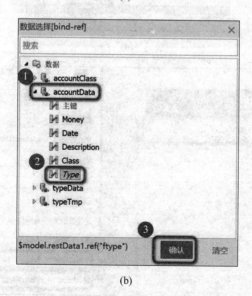

(b)

图 7-60 设置"标签＋下拉（类型）"组件绑定数据（App）

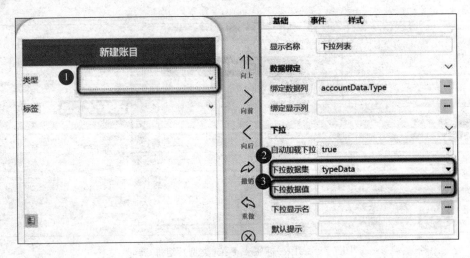

(c)

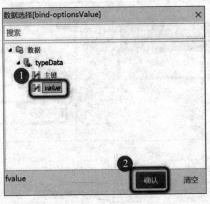

(d)

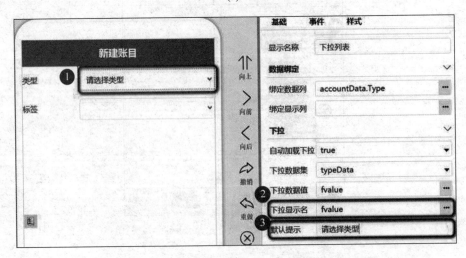

(e)

图　7-60(续)

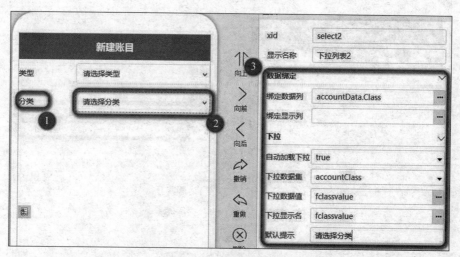

图 7-61 设置"标签＋下拉（分类）"组件文本和绑定数据（App）

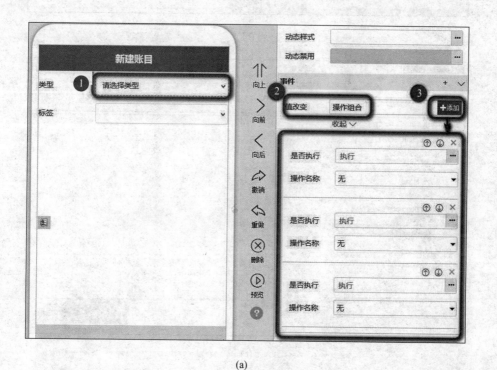

(a)

图 7-62 设置"标签＋下拉（类型）"组件的值改变事件（App）

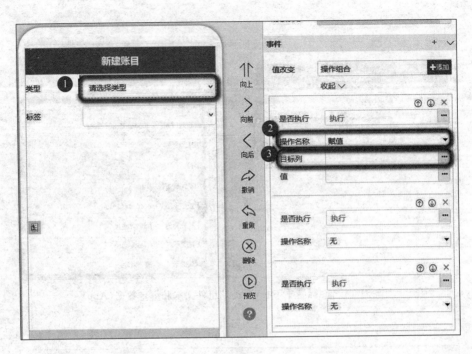

(b)

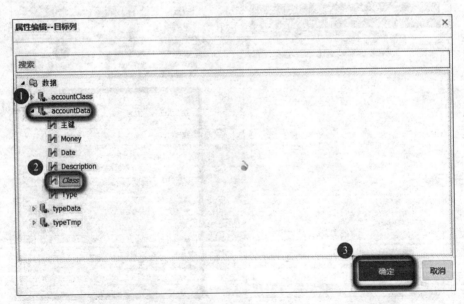

(c)

图 7-62(续)

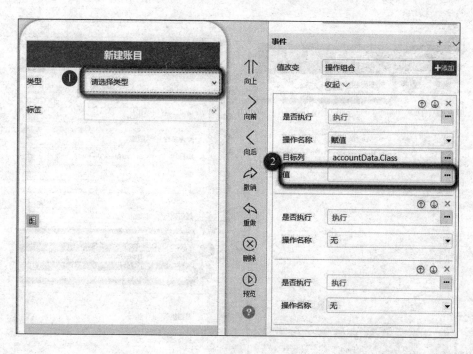

(d)

(e)

图 7-62(续)

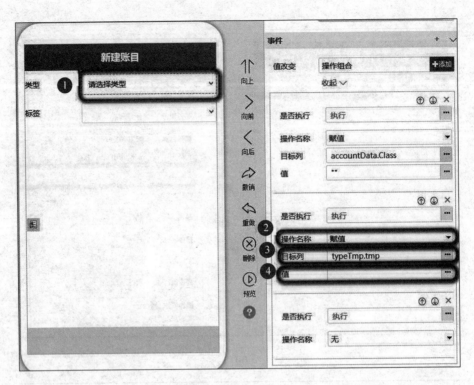

(f)

(g)

图 7-62（续）

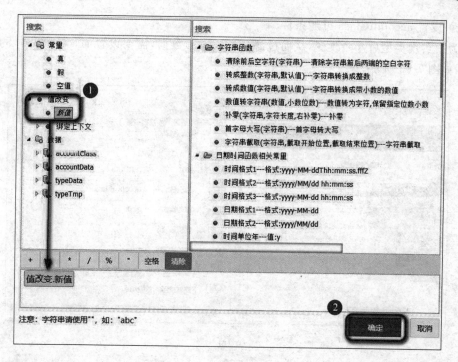

(h)

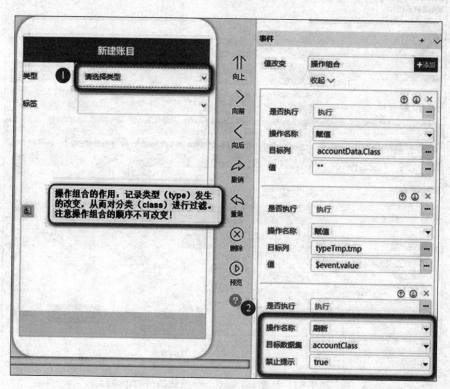

(i)

图 7-62(续)

6）设置 accountClass 过滤条件

为了实现类型（type）改变，从而过滤分类（class）数据，需要设置 accountClass 的过滤条件，如图 7-63 所示。

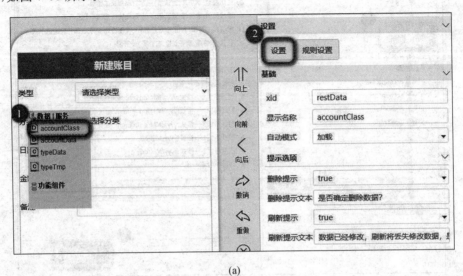

(a)

(b)

图 7-63 设置 accountClass 过滤条件（App）

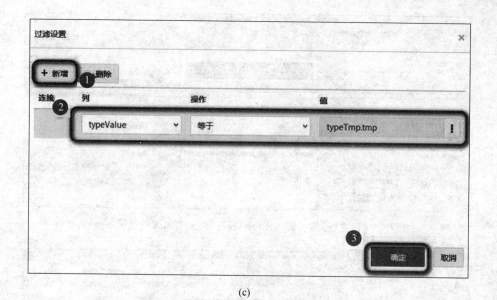

(c)

图 7-63(续)

7) 引入"标签+输入框"组件

在"标签+下拉"组件下方引入 3 个"标签+输入框"组件,展示账目信息的"日期""金额"和"备注",设置标签文本和绑定数据,如图 7-64～图 7-66 所示。

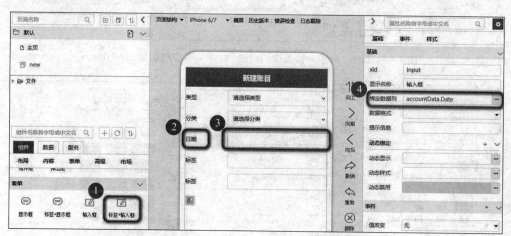

图 7-64 设置"标签+输入框(日期)"组件文本和绑定数据(App)

8) 引入"按钮(保存返回)"组件

在"标题栏"组件右侧引入"按钮(保存返回)"组件,单击可以保存新建账目信息,并返回到主页,设置"按钮(保存返回)"组件的属性和点击事件,如图 7-67 和图 7-68 所示。

9) 引入"按钮(返回)"组件

在"标题栏"组件左侧引入"按钮(返回)"组件,单击可以放弃保存新建的账目信息,直接返回到主页,设置"按钮(返回)"组件的属性和点击事件,如图 7-69 和图 7-70 所示。

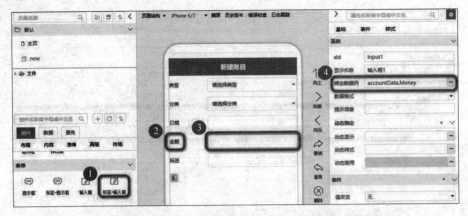

图 7-65　设置"标签＋输入框(金额)"组件文本和绑定数据(App)

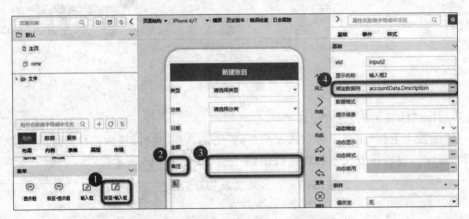

图 7-66　设置"标签＋输入框(备注)"组件文本和绑定数据(App)

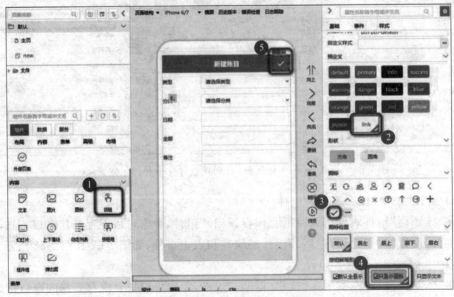

图 7-67　引入"按钮(保存返回)"组件(App)

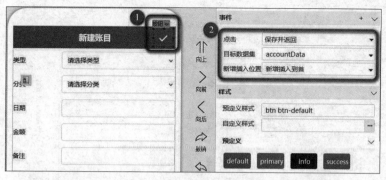

图 7-68 new 页面设置"按钮(保存返回)"组件的点击事件(App)

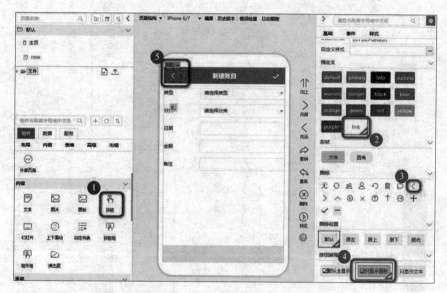

图 7-69 new 页面引入"按钮(返回)"组件(App)

图 7-70 new 页面设置"按钮(返回)"组件的点击事件(App)

6. "编辑账目"edit 页开发

1) 设计思路

根据项目需求创建 edit 页,页面上放置组件并进行数据绑定,UI 界面设计如图 7-71 所示。

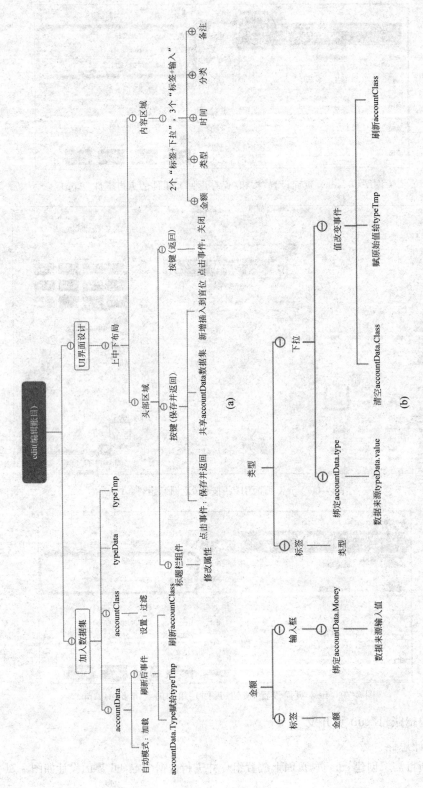

图 7-71　"编辑账目"UI 界面设计（App）

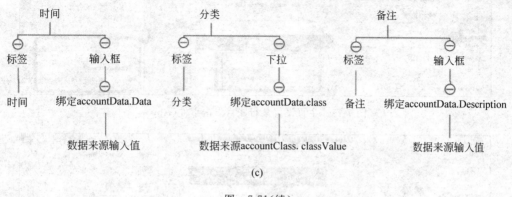

（c）

图 7-71（续）

2）创建"编辑账目"edit 页

"编辑账目"edit 页的页面布局和大部分功能与"新建账目"new 页基本一致，可以复制"新建账目"new 页，修改页面信息为"编辑账目"edit 页，如图 7-72 所示。

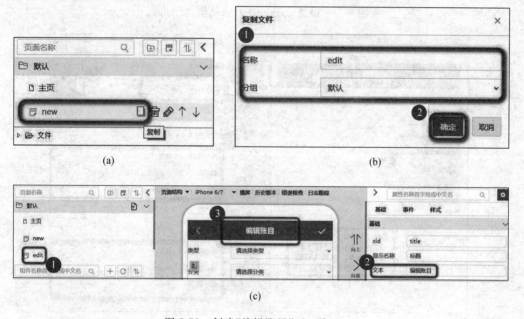

图 7-72 创建"编辑账目"edit 页（App）

3）主页设置某行账目的点击事件

在主页里，选择某行账目信息的账目所在列，设置此列的点击事件，可以打开"编辑账目"edit 页面，对已有账目信息进行编辑，如图 7-73 所示。

4）设置 accountData

在 edit 页里，选择 accountData 数据集，设置自动模式为"加载"，在"刷新后事件"中添加两个操作，可以实现访问 edit 页时得到类型数据，从而对分类数据进行过滤，如图 7-74 和图 7-75 所示。

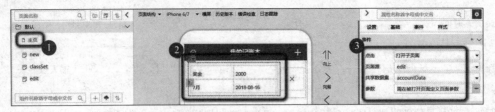

图 7-73　主页设置某行账目点击事件(App)

图 7-74　设置 accountData 自动模式(App)

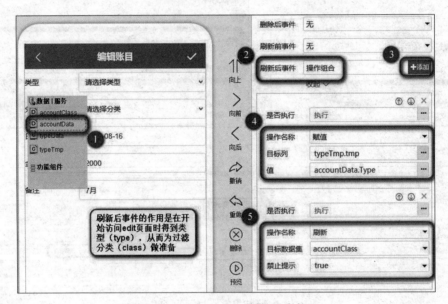

图 7-75　设置 accountData 刷新后事件(App)

7. "分类设置"classSet 页开发

1) 设计思路

根据项目需求,在 classSet 页上放置组件并进行数据绑定,UI 界面设计如图 7-76 所示。

2) 引入"上中下布局"组件

单击 classSet 页面,新建的页面是空白的,需要添加"上中下布局"组件,以便 UI 界面设计,如图 7-77 所示。

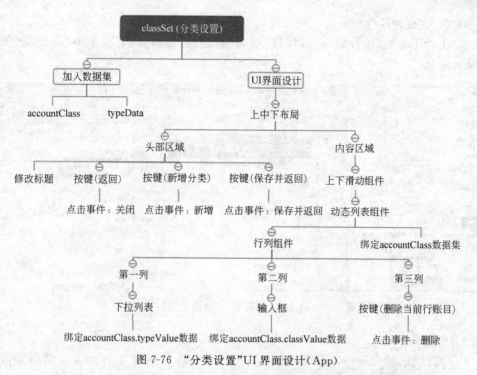

图 7-76 "分类设置"UI 界面设计（App）

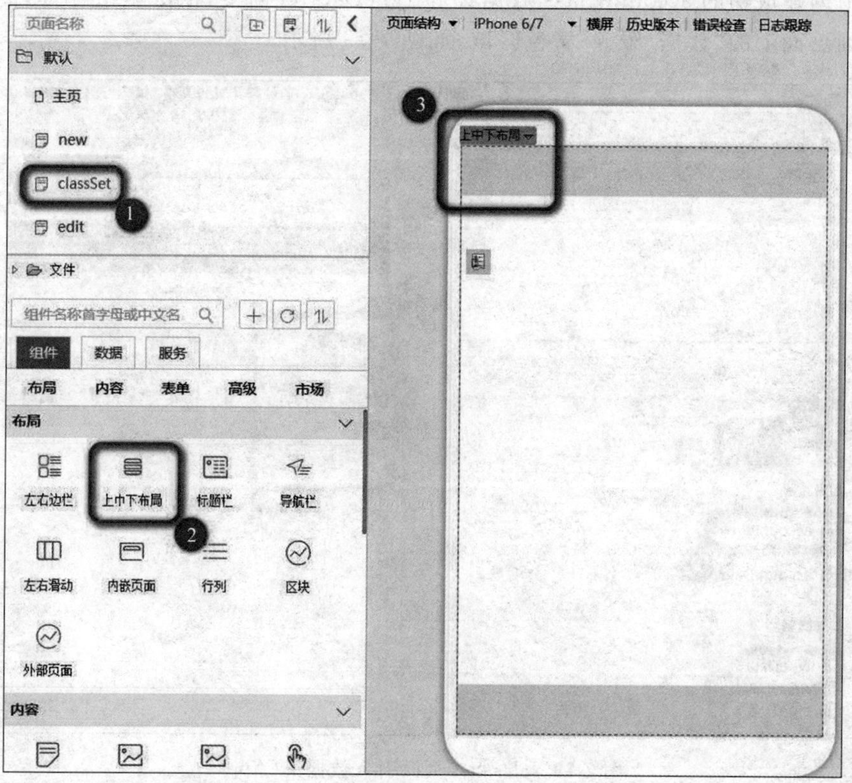

图 7-77 classSet 页面引入"上中下布局"组件（App）

3）引入"标题栏"组件

在"上中下布局"组件的"头部区域"引入"标题栏"组件，设置文本为"分类设置"，如图 7-78 所示。

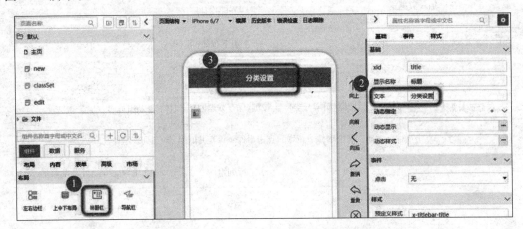

图 7-78 classSet 页面引入"标题栏"组件（App）

4）引入数据集

"分类设置"的 classSet 页需要引入 accountClass 数据集和 typeData 数据集，选择"数据"中创建成功的 accountClass 数据集和 typeData 数据集，依次单击鼠标，然后拖曳数据集到页面上的"数据|服务"黄色区域，如图 7-79 所示。

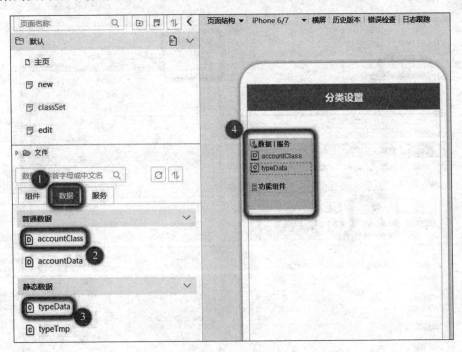

图 7-79 classSet 页面引入数据集（App）

5）引入"上下滑动"组件

在"上中下布局"组件的"内容区域"中引入"上下滑动"组件，可实现下拉、上滑刷新的效果，与"动态列表"组件搭配实现显示当前页面无法展示的内容，可参考图 7-33。

6）引入"动态列表"组件，绑定数据

在"上下滑动"组件内引入"动态列表"组件，绑定数据集后可以根据数据的数目、设计格式展示所有的分类信息，绑定数据集选项，选择 accountClass，如图 7-80 所示。

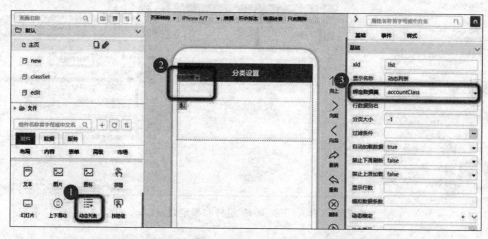

图 7-80　在"上下滑动"组件内引入"动态列表"组件（App）

7）在"动态列表"组件内引入"行列"组件

将"行列"组件引入"动态列表"组件内部的"列表模板"中，作为每一条分类信息展示区域。"行列"组件保留 3 列，如图 7-81 所示。

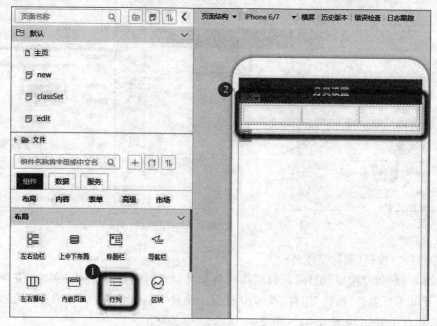

图 7-81　在"动态列表"组件内引入"行列"组件（App）

8) 引入"下拉列表"组件

在"行列"组件第1列内引入"下拉列表"组件,作为类型选择("收入"或者"支出"),设置绑定数据accountClass.typeValue,如图7-82所示。

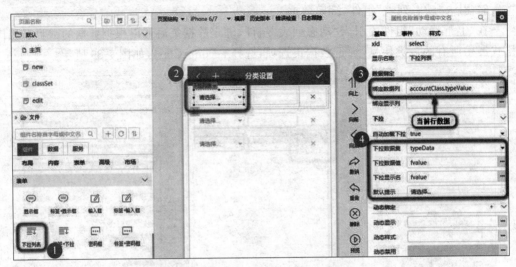

图7-82　引入"下拉列表"组件和绑定数据(App)

9) 引入"输入框"组件

在"行列"组件第2列内引入"输入框"组件,可以输入自定义分类,设置绑定数据accountClass.classValue,如图7-83所示。

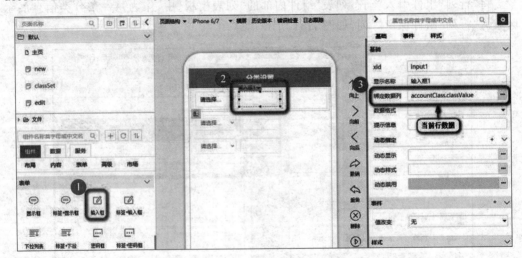

图7-83　引入"输入框"组件和绑定数据(App)

10) 引入"按钮(删除)"组件

在第3列引入"按钮"组件,可以删除当前分类信息。设置所在列的属性,使列的宽度(20%)可以正好包裹"按钮"组件,并居中显示。设置"按钮"组件属性,修改显示文字、图标、样式和点击事件,如图7-84~图7-87所示。

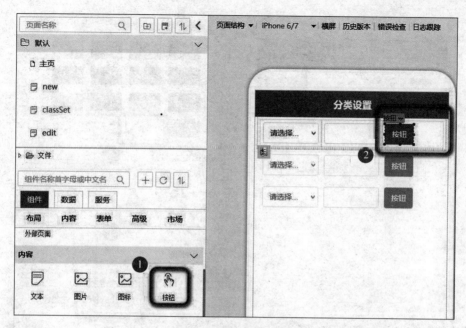

图 7-84 classSet 页面引入"按钮(删除)"组件(App)

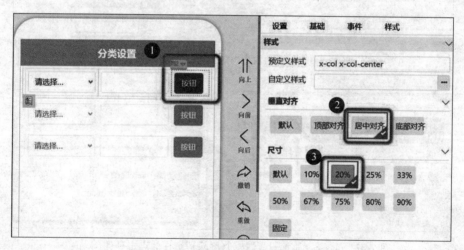

图 7-85 设置第 3 列属性(App)

11) 引入"按钮(保存返回)"组件

在"标题栏"组件右侧引入"按钮(保存返回)"组件,单击后可以保存的新建分类信息,并返回到主页,设置"按钮(保存返回)"组件的属性和点击事件,如图 7-88 和图 7-89 所示。

12) 引入"按钮(返回)"组件

在"标题栏"组件左侧引入"按钮(返回)"组件,单击后可以放弃新建或编辑分类信息,直接返回到主页,设置"按钮(返回)"组件的属性和点击事件,如图 7-90 和图 7-91 所示。

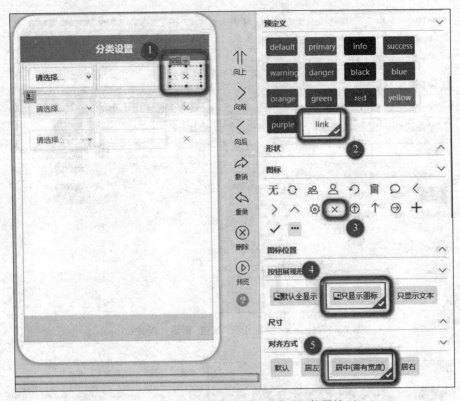

图 7-86 classSet 页面设置"按钮(删除)"组件属性(App)

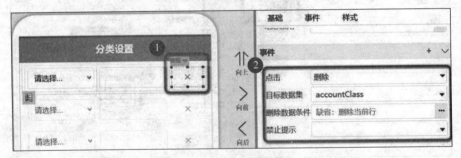

图 7-87 classSet 页面设置"按钮(删除)"组件的点击事件(App)

13) 引入"按钮(新建分类)"组件

在"标题栏"组件的"按钮(返回)"组件右侧引入"按钮(新建分类)"组件,单击后可以新建分类信息,设置"按钮(新建分类)"组件的属性和点击事件,如图 7-92 和图 7-93 所示。

7.3.3 App 项目预览

根据标准的牛道云平台开发 App 预览流程预览项目,详细过程请参考实训项目 1 中的图 1-20~图 1-23,过程如下。

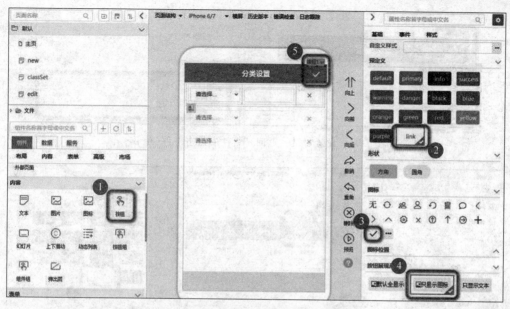

图 7-88 引入"按钮（保存返回）"组件（App）

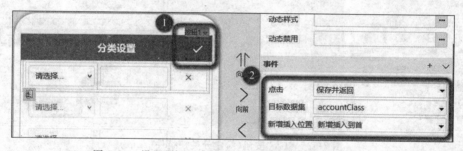

图 7-89 设置"按钮（保存返回）"组件的点击事件（App）

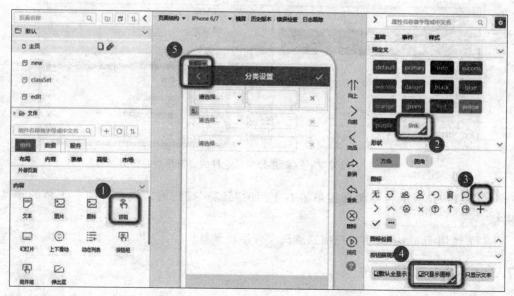

图 7-90 引入"按钮（返回）"组件（App）

图 7-91 设置"按钮（返回）"组件的点击事件（App）

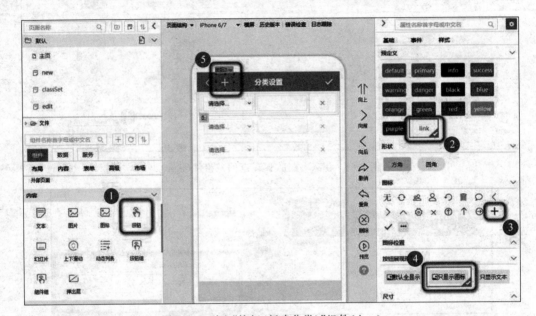

图 7-92 引入"按钮（新建分类）"组件（App）

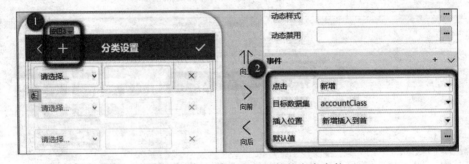

图 7-93 设置"按钮（新建分类）"组件的点击事件（App）

（1）在牛道云平台界面直接单击右上角的"预览"按钮或者模拟界面右下角的预览图标。

（2）使用apploader功能扫描二维码实现手机预览。

7.3.4 App 项目发布

根据标准的牛道云平台开发 App 发布流程发布项目,详细过程请参考实训项目 1 中的图 1-24～图 1-27,过程如下。

(1) 在牛道云平台界面直接单击右上角的"发布"按钮。

(2) 进入发布设置,输入发布信息,选择图标、欢迎界面。

(3) 选择发布的数据集,参考图 4-51。

(4) 生成二维码,手机扫描二维码可下载 App;或者到"高级"界面直接下载安装包。

7.4 小程序项目开发

实训项目 7 小程序
开发微课视频

本项目的小程序应用界面分为 4 个页面。

(1) "我的记账本",即主页,可以展示账目信息。

(2) "分类设置",即 classSet 页,进行账目类别设置。

(3) "新建账目",即 new 页,可以记录新的账目。

(4) "编辑账目",即 edit 页,可以对已有账目进行编辑。

4 个页面按照逻辑关系由按钮进行切换,通过数据集进行数据展示和编辑,并可以在页面间进行数据共享,实现基本记录账目和设置分类信息的功能。

7.4.1 小程序设计思路

本项目为多页面小程序,通过页面的组件,用户可以查阅自己的账目信息,新建、编辑账目等操作,账目列表的账目信息可以根据收入或支出展示不同的颜色。项目预期效果如图 7-94 所示。

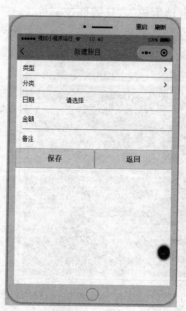

图 7-94 实训项目预期效果(小程序)

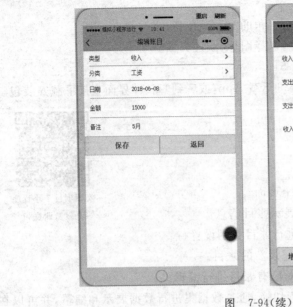
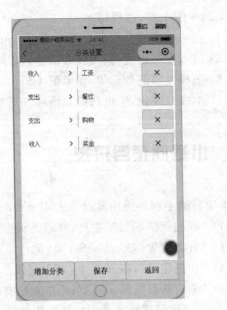

图　7-94(续)

　　图 7-95 所示的是根据项目预期效果设计的"我的记账本"主页结构,主要由"导航栏"组件、"行列"组件、"按钮"组件、"文本"组件、"滚动列表"组件和"按钮组"组件组成。其中,小程序"导航栏标题"是自动生成的,只需修改属性。

　　图 7-96 所示的是根据项目预期效果设计的"新建账目"new 页结构,主要由"导航栏"组件、"标签＋下拉"组件、"按钮组"组件和"标签＋输入框"组件组成。其中,小程序"导航栏标题"是自动生成的,只需修改属性。

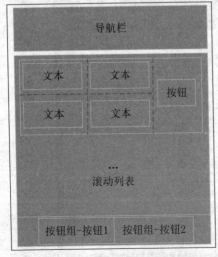

图 7-95　"我的记账本"页面结构(小程序)

图 7-96　"新建账目"页面结构(小程序)

　　图 7-97 所示的是根据项目预期效果设计的"编辑账目"edit 页结构,主要由"导航栏"组件、"标签＋下拉"组件、"按钮组"组件和"标签＋输入框"组件组成。其页面结构与"新

建账目"new 页相同。

图 7-98 所示的是根据项目预期效果设计的"分类设置"classSet 页结构，主要由"导航栏"组件、"下拉列表"组件、"按钮组"组件、"滚动列表"组件和"输入框"组件组成。

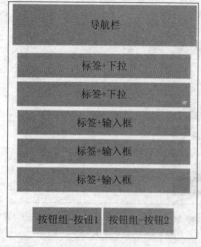

图 7-97 "编辑账目"页面结构（小程序）

图 7-98 "分类设置"页面结构（小程序）

项目需要设计 UI 界面和创建数据集存储数据，如图 7-99 所示。

图 7-99 创建项目（小程序）

根据项目需求分析，本项目需要 4 个页面。其中，主页由系统自动生成，new 页和 classSet 页需要新建页面，edit 页可以复制 new 页然后修改，如图 7-100 所示。

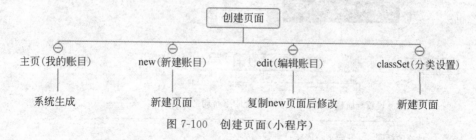

图 7-100 创建页面（小程序）

7.4.2 小程序开发过程

1. 创建项目

用浏览器（推荐 Chrome、Safari）打开牛道云平台 www.newdao.org.cn，登录账户，进入"可视化开发"，依次单击"我的制作"→"小程序/App/公众号"→"创建小程序"，详细操作请参考实训项目 1 中的图 1-31 和图 1-32，具体输入项目信息如图 7-101 所示，然后即可进入项目制作界面，参考实训项目 1 中的图 1-34 和图 1-35。

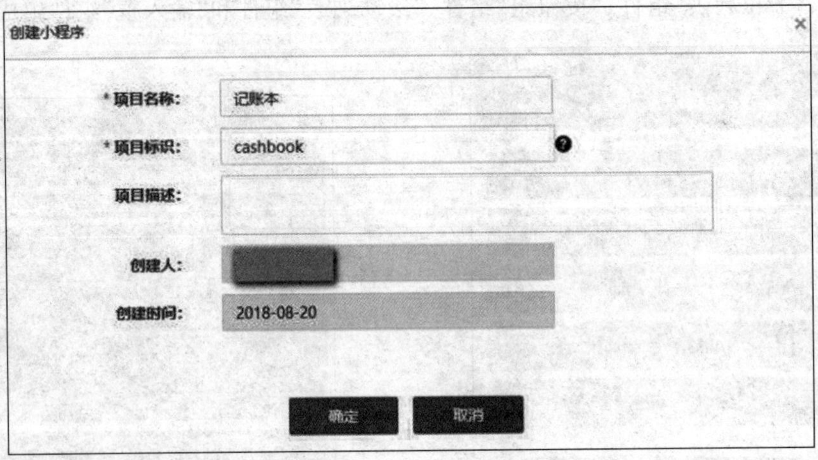

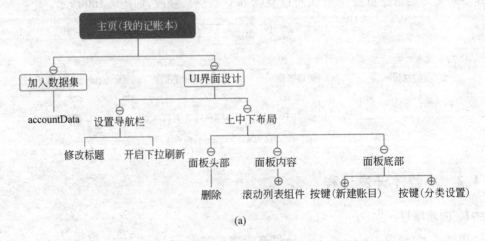

图 7-101　创建小程序

2. 创建数据集和数据

本项目小程序需要创建 4 个数据集存储账目信息、分类等数据，创建过程、引入项目与 App 开发一致，可参考图 7-16～图 7-27。

3. 创建"新建账目"new 页和"分类设置"classSet 页

单击"新建页面"，创建新的页面 new 和 classSet，作为输入新账目信息页和分类信息页，可参考图 7-28 和图 7-29。

4. "我的记账本"主页开发

1) 设计思路

根据项目需求，在主页上放置组件，并进行数据绑定，UI 界面设计如图 7-102 所示。

(a)

图 7-102　"我的记账本"UI 界面设计(小程序)

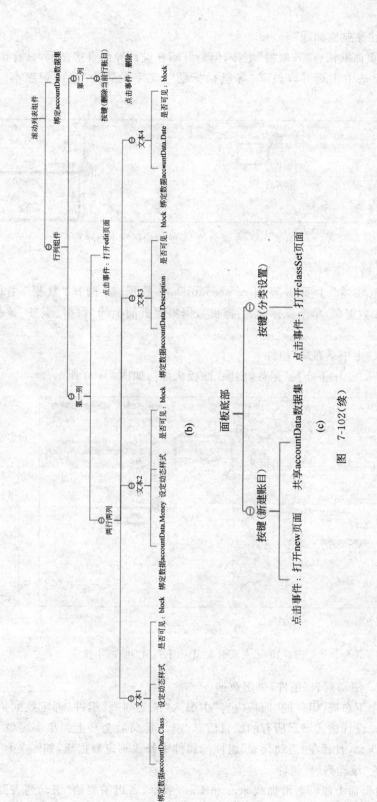

图 7-102（续）

2) 设置"导航栏标题"

小程序页面默认有"导航栏"组件,但是并不在设计界面直接显示,只有预览或者运行时显示,需要选中主页并修改其"导航栏标题",文字设置为"我的记账本",如图 7-103 所示。

图 7-103　主页修改"导航栏标题"(小程序)

3) 引入数据集

"我的记账本"主页需要引入 accountData 数据集,选择"数据"中创建成功的 accountData 数据集,单击鼠标,然后拖曳数据集到页面上的"数据|服务"黄色区域,参考图 7-32。

4) 引入"上中下布局"组件

页面引入"上中下布局"组件,删除"面板头部",如图 7-104 所示。

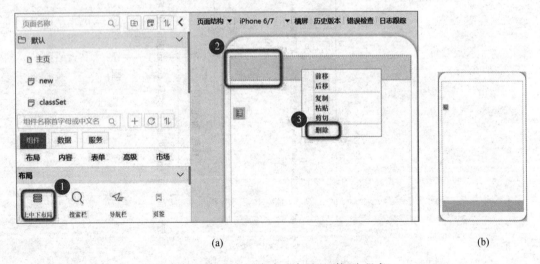

(a)　　　　　　　　　　　　　　　　　(b)

图 7-104　主页引入"上中下布局"组件(小程序)

5) 引入"滚动列表"组件,绑定数据

在"上中下布局"组件的"面板内容"中引入"滚动列表"组件,绑定数据集后可以根据数据的数目、设计格式展示所有的账目信息,引入页面后会马上弹出绑定数据集选项,选择 accountData,或者在"滚动列表"组件的属性中修改绑定数据集,如图 7-105 所示。

6) 设置"滚动列表"组件

为了在页面上能够上滑加载 accountData 数据,所以需要给"滚动列表"组件和"滚动视图"组件都设置高度样式。

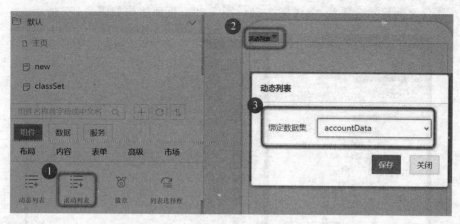

图 7-105　引入"滚动列表"和绑定数据(小程序)

在"滚动列表"中设置高度为 100%,在"滚动视图"中设置纵向滚动为 true,高度为 100%,如图 7-106 所示。

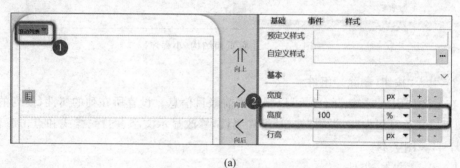

(a)

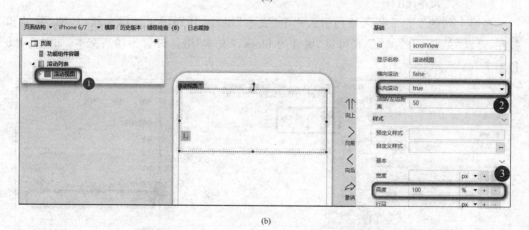

(b)

图 7-106　设置"滚动列表"和"滚动视图"(小程序)

7) 在"滚动列表"组件内引入"行列"组件

将"行列"组件引入"滚动列表"组件内部"滚动视图"的"动态列表"中,作为每一条账目的展示区域。"行列"组件保留 2 列。其中,第 1 列内再引入 2 个"行列"组件(保留两列),账目之间显示分隔线,参考图 7-36～图 7-39。页面结构如图 7-107 所示。

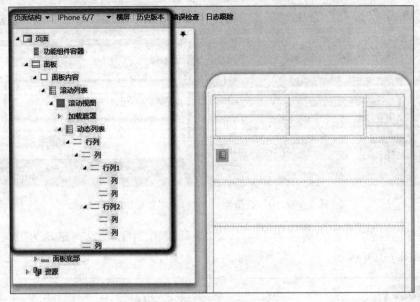

图 7-107　主页页面结构(小程序)

8) 引入"按钮(删除)"组件

在第 2 列引入"按钮"组件,可以删除当前账目信息。设置所在列的属性,使列的宽度为 20%,并"垂直居中"。设置"按钮"组件属性,修改显示文字、图标、样式和点击事件,参考图 7-41～图 7-44。

9) 引入"文本"组件

在第 1 列的 2 行 2 列区域内引入 4 个"文本"组件,分别用于显示金额、日期、分类和备注,设置"文本"组件的"是否可见"属性为 block,"文本"组件设置为动态文本,如图 7-108 和图 7-109 所示。

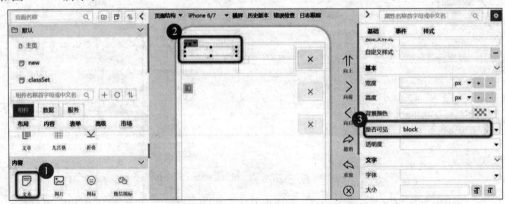

(a)

图 7-108　引入"文本"组件及页面结构(小程序)

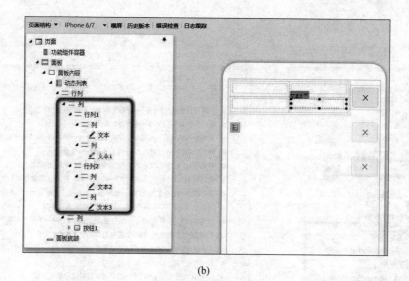

(b)

图 7-108(续)

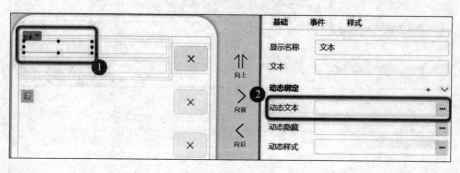

(a)

(b)

图 7-109 "文本"组件绑定数据(小程序)

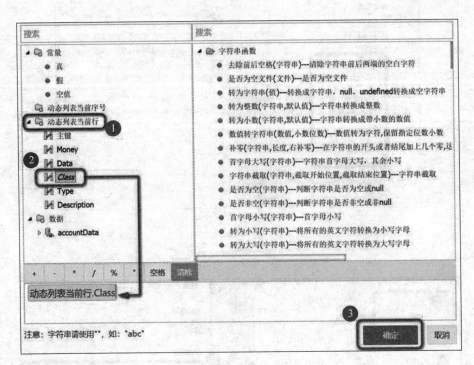

(c)

(d)

图   7-109(续)

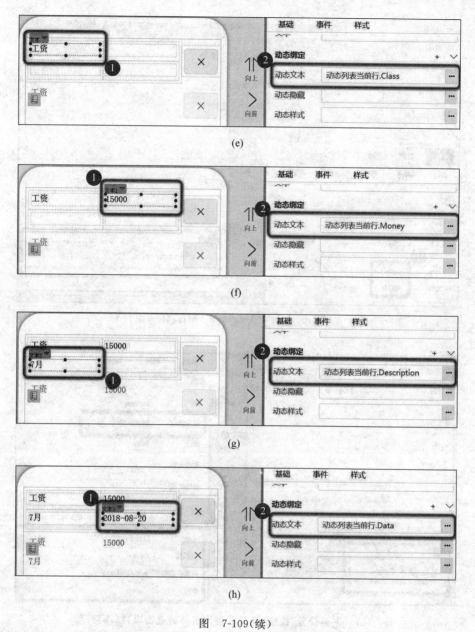

图 7-109(续)

　　根据本项目需求,设置"文本(Class)"组件和"文本(Money)"组件,根据"收入"或"支出"显示不同的颜色,文字大小为 20px,参考图 7-48 和图 7-49。

　　10) 引入"按钮组"组件

　　在"上中下布局"组件的"面板底部"引入"按钮组"组件,点击第 1 个按钮可以打开"新建账目"new 页,添加新的账目信息,点击第 2 个按钮可以打开"分类设置"classSet 页,新建或编辑类型和分类信息,设置"按钮组"组件的属性和点击事件,如图 7-110～图 7-112 所示。

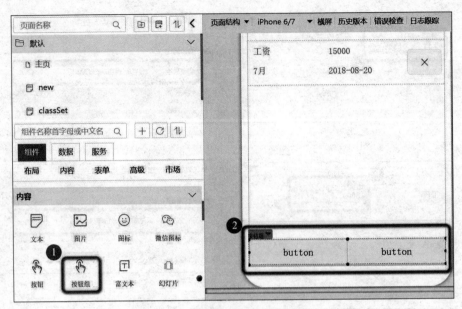

图 7-110 主页引入"按钮组"组件（小程序）

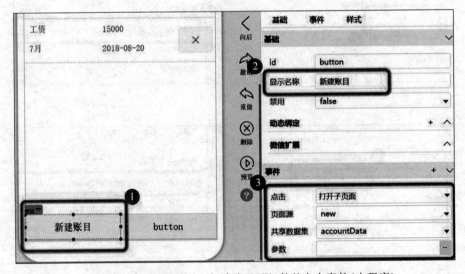

图 7-111 主页设置"按钮（新建账目）"组件的点击事件（小程序）

5．"新建账目"new 页开发

1）设计思路

根据项目需求，new 页上放置组件，并进行数据绑定，UI 界面设计如图 7-113 所示。

2）设置"导航栏标题"

小程序页面默认有"导航栏"组件，但是并不在设计界面直接显示，只有预览或者运行时显示，需要选中 new 页修改其"导航栏标题"，文字设置为"新建账目"，如图 7-114 所示。

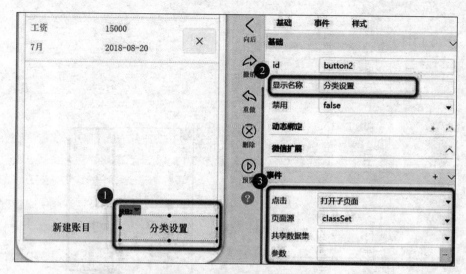

图 7-112　设置"按钮(分类设置)"组件的点击事件(小程序)

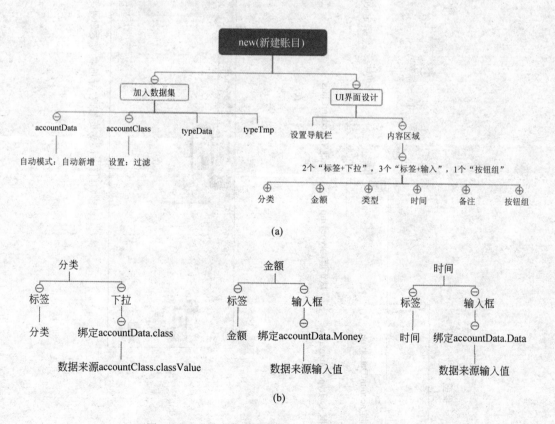

图 7-113　"新建账目"new 页 UI 界面设计(小程序)

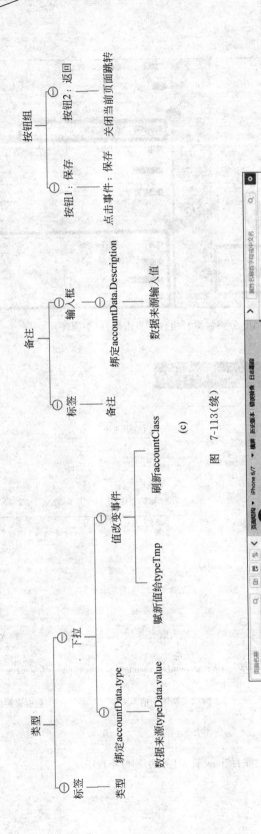

图 7-113（续）

图 7-114　new 页修改"导航栏标题"（小程序）

3）引入数据集

"新建账目"new页需要引入创建的4个数据集,选择"数据"中创建成功的4个数据集,依次单击鼠标,然后拖曳数据集到页面上的"数据|服务"黄色区域,设置accountData数据集自动模式为"自动新增",参考图7-57和图7-58。

4）引入"标签＋下拉"组件

在"上中下布局"组件的"内容区域"引入2个"标签＋下拉"组件,展示账目信息的"类型"和"分类",设置标签文本、绑定下拉数据和值改变事件,参考图7-59～图7-62。

5）设置accountClass过滤条件

为了实现类型(type)改变,从而过滤分类(class)数据,需要设置accountClass的过滤条件,参考图7-63。

6）引入"标签＋输入框"组件

在"标签＋下拉"组件下方引入3个"标签＋输入框"组件,展示账目信息的"日期""金额"和"备注",设置标签文本和绑定数据,参考图7-64～图7-66。

7）引入"按钮组"组件

在"标签＋输入框"组件的下部引入"按钮组"组件,点击第1个按钮可以保存新的账目信息,点击第2个按钮可以返回主页面,设置"按钮组"组件的属性和点击事件,如图7-115～图7-117所示。

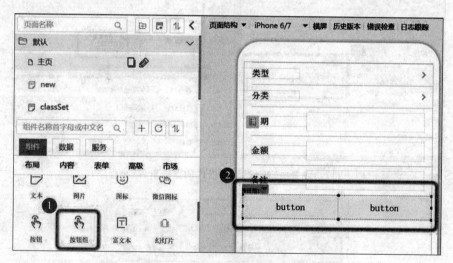

图7-115　new页引入"按钮组"组件(小程序)

8）设置"按钮(返回)"组件

小程序在"导航栏"组件左侧默认放置了"按钮(返回)"组件,单击后可以放弃保存新建账目信息,直接返回到主页,其属性和点击事件不可修改,如图7-118所示。

6."编辑账目"edit页开发

1）设计思路

根据项目需求,创建edit页,页面上放置组件,并进行数据绑定,UI界面设计如图7-119所示。

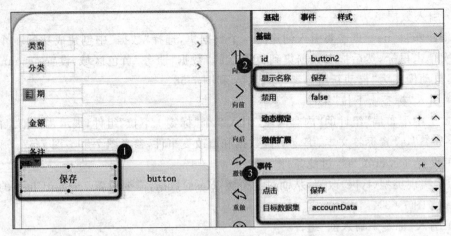

图 7-116　设置"按钮(保存)"组件的点击事件(小程序)

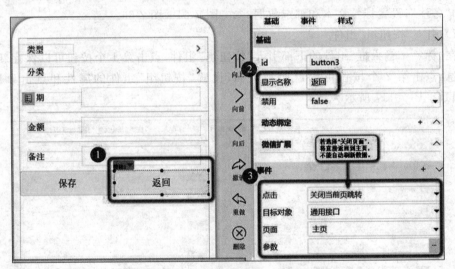

图 7-117　设置"按钮(返回)"组件的点击事件(小程序)

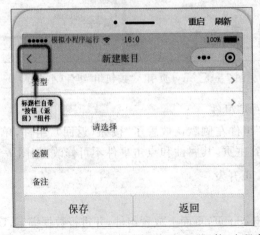

图 7-118　"导航栏"组件的"按钮(返回)"组件(小程序)

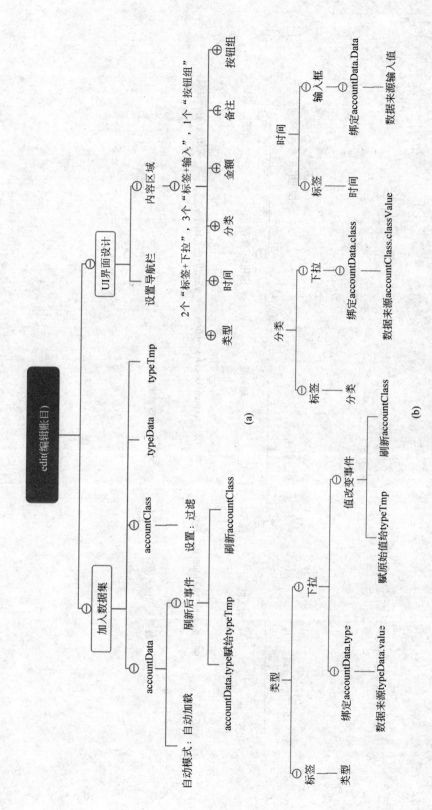

图 7-119 "编辑账目" edit 页 UI 界面设计（小程序）

图　7-119（续）

2）创建"编辑账目"edit 页

"编辑账目"edit 页的页面布局和大部分功能与"新建账目"new 页基本一致，可以复制"新建账目"new 页，修改页面信息为"编辑账目"edit 页，参考图 7-72。

3）主页设置某行账目的点击事件

在主页里，选择某行账目信息的账目所在列，设置此列的点击事件，可以打开"编辑账目"edit 页面，对已有账目信息进行编辑，参考图 7-73。

4）设置 accountData

在 edit 页里，选中 accountData 数据集，设置自动模式为"自动加载"，在"刷新后事件"中添加 2 个操作，参考图 7-74 和图 7-75。

7. "分类设置"classSet 页开发

1）设计思路

根据项目需求，classSet 页上放置组件，并进行数据绑定，UI 界面设计如图 7-120 所示。

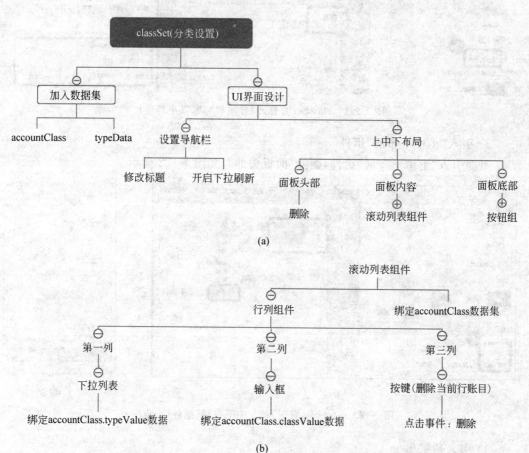

图 7-120 "分类设置"UI 界面设计（小程序）

按钮组

按钮(新建分类)　　　　　按钮(保存)　　　　按钮(返回)

点击事件:新建　　目标accountClass数据集　　新增插入首位　　点击事件:保存　　点击事件:关闭当前页面跳转

(c)

图 7-120(续)

2) 设置"导航栏标题"

小程序页面默认有"导航栏"组件,但是并不在设计界面直接显示,只有预览或者运行时显示,需要选中 classSet 页面,修改其"导航栏标题",文字设置为"分类设置",如图 7-121 所示。

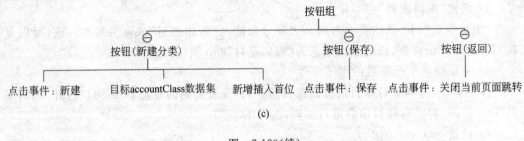

图 7-121　classSet 页修改"导航栏标题"(小程序)

3) 引入"上中下布局"组件

页面引入"上中下布局"组件,删除"面板头部",如图 7-122 所示。

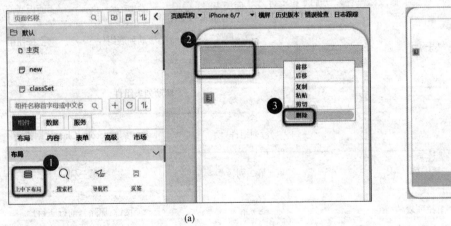

(a)　　　　　　　　　　(b)

图 7-122　classSet 页引入"上中下布局"组件(小程序)

4) 引入数据集

"分类设置"classSet 页需要引入 accountClass 数据集和 typeData 数据集,选择"数据"中创建成功的 accountClass 数据集和 typeData 数据集,依次单击鼠标,然后拖曳数据集到页面上的"数据|服务"黄色区域,参考图 7-79。

5）引入"滚动列表"组件，绑定数据

在"上中下布局"组件的"面板内容"中引入"滚动列表"组件，绑定数据集后可以根据数据的数目、设计格式展示所有的账目信息，引入页面后会马上弹出绑定数据集选项，选择 accountClass，或者可以在"滚动列表"组件的属性中修改绑定数据集，如图 7-123 所示。

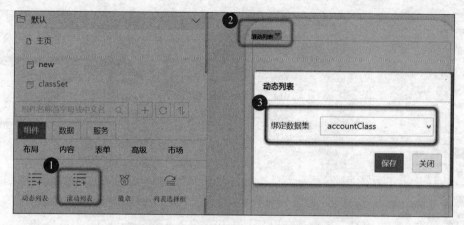

图 7-123　引入"滚动列表"组件和数据绑定（小程序）

6）设置"滚动列表"组件

为了在页面上能够上滑加载 accountClass 数据，所以需要给"滚动列表"组件和"滚动视图"组件都设置高度样式。

"滚动列表"设置高度为 100%，"滚动视图"设置纵向滚动为 true，高度为 100%，参考图 7-106。

7）"滚动列表"组件内引入"行列"组件

将"行列"组件引入"滚动列表"组件内部的"滚动视图"的"动态列表"中，作为每一条分类信息展示区域。"行列"组件保留 3 列，参考图 7-81。

8）引入"下拉列表"组件

"行列"组件第 1 列内引入"下拉列表"组件，作为类型选择（"收入"或者"支出"），设置绑定数据 accountClass.typeValue，参考图 7-82。

9）引入"输入框"组件

"行列"组件的第 2 列内引入"输入框"组件，可以输入自定义分类，设置绑定数据 accountClass.classValue，参考图 7-83。设置"输入框"组件所在列的属性为"垂直居中"，如图 7-124 所示。

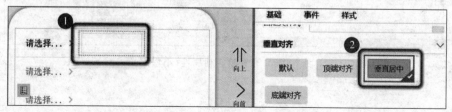

图 7-124　设置"输入框"组件所在列属性为"垂直居中"（小程序）

10) 引入"按钮（删除）"组件

在第 3 列引入"按钮"组件，可以删除当前分类信息。设置所在列的属性，使列的宽度为 20%，并垂直居中。设置"按钮"组件属性，修改显示文字、图标、样式和点击事件，如图 7-125 和图 7-126 所示。

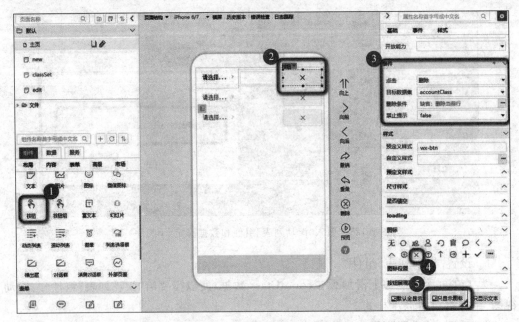

图 7-125　classSet 页引入"按钮（删除）"组件（小程序）

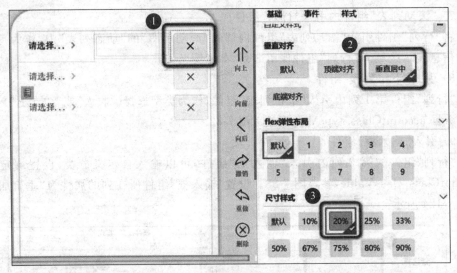

图 7-126　设置第 3 列属性（小程序）

11）引入"按钮组"组件

在"面板底部"引入"按钮组"组件，在页面结构中选中"按钮组"组件，右击鼠标，在快捷菜单中选择"添加按钮"，可以添加多个"按钮"，如图 7-127 所示。

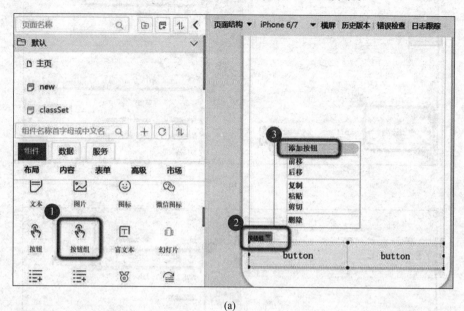

(a)

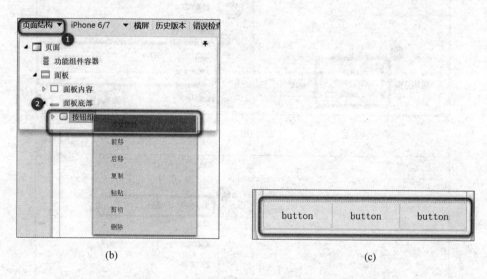

(b)　　　　　　　　　　　　　(c)

图 7-127　"按钮组"组件添加按钮（小程序）

点击第 1 个按钮可以增加新的分类信息，点击第 2 个按钮进行保存，点击第 3 个按钮可以返回主页面，设置"按钮组"组件的属性和点击事件，如图 7-128 所示。

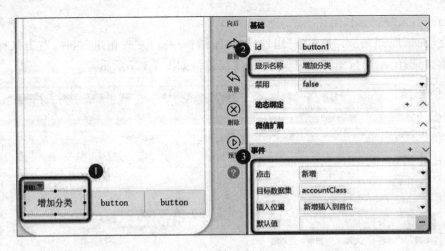

(a)

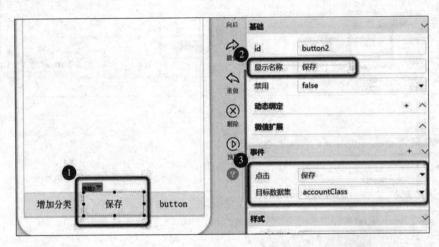

(b)

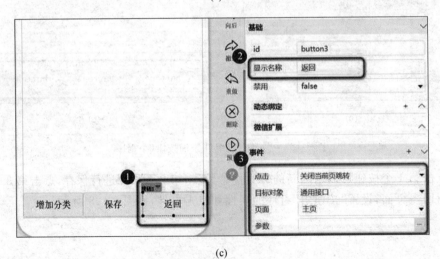

(c)

图 7-128　设置"按钮组"组件和点击事件(小程序)

7.4.3 小程序项目预览

根据标准的牛道云平台开发小程序预览流程预览项目,详细过程请参考实训项目1中的图 1-39 和图 1-40,过程如下。

(1) 在牛道云平台界面直接单击右上角的"预览"按钮或者模拟界面右下角的预览图标。

(2) 使用 apploader 功能扫描二维码实现手机预览。

7.4.4 小程序项目发布

按照小程序发布测试版本标准流程发布,参考实训项目1中的图 1-41~图 1-59,过程如下。

(1) 设置信息、选择数据集、发布版本,参考图 4-78;

(2) 下载小程序;

(3) 注册小程序;

(4) 牛道云平台配置参数;

(5) 微信公众平台配置服务器域名;

(6) 项目代码导入微信开发者工具;

(7) 牛道云平台测试环境预览;

(8) 微信开发者工具"编译""预览";

(9) 微信环境下测试运行开发版时,需打开调试功能。

7.5 项目拓展:具有统计功能的记账本 App 和小程序

1. 拓展项目需求分析

请完善记账本的功能,具体要求如下。

(1) 主页设置按钮可以打开统计账目页面 sum 页。

(2) sum 页可以显示账目信息、统计起止时间选择区、显示类型选择区和统计数据。

(3) 账目信息可以根据选择的起止时间和类型过滤显示。

(4) 统计数据展示总支出和总收入,并可以根据选择的起止时间进行统计。

项目预期效果如图 7-129 所示(以 App 为例)。

2. 拓展项目设计思路

在记账本项目中创建新页面 sum 页,增加静态数据集 sumDate 存储起止时间(beginDate、endDate),在 sum 页中三次引用动态数据集 accountData,修改显示名称,分

(a) 主页打开   (b) 显示、统计全部数据

(c) 根据起止时间显示、统计数据   (d) 根据类别显示数据

图 7-129　具有统计功能的记账本 App

别设置不同的过滤和统计，设置账目的类型所对应下拉的值改变事件，完成具有统计功能的记账本 App、小程序，设计思路和数据集设置如图 7-130～图 7-132 所示。

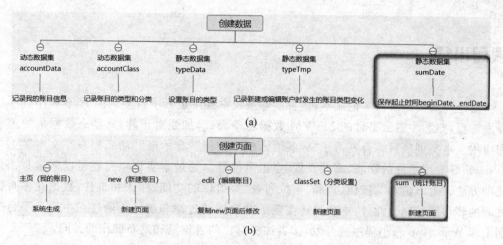

(a)

(b)

图 7-130　具有统计功能的记账本 App 和小程序设计思路

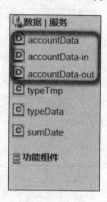

图 7-131　accountData 三次引用、修改显示名称

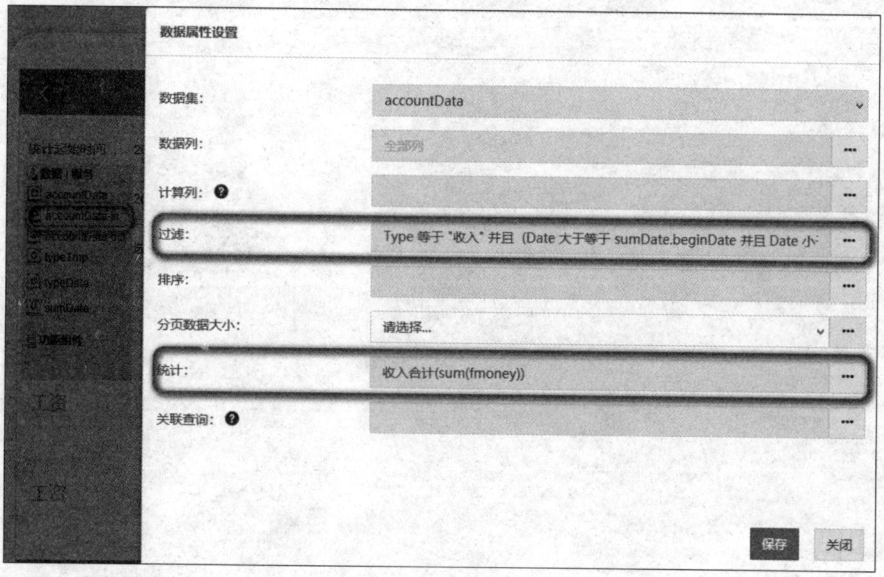

图 7-132　设置过滤和统计（以 accountData-in 为例）

项目小结

通过开发实训项目 7 记账本,读者能够系统掌握牛道云平台多页面 App 和小程序的开发流程,熟悉牛道云平台的 MVVM 数据驱动模式,加强对于静态、动态数据集的理解和应用。本实训项目综合复习了"标签输入框""按钮""显示框""动态列表""文本""上中下布局"等常用组件的功能、属性设置、点击事件等。通过本实训项目还可以掌握页面创建的方法、"上下滑动""按钮组"和"下拉列表"等组件的功能、样式和事件,数据在多页面之间的转移和控制。此外,本项目还实现了对数据的过滤和统计。通过在牛道云平台分别实现 Web App 和小程序的开发,读者加深对比两者预览和发布操作的异同。

实训项目 8

记录自己的历程——日记

【学习目标】

（1）理解和掌握"市场"组件中"微信登录小程序版"组件的使用方法。

（2）熟练掌握"用户""图片附件""标签+显示框""弹出层""提示框"等常用组件的使用方法。

（3）熟练掌握操作组合的使用方法。

（4）掌握服务制作、请求方法定义、服务调用的思路和使用方法。

（5）掌握多种事件响应操作的设置和使用方法。

（6）复习"滚动列表""上下滑动"等组件的使用方法。

学习路径

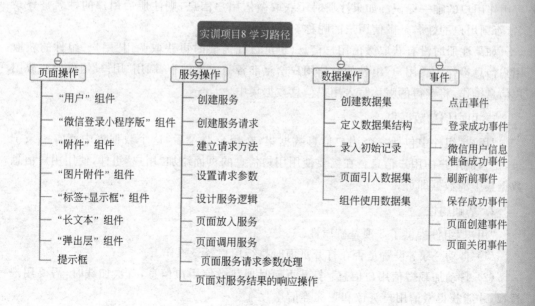

项目描述

在移动互联网应用普及的今天,智能手机已成为每个人不可或缺且使用频度最高的随身物品。因此,无论是苹果手机还是安卓手机,其系统都内置一个记事本或备忘录类的软件来协助我们在手机上及时记录,也可以日后随时查阅。但这些内置软件都将记录的内容存储在手机本地,更换了手机,原来保存在手机中的内容就难以移植,且这些软件通常只能记录文字而不能保存图片等内容。这样的软件就给我们记录和查阅每天记录的日记带来些许不便。

本项目设计的日记 App 和小程序将通过微信账号或在本项目 App 注册的网络账号,既可以让我们利用在线网络服务的方式,在各种智能手机上操作,记录下随手输入的文字、日期、天气情况以及照片、图片等内容,又可以让我们日后能随时在各种手机上打开浏览,以便我们能更好地再现过去的历程中留下的一抹回忆。

8.1 组件

8.1.1 "用户"组件

"用户"组件实现用户登录,并在登录后可以获取用户信息。在微信小程序中,结合"微信登录小程序版"组件,可以获取到微信当前用户的昵称和头像 URL。其中,"微信登录小程序版"组件需要从市场下载。

调用"用户"组件的登录操作,实现用户登录。用户登录后系统自动分配一个登录名,可用作用户的唯一标识。如果注册时不获取微信用户信息,则注册后用户的姓名是登录名,否则用户的姓名是微信用户的昵称。

如果注册时没有获取微信用户信息,也可以在需要时再获取调用"用户"组件的获取用户信息操作,在"用户"组件的微信用户信息准备完成事件中,调用"用户"组件的修改用户信息操作,将获得的昵称写入用户信息数据集中。

1. 用户信息数据集

"用户"组件中包括一个用户信息数据集,在用户登录后,这个数据集中就有一条记录,是当前用户的用户信息。在需要使用用户信息的页面添加"用户"组件,使用用户信息数据集中的数据即可。

2. 基础属性

"用户"组件提供了 5 项基础属性。

(1) 自动登录:设置是否在打开页面时执行用户登录操作。

(2) 自动加载微信用户信息:打开页面时加载微信用户信息,首次加载时,需要用户授权,才能获得微信用户头像和昵称等信息。

（3）登录成功提示：设置登录后是否提示登录成功。

（4）同步微信用户信息：微信用户信息是存储在用户数据集中的，如果设置为是，当系统发现最新获取到的微信用户信息和用户数据集中的不同，系统会自动更新用户数据集。

（5）绑定用户手机：设置用户账户是否绑定用户手机号。如果绑定了手机号，使用手机号登录，视同使用微信用户登录。

3. 操作

"用户"组件提供了 4 种操作。

（1）登录：实现用户登录，首次登录会先进行注册。登录后用户的登录名可作为用户的唯一标识。

（2）获取用户信息：在需要获取微信用户信息时，调用该操作获取用户头像和昵称等信息。

（3）修改用户信息：当同步微信用户信息属性设置为否，获取用户信息后，获取到的信息不会自动更新用户信息数据集，如需更新用户信息数据集，则需要调用修改用户信息操作，在用户信息属性中配置获取到的信息，并存入用户信息数据集中。

（4）账号绑定手机：弹出"账号关联绑定手机号"页面，为当前用户绑定手机号。

4. 事件

"用户"组件提供了两个事件。

（1）登录成功：用户登录成功后触发。

（2）微信用户信息准备完成：调用获取用户信息操作，并在获得用户头像和昵称等信息后触发，在事件参数中可获取到用户头像和昵称等信息。

8.1.2　"微信登录小程序版"组件

"微信登录小程序版"组件是市场组件之一，如图 8-1 所示，配合"用户"组件，实现利用微信账户在小程序中的登录。在调用"用户"组件登录操作的页面中，必须添加"微信登录小程序版"组件。

8.1.3　"弹出层"组件

"弹出层"组件实现在当前页面上显示一个区域，这个区域停靠在屏幕的上、下、左、右四边上，区域以外的地方显示透明蒙层，如图 8-2 所示。停靠在上、下边的区域宽度等于屏幕的宽度。停靠在左、右边的区域宽度可以设置。

图 8-1　"微信登录小程序版"组件

1. 在设计区显示/隐藏弹出层

"弹出层"组件是一个功能组件，显示在功能组件中。选择"弹出层"组件，属性栏的设置区域会显示两个按钮，分别是显示和隐藏。单击"显示"按钮，在设计区中显示

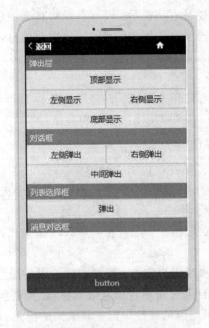

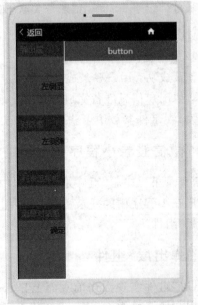

图 8-2 "弹出层"组件

弹出层,此时可以添加组件,设置组件属性。单击"隐藏"按钮,隐藏弹出层。

2. 基础属性

"弹出层"组件提供了一项基础属性。

点击关闭:表示点击透明蒙层是否关闭弹出层。

3. 样式

"弹出层"组件提供了3种特有样式。

（1）显示位置：设置弹出层在屏幕上的显示位置，也表示弹出层会从哪个边上滑动而出。

（2）遮罩透明度：设置透明蒙层的透明度。

（3）内容区宽度：设置显示在屏幕左侧或右侧时，弹出层占屏幕宽度的百分比。

4. 操作

"弹出层"组件提供了两个操作。

（1）显示：用于在运行时显示弹出层。

（2）隐藏：用于在运行时隐藏弹出层。

5. 事件

"弹出层"组件提供了两个事件。

（1）显示事件：在显示弹出层时触发。

（2）隐藏事件：在隐藏弹出层时触发。

8.2 服务制作

在页面中进行某个请求操作时，后续会进行一系列的处理响应动作，这些动作称为处理逻辑。通常将业务逻辑定义成后端服务，在前端页面中发出请求后调用后端服务。这样做有两个好处：一是业务逻辑统一定义在后端，而不是分散在各个前端页面中，方便统一维护，也可以实现页面共享调用；二是在前端页面中不定义业务逻辑，只调用服务，减少了页面中的代码，也就减小了页面大小，从而提高页面加载速度。

"服务"仅是一个称谓，其实它更像是一个目录，里面包含若干"请求"。一个业务逻辑就对应服务中的一个请求。因此定义服务就是定义请求，调用服务就是调用请求。

服务、页面和数据三者的关系如图8-3所示。页面发送服务请求调用服务，服务响应请求进行处理，如需获取数据集的数据就访问数据集，完成处理逻辑后，将结果返回页面。

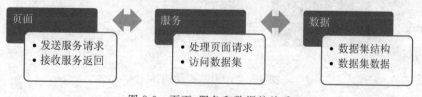

图 8-3　页面、服务和数据的关系

在服务制作区中可以添加多个服务，一个服务中可以包括若干个请求。一个请求就是一个提供给页面调用的接口。服务就是这些请求的分组。

请求就是方法，包括传入的参数、处理逻辑和返回值。传入参数和返回值的类型不仅支持字符串、数值和日期，以及它们的集合类型，还支持数据集的集合类型，即返回数据集中的数据。

处理逻辑中通过执行一个个的动作进行逻辑的处理。动作可以循环执行,也可以设置条件分支,根据不同的条件执行不同的动作。动作既可以是系统 API,也可以是自定义的数据方法。系统 API 包括声明变量、数据操作类和工具类。数据方法是通过设置条件实现查询、修改或者删除数据集的方法,根据需求添加数据方法。服务的结构如图 8-4 所示。

图 8-4　服务结构

8.3　小程序提示框

小程序的"提示框"是个小巧的页面消息展示容器,用于页面事件的消息展示,是在页面上发生某个事件时可选择的操作,当该操作被事件激活时,在页面中部位置上会弹出一个提示区域,显示"提示框"组件中设定的显示内容,并在设置显示时长结束后消失,如图 8-5(a)所示。"提示框"组件可以在选择事件操作时设置提示内容(标题)、图标(成功、加载或清空)、显示时长和透明蒙层(true、false 或清空),如图 8-5(b)所示。

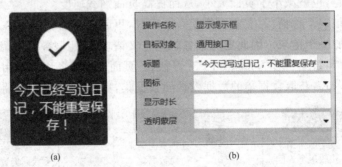

(a)　　　　　　　　　　　　(b)

图 8-5　小程序"提示框"组件

8.4　App 项目开发

实训项目 8 App
开发微课视频

本项目 App 应用有 2 个页面,在打开 App 时,会出现用户登录页,新用户可以在该页面跳转到注册页注册一个用户账号,已注册用户既可以利用短信验证码登录,也可以利用注册时保存的密码登录。注册用户在登录成功后,显示"日记列表"页面,该页面按最新日期排序显示登录用户所记载过的日记,当点击页面下方的"写日记"按钮时,则跳转到"写日记"页。用户在"写日记"页相应位置可记录文字、写作日期以及图片,在完成上述日记内容输入后,可点击页面下方的"保存日记"按钮。若当天已写过日记,则会弹出一个提示,显示"这天你已写过日记,不能重复保存!"。点击提示区,则提示消失并返回"日记列表"页。若当天没写过日记,则"保存日记"按钮被点击后,日记内容会被保存到牛道云平台的动态数据集中,页面返回"日记列表"页并显示已保存的所有日记。

8.4.1　App 设计思路

本项目为需要网络用户账号支持的多页面 App,当注册用户登录成功后,才能打开本项目开发的"日记列表"页和"写日记"页进行操作。当启动本项目 App 第一个页面时,先调用"用户"组件启动打开登录页面,若使用者没有注册登录账号,可以在登录页点击"用户注册",跳转到"用户"组件的注册页完成注册,然后返回登录页登录,才能进入本项目"日记列表"页,如图 8-6 所示。登录页面和注册页面是本 App 项目必需的,均由牛道云平台的"用户"组件提供,这两个页面只需通过"用户"组件即可调用,无须制作。登录用户的有关信息存放在由"用户"组件提供的数据集中,这些数据集也同样无须本项目制作。此外,开发者可制作统计数据集来统计用户的使用情况,并通过牛道云平台提供的管理后台对用户进行管理,因这部分内容超出了本书的范围,本项目不再进一步讲解相应的内容。

图 8-6　用户登录和注册效果(App)

项目预期效果如图 8-7 所示。为了让用户可以使用各种手机从后端的动态数据集中读出和写入日记,本项目需要在项目页面制作时先将这个动态数据集制作完成,并分别引入项目的 2 个页面。同时"写日记"页在保存日记操作时,需要后端提供是否写过日记的判断服务,因此在页面制作前也应先完成本项目的服务制作,并将该服务引入"写日记"页。"日记列表"页是本项目首页,用于展示日记记录。该页需用户登录后才能打开,因此该页需引入一个"用户"组件,并设置该页创建时先启动"用户"组件打开其登录页。"日记列表"页其他组件按图 8-8 的页面结构引入,并将显示日记的相关组件与数据集的相关列绑定。在该页面下引入一个按钮,设置点击事件发生时执行跳转到"写日记"页的操作。最后对该页引入的数据集进行设置,使其按写作日期降序排序,并按用户名过滤输出到页面。"写日记"页是完成日记输入和保存的页面。该页面的按钮需为其点击事件设置发出服务请求的操作,以便请求成功后根据服务返回结果执行保存或提示的操作组合。该页面需引入一个"用户"组件,以便能从中取出用户登录名保存到数据集中。其他组件按照图 8-9 的页面结构引入,并绑定动态数据集对应列。在项目制作的同时对有关组件的属性稍加调整,使页面显示较为美观。

(a)　　　　　　　　　(b)　　　　　　　　　(c)

图 8-7　项目预期效果(App)

　　图 8-8 是按照图 8-7(a)所示的"日记列表"页预期效果设计的页面结构,主要由页面自带的"上中下布局"组件中的"标题栏"组件以及制作引入的"动态列表"组件、"标签+显示框"组件、"图片附件"组件及"按钮"组件组成。

图 8-8　"日记列表"页面结构(App)

图 8-9 是按照图 8-7(b)和图 8-7(c)所示的"写日记"页预期效果设计的页面结构,主要由页面自带的"上中下布局"组件(删除"底部区域")中的"标题栏"组件和制作引入的"标签＋输入框"组件、"图片附件"组件、"长文本"组件、"按钮"组件以及"弹出层"组件和"文本"组件组成。

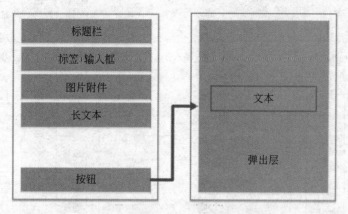

图 8-9 "写日记"页面结构(App)

本项目 App 开发的"日记列表"页动态列表中 3 个组件显示的内容均由本项目的动态数据集"日记"获得。"写日记"页中"标签＋输入框"组件、"图片附件"组件、"长文本"组件输入的内容均保存到动态数据集"日记"中。点击"写日记"页中的"按钮"组件,将本次所写日记的日期作为参数,向本项目创建的"是否写过日记"服务发出服务请求,由"是否写过日记"服务对动态数据集"日记"进行查询并返回是否有本日期日记的查询结果。若动态数据集中已有本日期的日记,则弹出提示,否则保存本日期日记数据到动态数据集"日记"并返回"日记列表"页。项目创建思路如图 8-10 所示。

图 8-10 创建项目(App)

根据项目需求,UI 界面设计如图 8-11 和图 8-12 所示。

8.4.2 App 开发过程

1. 创建项目

用浏览器(推荐 Chrome、Safari)打开牛道云平台 www.newdao.org.cn,登录账户,进入"可视化开发",依次单击"我的制作"→App/H5→"创建 App",详细操作请参考实训项目 1 中的图 1-10 和图 1-11,具体输入项目信息如图 8-13 所示,然后即可进入项目制作界面,可参考实训项目 1 中的图 1-13 和图 1-14。

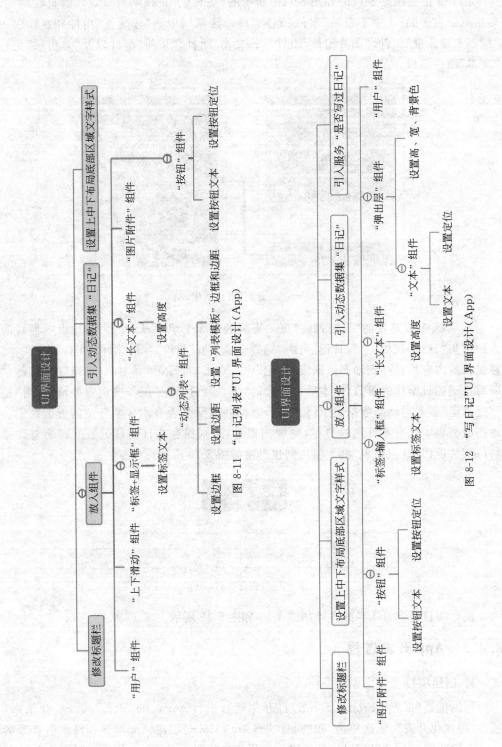

图 8-11 "日记列表"UI 界面设计（App）

图 8-12 "写日记"UI 界面设计（App）

图 8-13 创建 App

2. 创建数据集

根据项目需求创建 1 个名为"日记"的动态数据集,以存储"写日记"页需保存的日记信息,需要浏览时即可在"日记列表"页展现。"日记"动态数据集结构中需建立"日期""内容""图片""用户"4 列字段。其中,"日期"列为日期类型数据,存放日记写作的日期;"内容"列为文本类型数据,存放日记的文字内容;"图片"列为文件类型数据,存放上传的图片或照片文件;"用户"列为文本类型数据,存放登录 App 后写日记的用户名,如图 8-14所示。

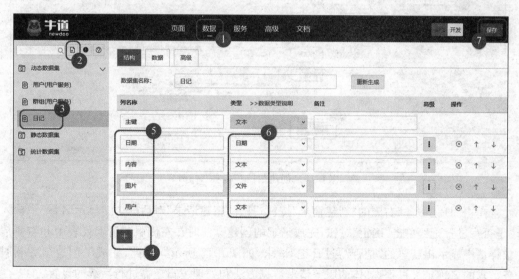

图 8-14 建立动态数据集结构(App)

3. "日记"服务的制作过程

在牛道云平台,服务是指一系列服务请求响应逻辑的集合。本项目将在服务制作区完成一个"日记服务"的制作,每个服务可以建立多个服务请求,但在本项目中,"日记服务"将只需建立一个名为"是否写过日记"的服务请求,通过该服务请求的操作,为前端页面的服务请求调用提供服务。

下面通过建立"日记服务",添加"是否写过日记"服务请求,来讲解本项目定义服务的过程,如图 8-15 所示。"是否写过日记"服务的业务逻辑是:查询"日记"数据集里面有没有当前登录用户某天的记录,如果有,则返回"真",说明当前登录用户这天写过日记;如果没有,则返回"假",说明没写过日记。日期参数是本项目"写日记"前端页面调用服务时传入的参数,用来告知后端服务需要查询判断是否写过日记的日期信息。用户参数无须前端传入,可在后端服务中直接获取。后端通过服务请求来接收参数,并经过设定的数据方法和逻辑处理后返回服务请求的响应结果,如图 8-15 所示。

图 8-15　服务制作过程(App)

4. 创建服务和服务请求

单击制作台导航栏中的"服务"按钮,切换到服务制作区。单击"添加服务"按钮,打开"新建服务"对话框,在"显示名称"中输入"日记服务",单击"确定"按钮,完成服务的创建。左侧服务请求列表中显示新建的名为"日记服务",如图 8-16 所示。

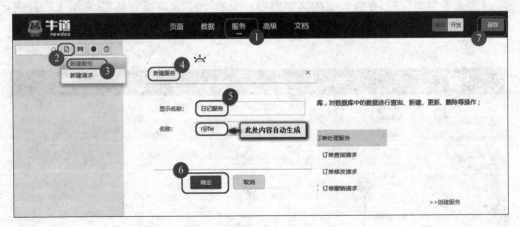

图 8-16　创建"日记"服务(App)

单击"日记服务"右侧的"新建请求"按钮,打开"新建请求"对话框,在"显示名称"中输入"是否写过日记",单击"确定"按钮,完成请求的创建。此时在左侧服务请求列表中和右侧请求详情中显示出新建的"是否写过日记"请求,如图 8-17 所示。至此,完成了创建服务和服务请求的名称定义过程,具体的服务请求数据方法和处理逻辑还需进行后续的设置。

5. 设置"请求方式""请求参数""请求返回"

服务请求需要设置"请求方式""请求参数"和"请求返回"。"请求方式"有 5 种,GET是获得数据,DELETE 是删除数据,其余 3 个都是提交数据。如图 8-18(a)中的第 5 步位置所示。后端的"是否写过日记"服务请求需要响应前端的服务请求调用并返回处理结

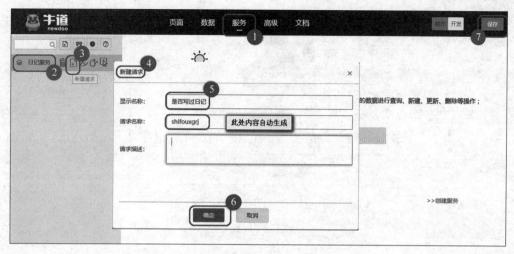

图 8-17 创建服务请求"是否写过日记"(App)

果,因此选择使用"通过请求 URI 得到资源(GET)"的请求方式。

在前端的"写日记"页调用服务请求时,需要给后端的"是否写过日记"发送日期请求参数。添加日期参数时,"名称"不能输入中文,因此用 date 表示。"显示名称"可以输入中文"日期","数据类型"选择"日期","传参方式"选择"请求参数(RequestParam)"。

用户参数也是"是否写过日记"服务的参数,但是不需要从前端传入。添加参数时,选择"系统参数",再从"系统内置参数"下拉列表中选择当前用户名,如图 8-18(b)所示。这个当前用户名就是"用户"组件中的登录名,在画代码中,当前用户名的变量名为 sys_XCredentialUsername。"请求返回"指定返回结果的类型,选择"是否"。设置后的效果如图 8-18(a)所示。

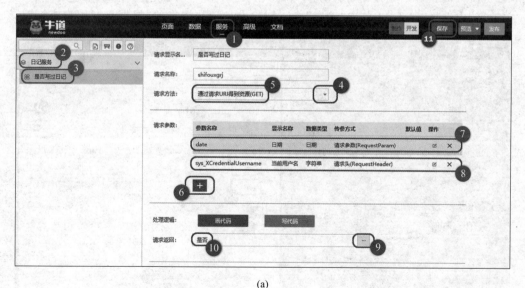

(a)

图 8-18 是否写过日记服务请求详情(App)

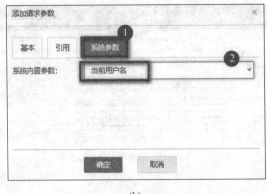

(b)

图 8-18(续)

6. 新建数据方法

服务请求的处理逻辑就是按顺序执行一系列动作,其中对数据集的操作是服务处理的核心环节,但在系统提供的画代码处理逻辑动作中不包括对数据集的查询动作,这样就需要在设计处理逻辑(画代码)之前,先新建对数据集查询的数据方法。例如,要查询登录用户某天的日记数据,设置数据方法的过程是:单击左侧服务请求列表上方的"数据方法维护"按钮(图 8-16 第 2 步位置右侧),打开"数据方法维护"对话框,左侧列出项目的全部数据集,选择其中的"日记"数据集,单击右侧"+"按钮,打开"添加方法"对话框,如图 8-19所示。在"属性列表"中选中"查询操作","返回类型"选择"记录数",单击"参数列表"中的"+"按钮,添加第一个参数,在"字段名称"中选择"日期",在"关键字"中选择"等于"。然后再单击"参数列表"中的"+"按钮,再添加第二个参数,在"字段名称"中选择"用户",在"关键字"中选择"等于"。单击"确定"按钮创建出日记数据集的"根据日期用户查询"(该

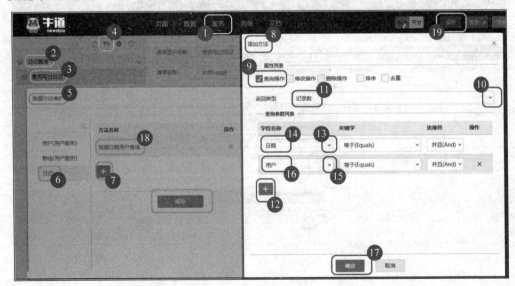

图 8-19 添加数据方法(App)

名称自动生成)的数据方法。

7. 设计处理逻辑

"是否写过日记"服务请求的业务逻辑为执行"日记"数据集的"根据日期用户查询"数据方法,数据方法的参数使用服务请求的日期参数和用户参数,查询获得返回的记录数,若没有记录,则返回 0,最后将获得的记录数是否大于 0 作为结果返回。即记录数大于 0,返回"真",表示当前登录用户在这一天写过日记;记录数等于 0,返回"假",表示当前登录用户在这一天未写过日记。

设计业务逻辑的方法是:单击请求详情中处理逻辑区域(见图 8-18)的"画代码"按钮,打开"代码编辑器"页面。左侧是业务逻辑设计区,右边栏是业务逻辑节点属性设置区。在逻辑设计区添加动作,在属性设置区设置属性。

添加动作,执行"根据日期用户查询"数据方法,获得记录数。具体方法是:在逻辑设计区的"开始"节点后面添加"动作"节点,单击属性设置区中"执行动作"属性右侧的"…"按钮。打开"选择动作"对话框,如图 8-20 所示。依次展开"数据操作"和"日记数据集",选中"根据日期用户查询"方法,单击"确定"按钮,回到属性设置区。

图 8-20　在执行动作中选择数据方法(App)

可以在属性设置区看到"输入设置"里面有 friji 和 fyonghu 2 个参数,这个参数就是在数据方法中添加的字段参数日期列的列标识和用户列的列标识。单击 friji 参数右侧的"…"按钮,打开"表达式编辑器",在"上下文变量"中显示服务请求中定义的参数名称,双击日期参数 date,编辑器的底部出现 date,单击"确定"按钮返回属性设置区。再单击 fyonghu 参数右侧的"…"按钮,打开"表达式编辑器",在"上下文变量"中显示服务请求中定义的参数名称,双击当前用户名参数 sys_XCredentialUsername,编辑器的底部出现 sys_XCredentialUsername,单击"确定"按钮返回属性设置区。

在属性设置区"输出设置"中显示出"返回值类型"和"是否使用返回值",选中"使用返回值",出现"是否新增变量"和"变量名称",在"变量名称"中输入 num,如图 8-21 所示,则表示根据日期查询出的记录数存入 num 变量中,即在后续的节点中,num 代表查询出的记录数。

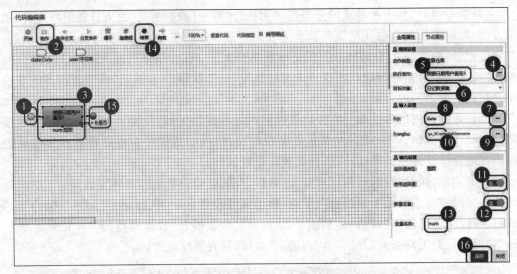

图 8-21　设置动作的属性(App)

当查询数据集的动作设置完成后,在逻辑设计区中的动作节点后,添加结束节点,返回记录数是否大于 0。具体方法是:在逻辑设计区选中"动作"节点"根据日期用户查询1",在后面添加"结束"节点,如图 8-22 所示,单击属性设置区中"返回值"属性右侧的"…"按钮。打开"表达式编辑器",在"上下文变量"中显示在前面节点中定义的变量,双击num,编辑器的底部出现 num,单击符号栏中的>按钮,再输入 0,编辑器底部的表达式变为 num>0。单击"确定"按钮返回属性设置区。

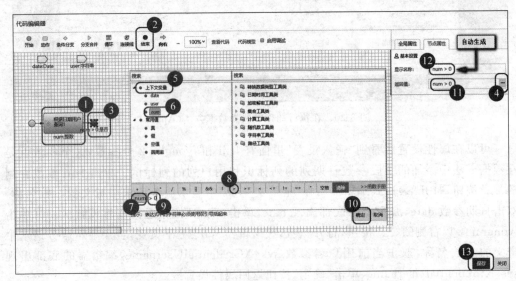

图 8-22　设置服务请求的返回值(App)

8. 主页引入动态数据集

给主页引入动态数据集"日记",如图 8-23 所示。

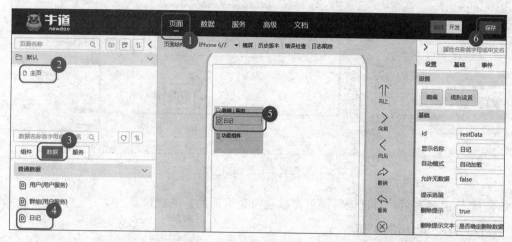

图 8-23 主页引入动态数据集(App)

9. 复制主页创建"写日记"页并重命名主页名称

本项目有 2 个页面,其页面结构相同,因此可以通过复制操作创建第二个页面"写日记",第二个页面因复制而引入的同一个动态数据集如图 8-24 所示。

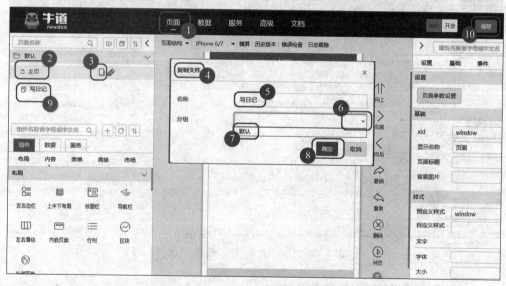

图 8-24 复制页面创建"写日记"页(App)

将主页重命名为"日记列表",如图 8-25 所示。

10. 修改"标题栏"组件

"日记列表"页和"写日记"页都自带"上中下布局"组件,该组件的头部区域也被应用模板内置了 1 个"标题栏"组件,可以选择"日记列表"页和"写日记"页,分别修改标题栏的

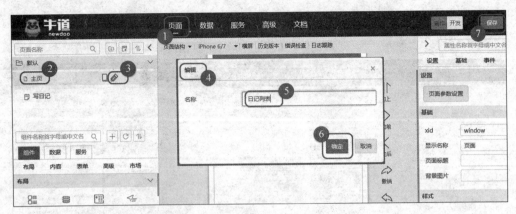

图 8-25　重命名主页为"日记列表"(App)

文本为"日记列表"和"写日记",即可完成这两个页面的标题栏设置。

11. 引入"上下滑动"组件

在"日记列表"页选中"上中下布局"组件的"内容区域",引入 1 个"上下滑动"组件。当在页面滑动显示内容到底部时,则"上下滑动"组件中的"动态列表"组件会按照设定的"分页数据大小"加载数据集的数据来显示,这样借助"上下滑动"组件能按页分批加载动态数据集的大批量数据,大幅提高页面加载数据的性能,如图 8-26 所示。

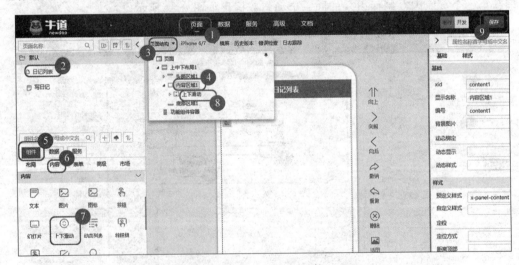

图 8-26　引入"上下滑动"组件(App)

12. 引入"动态列表"组件并设置属性

在"日记列表"页选中"上下滑动"组件的"内容区域",引入 1 个"动态列表"组件,以便展现动态数据集"日记"中保存的所有日记。随后在打开的页面结构中选中"动态列表"组件,绑定已引用到"日记列表"页的数据集"日记"。自动加载数据设置为 false;设置边框样式为实心线,颜色为♯0000ff;四周设框;外边距均设置为 5px;上内边距设置为 10px,左右内边距设置为 5px,结果如图 8-27 所示。

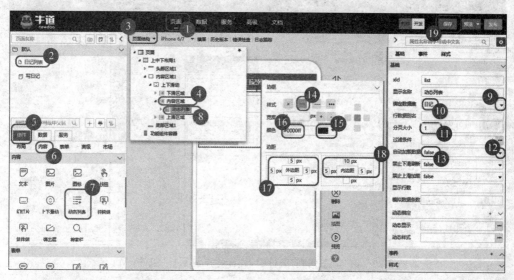

图 8-27 引入"动态列表"组件并设置属性(App)

在打开的页面结构中选中"动态列表"组件的"列表模板",设置边框样式为实心线,颜色为♯0000ff;下外边距为 10px,如图 8-28 所示。

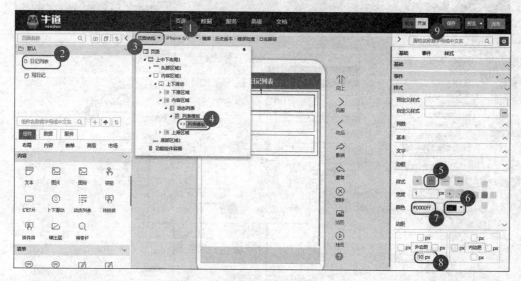

图 8-28 设置"列表模板"属性(App)

13. 引入并设置"标签+显示框"组件

在"日记列表"页打开的页面结构中选中"动态列表"组件的"列表模板",然后从表单类组件中找到"标签+显示框"组件,双击该组件将其加入"动态列表"组件中,如图 8-29所示。

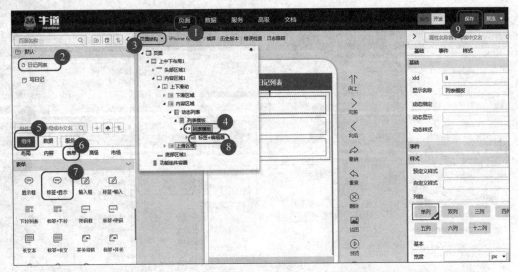

图 8-29　给"动态列表"组件引入"标签＋显示框"组件（App）

在页面结构中选中"标签＋显示框"组件的标签，将文本设置为"写作日期"，左内边距设置为 10px，如图 8-30 所示。

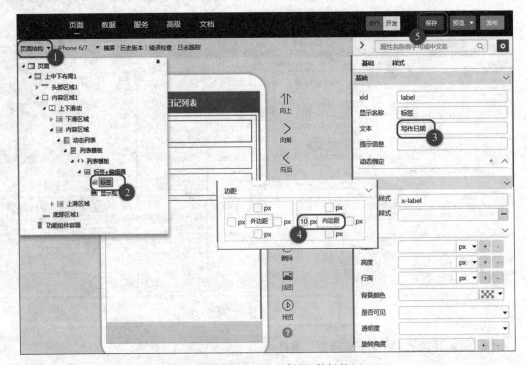

图 8-30　设置"标签＋显示框"组件标签（App）

选中"标签＋显示框"组件的显示框，设置绑定数据列为日记（list 当前行）的"日期"，如图 8-31 所示。

图 8-31　设置"标签＋显示框"组件显示框（App）

14. 引入并设置"文本"组件

在打开的页面结构中选中"动态列表"组件的"列表模板"，在"标签＋显示框"组件下方引入"文本"组件，绑定数据列为日记（list 当前行）的"内容"，宽度设置为 100％，高度设置为 120px，设置是否可见为 block，如图 8-32 所示。

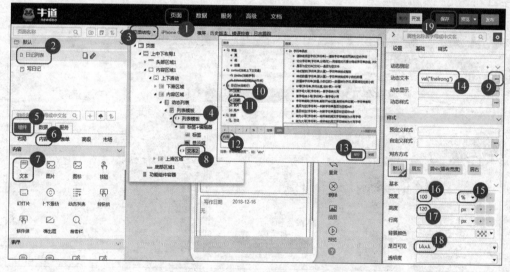

图 8-32　引入并设置"文本"组件（App）

15. 引入"图片附件"组件

在打开的页面结构中选中"动态列表"组件的"列表模板"，从高级类组件中找到"图片附件"组件，将其引入"文本"组件下方，用于输出显示绑定日记（list 当前行）中"图片"列存储的图片或照片，如图 8-33 所示。

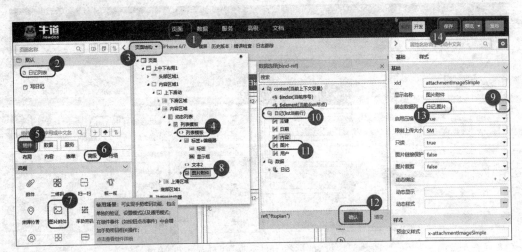

图 8-33　引入并设置"图片附件"组件（App）

16. 引入"按钮"组件并设置相关属性

在打开的页面结构中选中"上中下布局"组件的"底部区域"，设置文字样式为"居中对齐"，然后引入 1 个"按钮"组件，该"按钮"组件就在水平方向居中对齐，如图 8-34 所示。

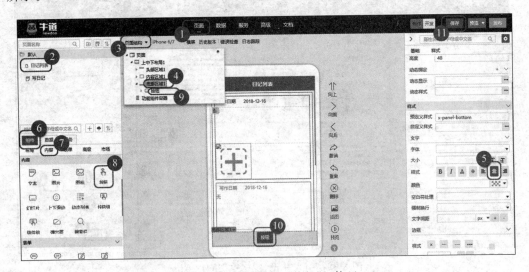

图 8-34　"底部区域"引入"按钮"组件（App）

在页面结构中选中"按钮"组件，设置文本为"写日记"，设置定位方式为 relative，距离顶部为 5px。最后设置点击事件为调用"打开子页面"操作，页面源为"写日记"，共享数据集为"日记"。以便子页面操作完成返回时，"日记列表"页能及时获取到"写日记"页记录的数据，如图 8-35 所示。

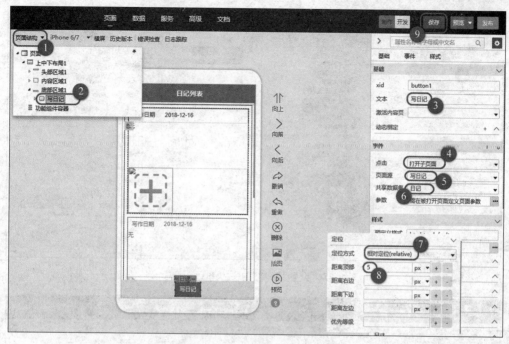

图 8-35 设置"按钮"组件属性(App)

17. 给"写日记"页引入"标签＋输入框"组件

在页面制作页选择"写日记"页,在"上中下布局"组件的"内容区域"中引入 1 个"标签＋输入框"组件,用于录入写作日期,该页在复制时附带过来了"日记"数据集,在页面结构中选中"输入框",绑定数据集的日期列,如图 8-36～图 8-38 所示。

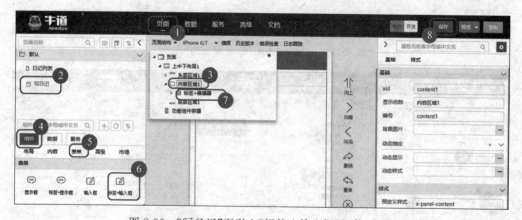

图 8-36 "写日记"页引入"标签＋输入框"组件(App)

18. 给"写日记"页引入"图片附件"组件

在"日记列表"页的"图片附件"组件只能以默认只读方式读取并显示动态数据集"日记"中"图片"列的照片或图片。但在"写日记"页,引入"内容区域"的"图片附件"组件要去除默认的只读属性,以便能写入动态数据集"日记"的图片列中,如图 8-39 所示。

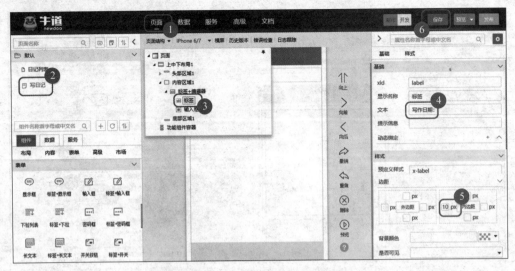

图 8-37　设置"标签"的文本和边距（App）

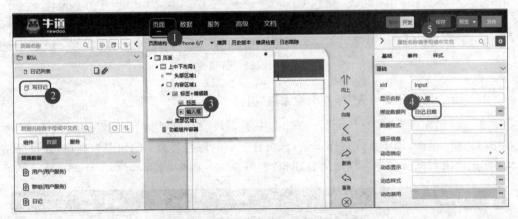

图 8-38　设置"输入框"绑定数据列（App）

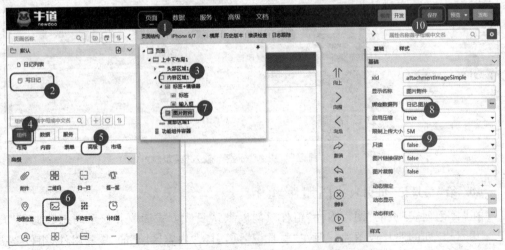

图 8-39　引入"图片附件"组件并设置属性（App）

19. 给"写日记"页引入"长文本"组件

"长文本"组件在"写日记"页中用来输入日记内容到动态数据集"日记"内容列中。在页面结构中选中"长文本"组件,设置提示信息为"请填写日记内容!",设置高度为 300px,绑定数据列到"日记.内容",如图 8-40 所示。

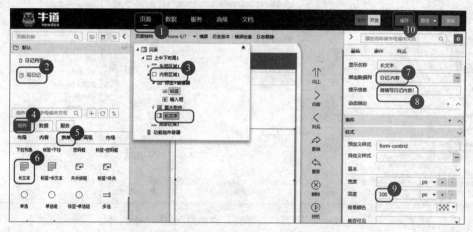

图 8-40 引入并设置"长文本"组件(App)

20. "写日记"页引入服务

"写日记"页需要向已建立好的"是否写过日记"发出服务请求调用。因此要将已制作完成的"是否写过日记"服务引入"写日记"页。在页面制作页左边栏的服务栏中双击"是否写过日记",即可将该功能组件引入选中页面,其过程和数据集引入页面的操作过程一致,如图 8-41 所示。

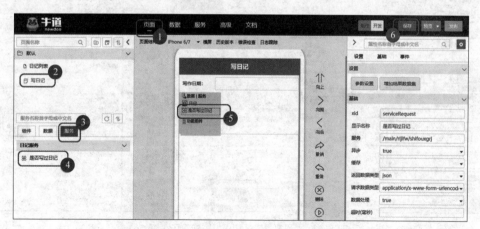

图 8-41 "写日记"页引入服务(App)

21. "写日记"页引入"用户"组件

为了在保存日记时能获取当前登录用户的用户名,需要在"写日记"页引入"用户"组件。在选中"写日记"页的状态下,从高级类组件中找到并选中"用户"组件,将该组件引入

"数据|服务"黄色区域,如图 8-42 所示。

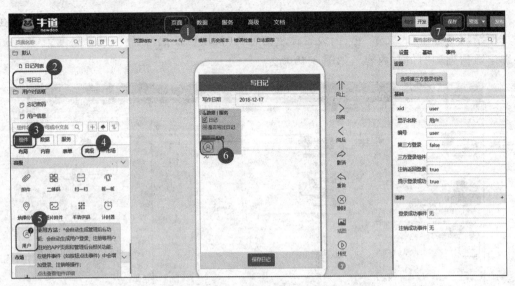

图 8-42　"写日记"页引入"用户"组件(App)

22. "写日记"页按钮设置

选中"写日记"页 ,在页面结构中选中"底部区域",设置文字样式为"居中对齐",引入"按钮"组件,如图 8-43 所示。

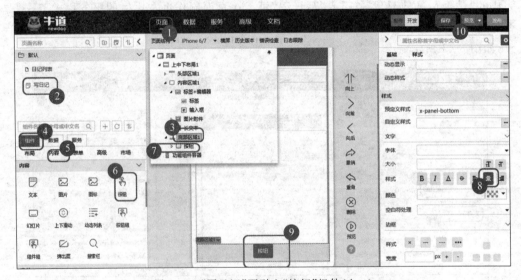

图 8-43　"写日记"页引入"按钮"组件(App)

在页面结构中继续选中"按钮"组件,修改文字为"保存日记",修改定位方式为relative,距离顶部为 5px。"写日记"页面引入了"是否写过日记"的服务请求,则"发送服务请求"是该页面按钮发生点击事件时的可选操作之一。因此需为"写日记"页面上的"保存日记"按钮的点击事件设置执行"发送服务请求"的操作,如图 8-44 所示。

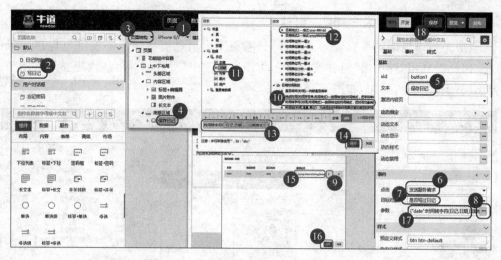

图 8-44 设置"保存日记"点击事件(App)

在"保存日记"按钮发生点击事件时,"写日记"页面就会将页面中"标签＋输入框"输入动态数据集中的写作日期当作参数,向本页面引入的"是否写过日记"服务发出服务请求,以便调用该服务从动态数据集"日记"的日期列和用户列查询当前登录用户是否有同日期的记录。为了匹配"是否写过日记"对传入的参数格式要求,按照牛道云平台目前的要求,需将"写日记"页发出的日期类型的请求参数按照 YYYY-MM-DD 格式转换为字符串类型,"是否写过日记"才能正常接收"写日记"页面发来的服务请求参数。

在图 8-44 中,10～14 步操作是利用时间转字符函数,将"日记.日期"中取出的日期类型服务请求参数按照"日期格式1…格式:yyyy-MM-dd"完成转换,如图 8-45 所示。

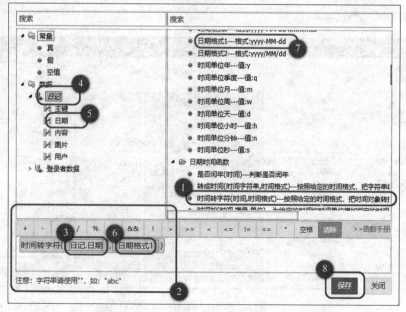

图 8-45 请求参数数据类型转换(App)

23. "写日记"页引入"弹出层"组件

当服务请求返回结果为假时，"写日记"需要发出消息提醒用户不能重复保存同天的日记，因此需利用"弹出层"组件实现这一功能。先选中"写日记"页，从内容类组件中单击"弹出层"组件，引入页面，如图 8-46 所示。

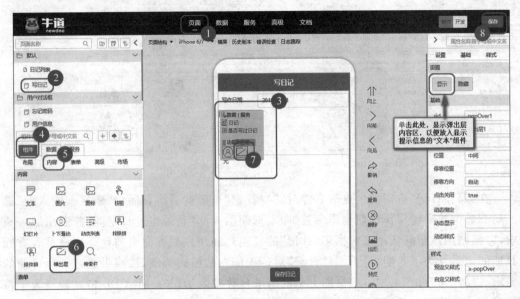

图 8-46 "写日记"页引入"弹出层"组件（App）

单击"弹出层"组件设置中的"显示"按钮，在其显示的内容区再引入 1 个"文本"组件，用于显示"今天已写过日记，不能重复保存！"消息内容，对齐方式设置为"居中（需要高度）"，如图 8-47 所示。

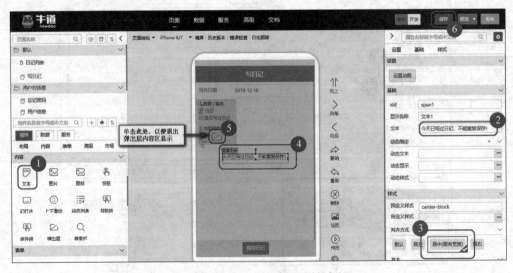

图 8-47 设置"弹出层"组件显示内容（App）

24. 设置服务组件的"请求成功"事件

如果页面调用服务请求成功,则引用"是否写过日记"服务的页面可以在该服务的"请求成功"事件发生时,通过设置"操作组合"对服务返回值进行判断的,如果返回"真",则执行提示已经写过日记的操作;如果返回"假",则执行"保存并返回"操作,如图 8-48 所示。

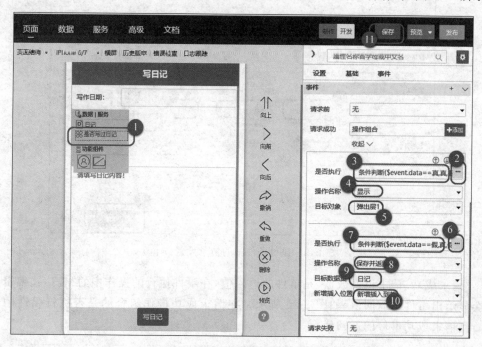

图 8-48 设置"是否写过日记"请求成功后续操作(App)

选中"写日记"页中"是否写过日记"的服务组件进行配置,以配合"保存日记"按钮组件的点击事件。2 个组件的具体配置内容见表 8-1。

表 8-1 页面增加服务后组件属性说明

添加组件	父组件	属 性 设 置
是否写过日记	服务组件容器	请求成功＝操作组合 是否执行＝请求成功.请求返回数据 等于 假 操作名称＝保存并返回 目标数据集＝日记 新增插入位置＝新增插入到首位 是否执行＝请求成功.请求返回数据 等于 真 操作名称＝显示弹出层(App)或显示提示框(小程序) 弹出层中的文本＝今天已写过日记,不能重复保存!或标题＝今天已写过日记,不能重复保存!(小程序)
按钮组件	页面组件	显示名称＝保存日记 单击＝发送服务请求 目标对象＝是否写过日记

在事件属性中选择"操作组合",就意味着这个事件触发后,可以执行多个操作,为每

个操作设置执行条件来控制操作的执行过程,执行条件的设置使用了情景。图 8-49 所示的情景可以解读为:默认情况不执行,满足 $event.data(请求成功.请求返回数据)等于"假"时执行。

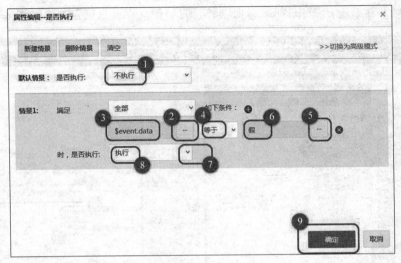

图 8-49　执行条件中的情景设置(App)

"请求成功.请求返回数据"是事件的返回值,在事件执行的操作中的"表达式编辑器"中会显示出事件的返回值,如图 8-50 所示。在请求成功操作组合的是否执行属性中,可以看到请求成功事件的返回值。

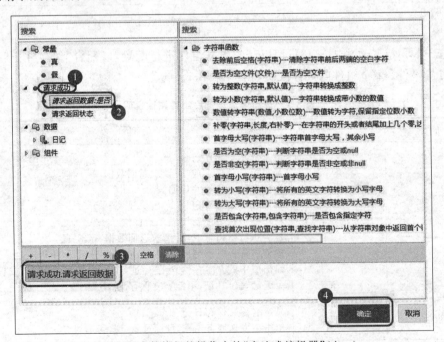

图 8-50　事件执行的操作中的"表达式编辑器"(App)

25. 日记列表页面引入"用户"组件

为了能让 App 由注册的用户登录使用，需要将"用户"组件引入"日记列表"页面。选中"日记列表"页，在高级类组件中找到"用户"组件单击，引入"日记列表"页的"数据 | 服务"黄色区域，然后双击展开"数据 | 服务"黄色区域，选中"用户"组件，设置在"登录成功事件"发生时"刷新"数据集输出，目标数据集为"日记"，如图 8-51 所示。为便于测试，可以在数据制作页输入 2 条测试记录的数据。

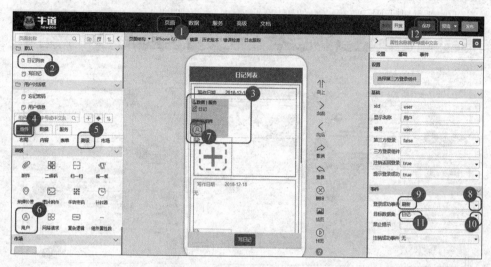

图 8-51 给页面引入"用户"组件（App）

26. "写日记"页数据集设置

当给"日记"数据集写入 1 条记录时，应该在自动模式下"新增"1 条记录，并且在新增记录的事件发生时，应当将登录用户的用户名赋值给"日记"数据集的"用户"列，如图 8-52 所示。

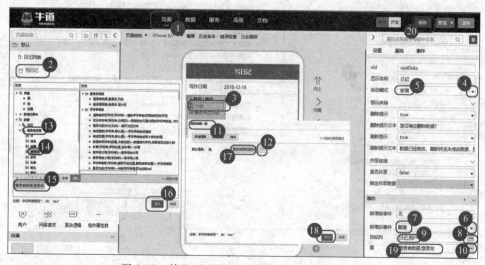

图 8-52 给"日记"用户列赋值登录用户名（App）

27."日记列表"页用户过滤

"日记列表"页的日记在没有设置用户过滤前,数据集中所有用户的日记都会显示。若要在页面打开时,只显示当前用户的日记,需要选中该页面中的数据集"日记",将自动模式清空,再单击"设置"按钮,在打开的"数据属性设置"对话框中,设置为按登录的用户名对数据集的输出进行过滤,图 8-53(a)中的第 11 步单击后打开图 8-53(b)所示的过滤设置对话框,按照登录的用户名对数据集进行过滤,不是该用户的记录将被过滤不能输出。设置完成保存后进入图 8-53(a)中的第 16 步。

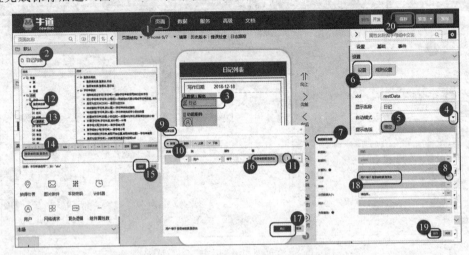

(a)

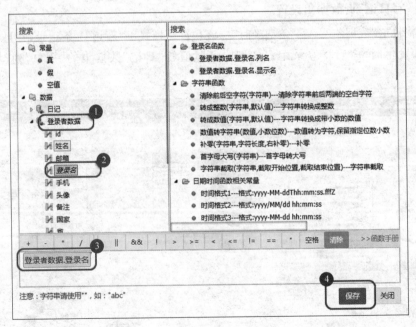

(b)

图 8-53 "日记列表"页数据集输出过滤(App)

设置完过滤后,再核查设置该页的"用户"组件,当登录事件发生时,执行"动态列表"组件的"刷新"操作,目标对象为"动态列表"组件,刷新数据集设置为"是",这样数据集输出才可实现按登录用户过滤,如图8-54所示。

图 8-54　设置用户登录成功事件(App)

28. 设置日期倒序显示

按日期倒序显示可以通过设置数据集的排序属性实现,具体做法是切换至"日记列表"页,选中"日记"数据集,单击设置中的"设置"按钮。打开"属性编辑"对话框,按"日期"倒序排序设置,可参考图4-51。设置界面如图8-55所示。

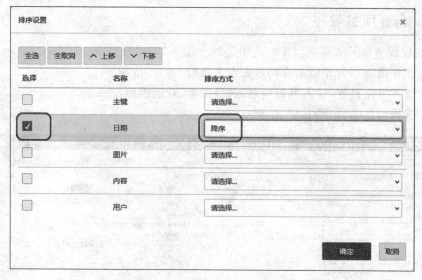

图 8-55　日记列表按日期倒序输出设置(App)

29. 设置"日记列表"页启动登录页

当App打开,创建主页(已改名为"日记列表")时,启动"用户"组件登录,打开"用户"组件提供的登录页。当登录成功后,"用户"组件自动关闭登录页,显示"日记列表"页。当"日记列表"页离开时,注销登录用户,如图8-56所示。

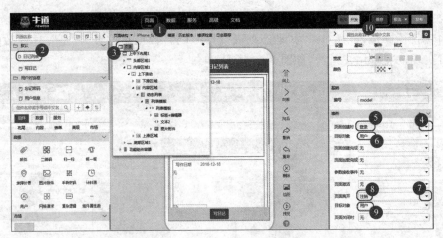

图 8-56　设置"日记列表"页启动用户登录(App)

8.4.3　App 项目预览

详细过程请参考实训项目 1 中的图 1-20~图 1-23,过程如下。

(1) 在牛道云平台界面上直接单击右上角的"预览"按钮或者模拟界面右下角的预览图标。

(2) 使用 apploader 功能扫描二维码实现手机预览。

8.4.4　App 项目发布

详细过程请参考实训项目 1 中的图 1-24~图 1-27,过程如下。

(1) 在牛道云平台界面上直接单击右上角的"发布"按钮。

(2) 进入发布设置,输入发布信息,选择图标、欢迎界面。

(3) 选择数据集,如图 8-57 所示。

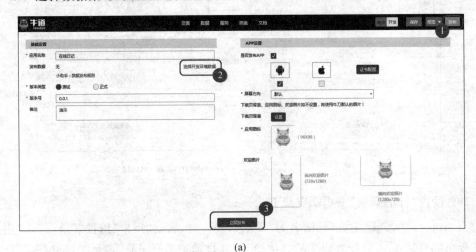

(a)

图 8-57　选择数据集(App)

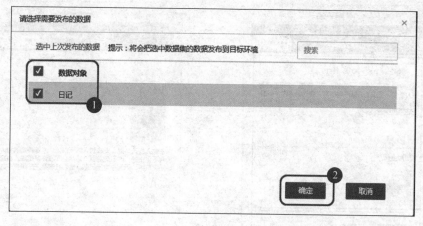

(b)

图 8-57(续)

（4）生成二维码，手机扫描二维码可下载App；或者到"高级"界面直接下载安装包。

8.5 小程序项目开发

本项目小程序应用功能与App基本相同，但小程序开发与App开发在页面和组件应用方面存在一定差异，实现的效果会稍有不同。比较明显的是页面标题，在App中由"标题栏"组件实现，但在小程序中用导航栏标题实现。此外，小程序直接由微信用户的身份登录操作，因此省略了用户注册和登录的过程，使开发更加简洁。

实训项目8 小程序
微课视频

8.5.1 小程序设计思路

小程序功能实现的开发思路基本与App一致，可以直接参照App的开发思路，但其用户登录操作和注册操作已由微信登录完成，故在本微信小程序项目中不再出现涉及登录页面和注册页面的内容，项目预期效果如图8-58所示。

由于小程序中"动态列表"组件和App中稍有不同，不能像App一样对整个动态列表设置边框，因此展现效果稍有不同。

图8-59是按照图8-58(a)所示的"日记列表"页的预期效果设计的页面结构，主要由"上中下布局"组件、"滚动列表"组件、"标签＋文本"组件、"附件"组件及"按钮"组件组成。

图8-60是按照图8-58(b)所示的"写日记"页的预期效果设计的页面结构，主要由"上中下布局"组件、"标签＋输入框"组件、"附件"组件、"长文本"组件和"按钮"组件组成。

本项目开发的"日记列表"页"滚动列表"组件中3个组件显示的内容均由本项目的动态数据集"日记"获得。"写日记"页中的"标签＋输入框"组件、"附件"组件、"长文本"组件输入的内容均保存到动态数据集"日记"中。点击"写日记"页中的"按钮"组件，将本次所

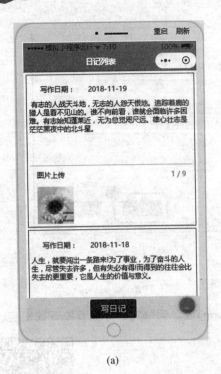

(a)　　　　　　　　　　　　　　(b)

图 8-58　项目预期效果（小程序）

图 8-59　"日记列表"页面结构（小程序）

写日记的日期作为参数，向本项目创建的"是否写过日记"服务发出服务请求，由"是否写过日记"服务对动态数据集"日记"进行查询，并返回是否有当前用户本日期日记的查询结果。若动态数据集中已有本日期的日记，则显示提示框；否则保存本日期日记数据到动态数据集"日记"，并返回"日记列表"页。项目创建思路如图 8-61 所示。

根据项目需求，UI 界面设计如图 8-62 和图 8-63 所示。

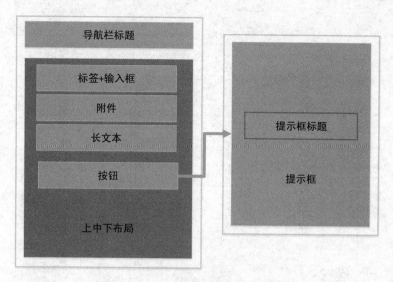

图 8-60 "写日记"页面结构(小程序)

图 8-61 创建项目(小程序)

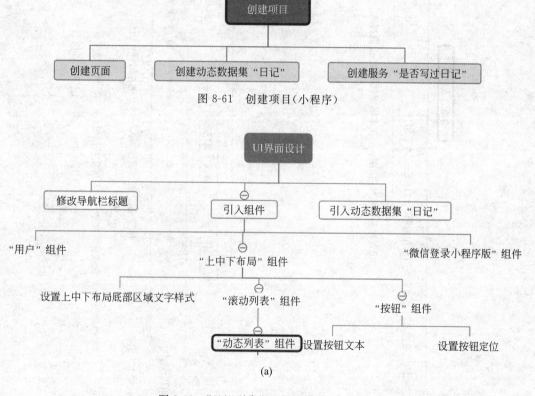

(a)

图 8-62 "日记列表"UI 界面设计(小程序)

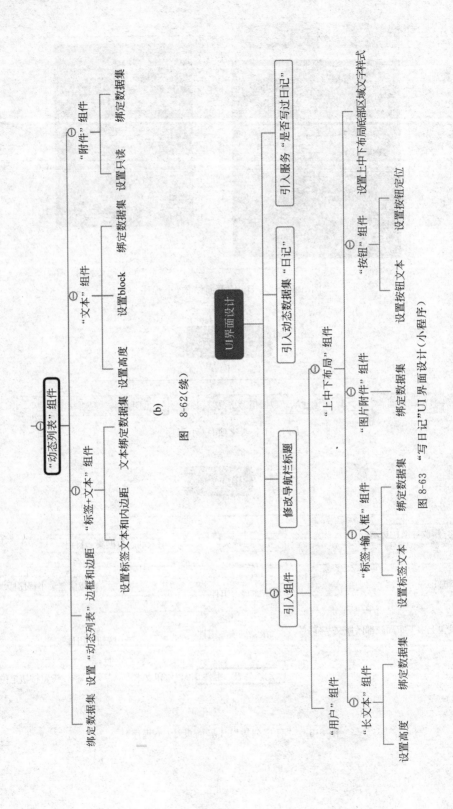

图 8-62（续）

图 8-63　"写日记"UI 界面设计（小程序）

8.5.2 小程序开发过程

1. 创建项目

用浏览器(推荐 Chrome、Safari)打开牛道云平台 www.newdao.org.cn,登录账户,进入"可视化开发",依次单击"我的制作"→"小程序/App/公众号"→"创建小程序",详细操作请参考实训项目 1 中的图 1-31 和图 1-32,具体输入项目信息如图 8-64 所示,然后即可进入项目制作界面,参考实训项目 1 中的图 1-34 和图 1-35。

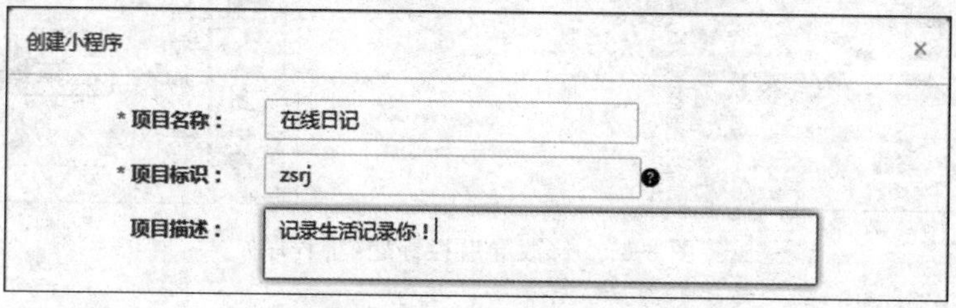

图 8-64 创建小程序

2. 创建动态数据集"日记"和数据

根据项目需求创建 1 个名为"日记"的数据集,建立日期、内容、图片和用户 4 个列来存储日记的写作日期、日记内容、图片照片和登录用户名的数据。输入两条日记记录作为测试初始数据,因创建操作过程与前面项目的完全一致,可参考图 8-14。

3. "日记"服务制作过程

该过程与 App 项目完全相同,制作过程可参考图 8-15。

4. 创建服务和服务请求

该过程与 App 项目完全相同,设置过程可参考图 8-16 和图 8-17。

5. 设置请求方式、请求参数、请求返回

该过程与 App 项目完全相同,设置过程可参考图 8-18。

6. 新建数据方法

该过程与 App 项目完全相同,设置过程可参考图 8-19。

7. 设计处理逻辑

该过程与 App 项目完全相同,设置过程可参考图 8-20~图 8-22。

8. 数据集引入"主页"

根据项目需求,该项目制作的动态数据集"日记"需要引入"主页",操作过程可参考图 8-23。

9. 设置导航栏标题

小程序页面默认有"导航栏"组件,但是并不在设计界面直接显示,只有预览或者运行时显示,需要选中当前页面并修改其"导航栏标题",文字设置为"日记列表",背景色为蓝

色♯0000FF，如图 8-65 所示。用同样的方法切换到"写日记"页，修改"导航栏标题"文字为"写日记"，背景色为蓝色♯0000FF。

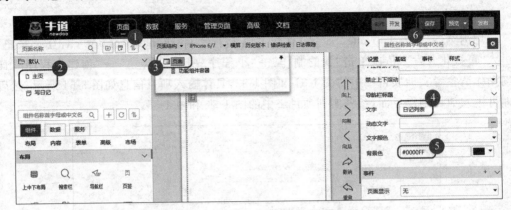

图 8-65　修改导航栏标题(小程序)

10. 引入"上中下布局"组件

在小程序页面默认没有附带上中下布局，因此，在该项目中打开页面结构，选择主页，引入 1 个"上中下布局"组件。在小程序项目中，因标题已由导航栏标题展示，因此，在打开的页面结构中选中"上中下布局"组件的面板头部后按 Del 键或右击鼠标，在打开的快捷菜单中选择"删除"命令删除，如图 8-66 所示。

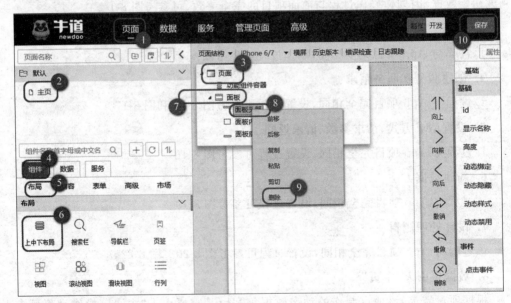

图 8-66　引入"上中下布局"组件(小程序)

11. 引入"按钮"组件

在打开的页面结构中选择"上中下布局"组件的"面板底部"，在内容类组件中找到"按钮"组件双击，引入 1 个"按钮"组件。小程序中的"按钮"组件是默认占满所在行的，文字颜色默认是黑色,因此需要设置显示名称为"写日记"、背景颜色为蓝色#0000ff、文字颜色为白色#ffffff、左右外边距为100px,如图8-67所示。

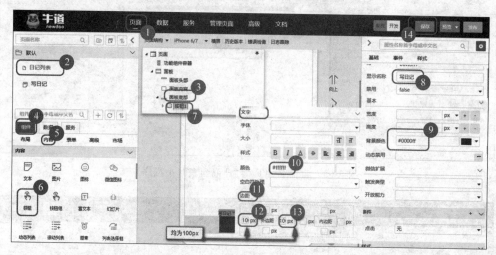

图 8-67 设置"按钮"组件属性(小程序)

12. 复制主页创建"写日记"页并重命名主页名称

本项目有 2 个页面,其页面结构相同,因此通过复制操作,创建第二个页面"写日记",第二个页面因复制而引入同一个动态数据集,如图 8-68 所示。

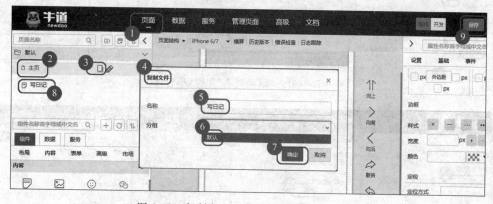

图 8-68 复制主页创建"写日记"页(小程序)

将主页重命名为"日记列表",如图 8-69 所示。

13. 引入"滚动列表"组件并设置边框和边距

在"日记列表"页选中"上中下布局"组件的"面板内容",引入 1 个"滚动列表"组件,绑定已引用到"日记列表"页的数据集"日记"到该组件附带的"动态列表"上,如图 8-70 所示。

选中"滚动列表"组件的"动态列表",设置边框样式为实心线,颜色为#0000ff;四周设框;外边距均设置为 5px;上内边距设置为 10px,左右内边距设置为 5px,如图 8-71 所示。

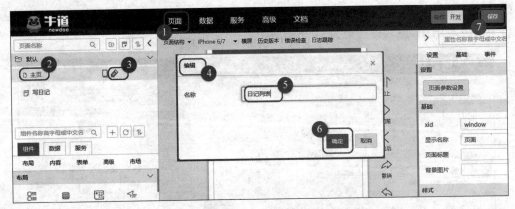

图 8-69　重命名主页为"日记列表"（小程序）

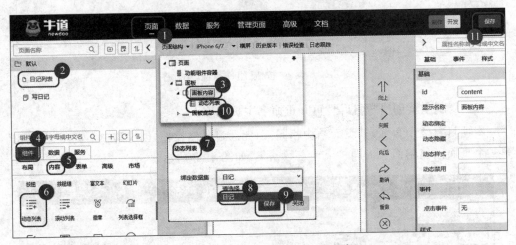

图 8-70　引入"滚动列表"组件（小程序）

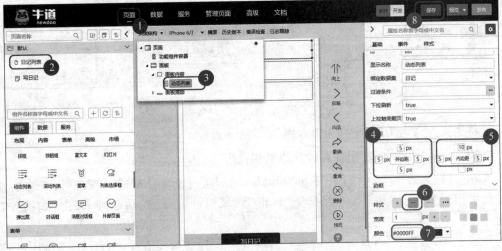

图 8-71　设置"滚动列表"组件（小程序）

14. 引入 3 个显示日记数据的组件

在"日记列表"打开的页面结构中,选中"滚动列表"的"动态列表",再从表单类组件中将"标签＋文本"组件引入"动态列表"。随后依次重复操作,从内容类和高级类组件中找到"文本"组件和"附件"组件,引入"动态列表"中,如图 8-72 所示。

图 8-72　给"滚动列表"组件的"动态列表"引入其他组件(小程序)

15. 设置"标签＋文本"组件

在"日记列表"页打开的页面结构中,选中"标签＋文本"组件的标签,将内容设置为"写作日期",左内边距设置为 10px,如图 8-73 所示。

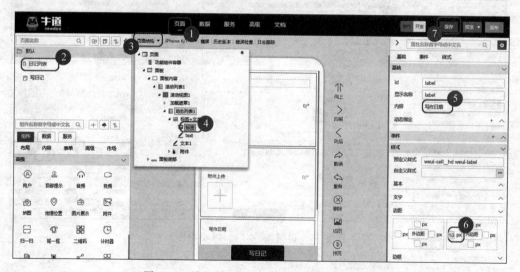

图 8-73　设置"标签＋文本"组件标签(小程序)

再选中"标签＋文本"组件的文本,设置动态文本为"动态列表当前行.日期",如图 8-74 所示。

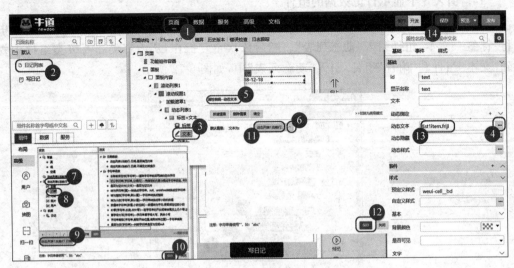

图 8-74　设置"标签＋文本"组件文本（小程序）

16. 设置"文本"组件

在打开的页面结构中选中"文本"组件，绑定数据列，选择动态列表当前行中的"内容"，设置宽度为 100％，高度为 120px，设置是否可见为 block，如图 8-75 所示。

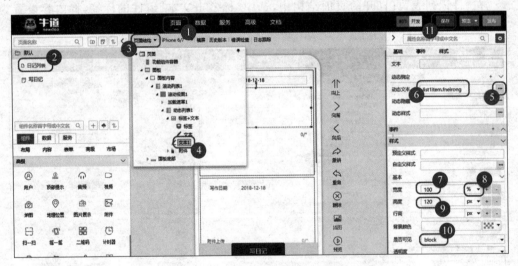

图 8-75　设置"文本"组件（小程序）

17. 设置"附件"组件

在打开的页面结构中选中已放入的附件，绑定数据列为动态列表当前行中的"图片"，并设置只读为 true，显示标题设置为 false，如图 8-76 所示。

18. 设置"日记列表"页按钮点击事件

在页面结构中选中"按钮（写日记）"组件，设置点击事件为调用"打开子页面"操作，页

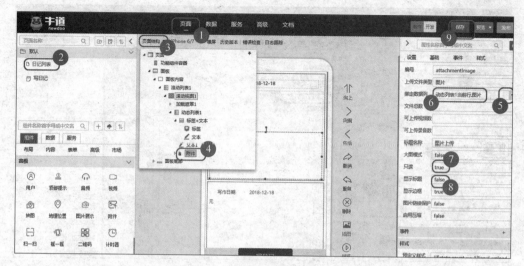

图 8-76 设置"附件"组件(小程序)

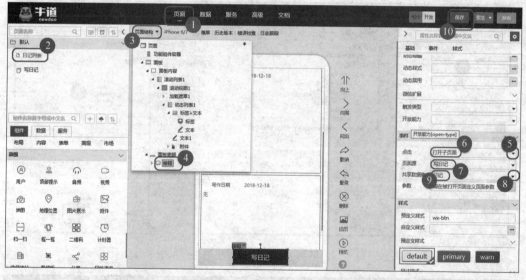

图 8-77 设置"按钮(写日记)"组件的点击事件(小程序)

面源为"写日记",共享数据集为"日记"。以便子页面操作完成返回时,"日记列表"页能及时获取到"写日记"页记录的数据,如图 8-77 所示。

19. 给"写日记"页引入"标签+输入框"组件

切换到"写日记"页,在打开的页面结构中选择"面板内容",从表单类组件中选择 1 个"标签+输入框"组件引入,其标签作用及设置和 App 项目中的"标签+输入框"组件中的标签完全一致。而输入框部分则用于录入写作日期,其设置点和操作过程与 App 项目中的"标签+输入框"组件中的输入框完全一致,如图 8-78~图 8-80 所示。

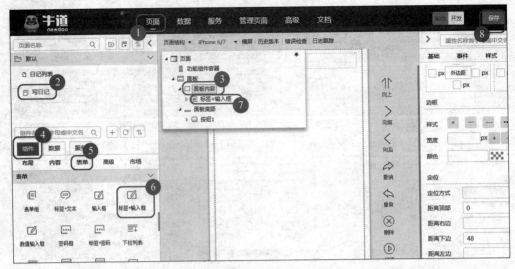

图 8-78 "写日记"页引入"标签＋输入框"组件(小程序)

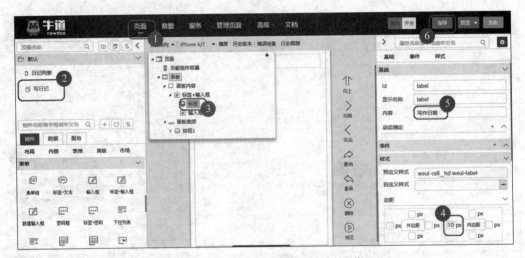

图 8-79 设置"标签"内容和边距(小程序)

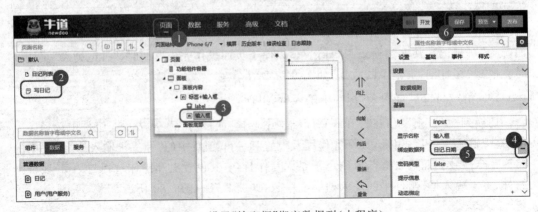

图 8-80 设置"输入框"绑定数据列(小程序)

20. 给"写日记"页引入"附件"组件

在"日记列表"页的"面板内容"中引入的"附件"组件，并绑定数据列"日记.图片"，这样就可以将本地的照片或图片上传到动态数据集，如图8-81所示。

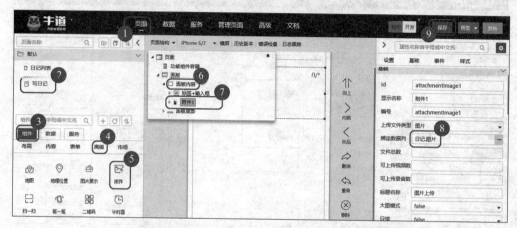

图8-81　引入"附件"组件并设置属性（小程序）

21. 给"写日记"页引入"长文本"组件

"长文本"组件在"写日记"页用来输入日记内容。在打开的页面结构中，选中"面板内容"，从表单类组件中选择引入"长文本"组件。然后在页面结构中再选中该组件，设置动态数据列为"日记.内容"，提示信息为"请填写日记内容！"，高度为300px，是否可见为block，如图8-82所示。

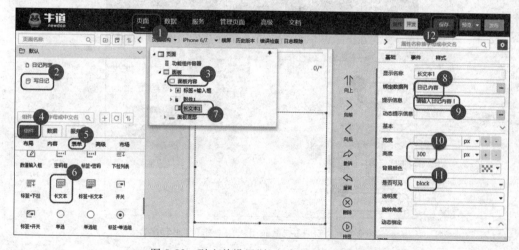

图8-82　引入并设置"长文本"组件（小程序）

22. 引入和设置"用户"组件

该项操作和App项目相同，需要将"用户"组件引入两个页面。引入和设置操作也与App项目相同。先选中"日记列表"页，在高级类组件中找到"用户"组件并双击，引入"日

记列表"页的"数据|服务"黄色区域,如图8-83所示。"写日记"页引入"用户"组件的操作与此相同。

图8-83　页面引入和设置"用户"组件(小程序)

23. "写日记"页引入服务组件

"写日记"页若要能发送服务请求和获得服务返回结果,需要将已制作完成的"是否写过日记"服务请求引入该页。将页面切换到"写日记"页,在左边栏的服务栏"日记服务"中找到"是否写过日记",双击即可引入"写日记"页,如图8-84所示。

图8-84　"写日记"页面引入服务组件(小程序)

24. 设置"写日记"页的"按钮"组件

在"写日记"页已有1个随复制页带来的"按钮"组件,选中该按钮,修改显示名称为"保存日记"。该"按钮"组件点击事件发生时,要发送1个服务请求给引入"写日记"页的"是否写过日记"服务,以便调用服务从动态数据集"日记"中查找当前用户是否有该日期的记录。为了匹配后端"是否写过日记"对前端传入参数的格式要求,需将"写日记"页发送日期类型的请求参数按照牛道云平台目前的要求转换为 yyyy-MM-dd 格式的字符串类型,如图 8-85 所示。

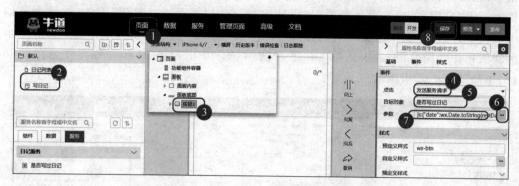

图 8-85　设置"按钮(保存日记)"组件点击事件(小程序)

在图 8-85 中,第 6 步和第 7 步操作是利用时间转字符函数,将"日记.日期"中取出的日期类型的服务请求参数按照"日期格式 1…格式:yyyy-MM-dd"完成转换,如图 8-86所示。

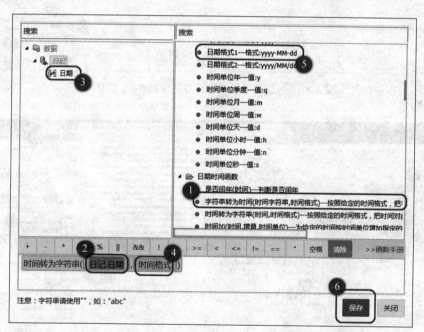

图 8-86　请求参数数据类型转换(小程序)

25. 为请求成功设置操作组合

"写日记"页已引入了服务"是否写过日记",当点击"写日记"页"按钮(保存日记)"组件时,发送当前页输入的日期作为服务请求参数给"是否写过日记"服务,若"是否写过日记"服务收到请求成功的消息后,则启动设置的组合操作对服务返回结果作判断,若结果为"真",则表明当前日期已在数据集中保存有日记,并弹出信息提醒用户不能保存数据后关闭当前页面,返回上一级"日记列表"页;若返回结果为"假",则表明数据集中没有当前日期的记录,并启动"保存返回"操作,将输入的数据保存到数据集中,返回上一级"日记列表"。因此需要在"写日记"页选中"是否写过日记"服务,然后为其请求成功事件选择"操作组合"来设置后续操作,如图8-87所示。其中,第6步和第7步的详细操作如图8-88(a)中的第1~15步所示,第10步和第11步详细操作如图8-88(b)中的第1~15步所示。

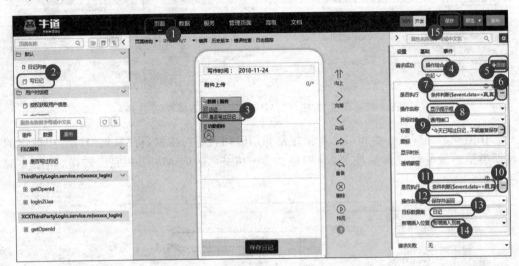

图8-87　为服务请求成功设置后续操作(小程序)

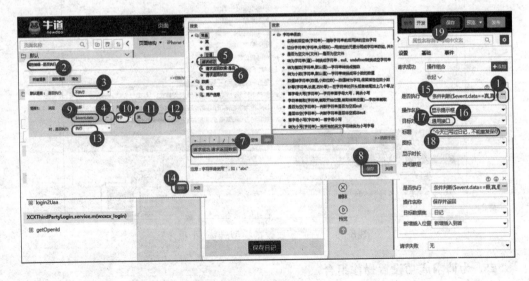

(a)

图8-88　为返回结果为"真"和"假"设置的后续操作(小程序)

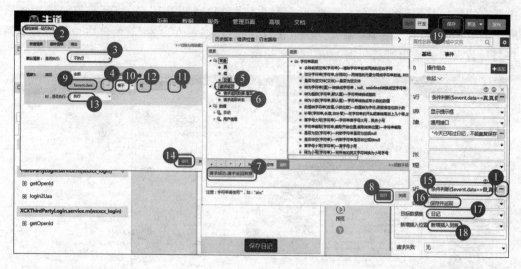

(b)

图 8-88(续)

26. 设置"写日记"页数据集

动态数据集添加数据的过程是：新增、输入、保存。"写日记"页已随复制带有动态数据集"日记"，设置打开"写日记"页面时数据为自动新增，方法是设置日记数据集的自动模式为"自动新增"。每次向数据集"日记"新增数据后，要把该页"用户"组件的登录名赋值给新增记录的用户列，以便存入数据集"日记.用户"中，如图 8-89 所示。

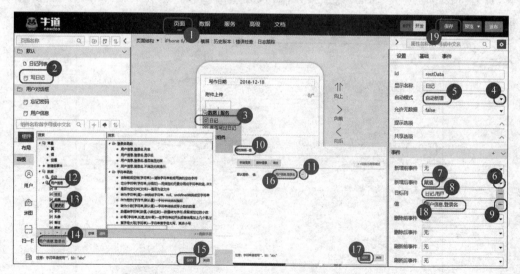

图 8-89 设置"写日记"页数据集(小程序)

27. "日记列表"页用户过滤

该操作与 App 项目基本相同，"日记列表"页的日记在没有设置用户过滤前，数据集中所有用户的日记都会显示。若要在页面打开时只显示当前用户的日记,需要选中该页面中的数据集"日记",单击"编辑"按钮,在打开的"数据属性设置"对话框中设置按登录用户名对数据集的输出进行过滤,如图 8-90 所示。

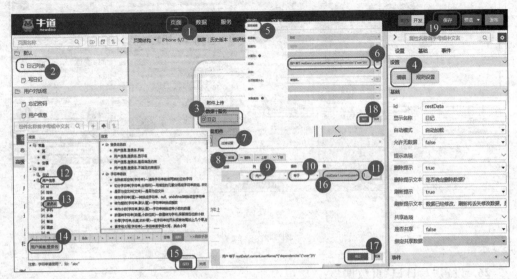

图 8-90　设置"日记列表"页数据集(小程序)

28. 日记列表按日期倒序显示

日记按写作日期倒序显示可以通过设置数据集的排序属性实现,具体做法是:切换至"日记列表"页,选中"日记"数据集,单击设置中的"编辑"按钮。打开"属性编辑"对话框,按"日期"倒序排序设置,如图 8-91 所示。

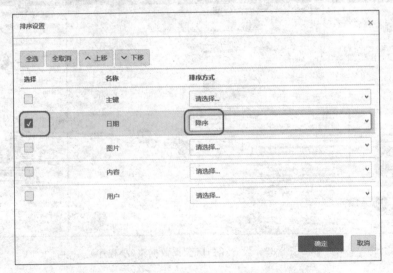

图 8-91　日记列表按日期倒序输出设置(小程序)

29. 引入"微信登录小程序版"组件

要使"用户"组件能利用微信账号登录,需要将市场组件中的"微信登录小程序版"组件引入小程序项目后,再将其引入"日记列表"页,如图 8-92 所示。

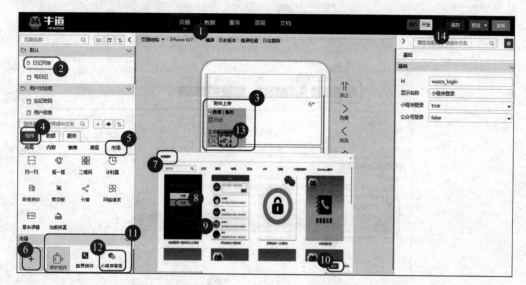

图 8-92 "日记列表"页引入"微信小程序版"组件(小程序)

8.5.3 小程序项目预览

根据标准的牛道云平台开发小程序预览流程预览项目,详细过程请参考实训项目 1 中的图 1-39 和图 1-40,过程如下。

(1) 在牛道云平台界面直接单击右上角的"预览"按钮或者模拟界面右下角的预览图标。

(2) 使用 apploader 功能扫描二维码实现手机预览。

8.5.4 小程序项目发布

按照小程序发布测试版本标准流程发布,参考实训项目 1 中的图 1-41～图 1-59,过程如下。

(1) 发布版本,选择数据集,如图 8-93 所示;

(2) 下载小程序;

(3) 注册小程序;

(4) 牛道云平台配置参数;

(5) 微信公众平台配置服务器域名;

(6) 项目代码导入微信开发者工具;

(7) 牛道云平台测试环境预览;

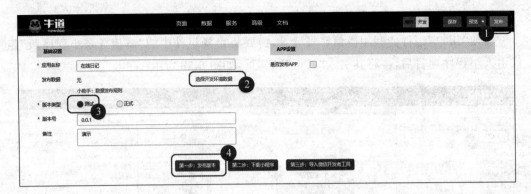

(a)

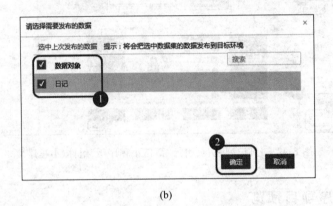

(b)

图 8-93　选择数据集(小程序)

(8) 微信开发者工具"编译""预览";

(9) 微信环境下测试运行开发版时,需打开调试功能。

8.6　项目拓展：多功能日记 App 和小程序

1. 拓展项目需求分析

请实现如下功能需求的日记 App 和小程序,具体要求如下。

(1) 地理位置记录功能：在写日记时,记录下当时的地理位置。

(2) 地理位置显示功能：在浏览日记时,可以看到当时写日记时所在位置。

(3) 音乐记录功能：在写日记时,可以同时上传歌曲。

(4) 音乐播放功能：在浏览日记时,播放当时上传的歌曲。

(5) 天气记录功能：在写日记时,可以从多个天气选项中选择记录。

(6) 天气记录展现功能：在浏览日记时,可以通过图标展现当时记录的天气。

(7) 在项目中引入 App"区块"组件或小程序"视图"组件,对页面中的组件进一步进行定位和美化。

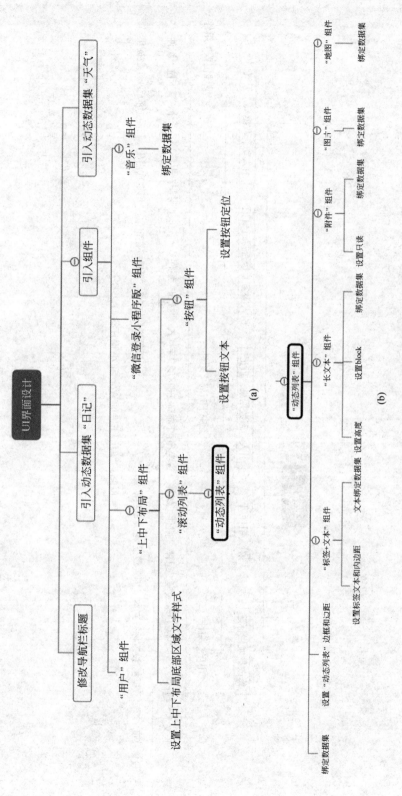

图 8-94 "日记列表"页 App 和小程序设计思路

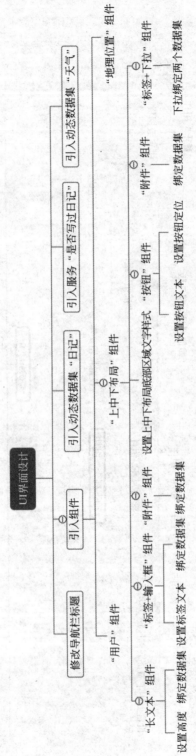

图 8-95　"写日记"页 App 和小程序设计思路

2. 拓展项目设计思路

扩展项目是在本项目的基础上增加有关功能和美化要求。为了能存储地理位置、音乐和天气,在动态数据集中增加存放地理位置信息、音乐和天气的列。另外,为了让"日记"中记录的天气文字在"写日记"能以对应图片的形式展现,需再建立1个有图片和天气名称2列的动态数据集"天气"。在"写日记"页引入1个"地理位置"组件来获取地理位置。在数据集保存前事件出现时启动获取当前地理位置,并为地理位置组件获取地理位置的成功事件设置赋值操作,将地理位置信息保存到动态列表的相应列中。在"日记列表"页"滚动列表"组件的"动态列表"中引入1个"地图"组件,将经度和纬度与"动态列表"中的经度和纬度列绑定,即可动态显示当时写日记时的地址。在"写日记"页再引入1个"附件"组件,用于上传音乐文件。该组件和动态数据集对应列绑定。在"写日记"页再引入1个"标签+下拉"组件,标签文本设置为"天气情况:",下拉列表和2个数据集对应绑定。在"日记列表"页的动态列表中引入1个"图片"组件,通过与"日记"天气列的关联,从动态数据集"天气"中取到对应的天气图片显示。最后再将2个页面中的组件进行规划,引入区块或视图中,再对其区域内的组件进一步设置边框、颜色、位置等属性,美化页面效果。项目设计思路如图 8-94 和图 8-95 所示。

项目小结

通过实训项目8日记任务的开发,读者能够全面涉猎牛道云平台页面制作、数据集制作和服务制作这三大应用制作的一整套操作及配合过程。本实训项目利用"用户"组件和牛道云平台市场的"微信登录小程序版"组件对项目进行注册应用管理,读者可以通过本项目对"用户"组件和"微信登录小程序版"组件的操作,综合掌握这类组件在项目开发应用中与数据集、页面间的配合逻辑和应用技巧,让读者能从更加全面的角度了解到牛道云平台在应用开发方面的核心能力。服务制作是本实训项目的核心,读者通过项目案例对服务制作的完整操作应用,能深入理解页面前端和服务后端的关系以及服务请求和服务调用的关系,让读者对需要前后端和数据服务支持的复杂应用的开发过程有了更清晰的理解。本实训项目开发过程还应用了"文本"组件、"图片附件"组件、"附件"组件、"弹出层"组件和"标签+显示框""标签+输入框"复合组件,读者可以在实践中体会归纳这些组件的属性设置的机理和应用技巧。本实训项目还通过对各种事件的响应操作进行配置,让读者了解到应用各环节如何配合工作的机理。本实训项目借助前期各项目的积累,最终以贯通三大核心制作的方式,让读者充分领略牛道云平台在应用开发中的核心优势。